商業心理

林欽榮◎著

序

商業心理學是一門興起不久的科學，由於它運用行爲科學的法則，來解決行銷上的問題，使得它的發展，逐漸受到重視。處於今日科技進步、社會繁榮、文化昌盛的時代，工業製品日益精緻，不僅產品種類繁多，且品質不斷地改善。在產品大量生產之後，如何以合理的價格，在適當時間與地點，將之推銷給消費者，以滿足其最大需求，乃爲廠商必須探討的重要課題。

本書的編寫即在提醒企業界對消費者行爲進行瞭解。消費行爲的產生，最主要源於消費者對產品的知覺、動機、態度，以及個人過去的經驗。此外，個人的人格特質和其他心理基礎，也影響其購買決策與過程。因此，廠商欲使產品或勞務順利行銷，必須設法利用廣告、宣傳、展覽，以及人員推銷等方式，以吸引消費者的注意，激發其潛在興趣，燃起其對產品的慾望，並引導其採取購買行動，以求獲致最大滿足。

同時，個人的購買動機與行爲，常受到人際關係、群體動態、社會階層與文化因素的影響。因此，商業心理學乃繼續研討如何運用人際影響力與群體動態關係，以協助達成最佳的行銷或促銷的目的。還有，吾人尚需考量個人的社會階層與文化因素的衝擊，以求作最適當的市場區隔。今日市場是個自由化、國際化的時代，廠商必須探究各項因素的交互影響，才能做出最佳的行銷策略。這是本書編寫的另一宗旨。

此外，本書完全從行爲科學的角度，來探討人類的交易活動。因此，心理學、社會學與文化人類學的氣息頗爲濃厚。畢竟消費行爲是人類行爲中的一個環節。是故，從行爲科學的觀點來瞭解、解釋與預測消費行爲，就已足夠。當然，吾人要完全把握消費者行爲的神髓，是一件不容易做到的事。然而，商業心理學研究必須以消費者的需要爲前提，以消費者的滿足爲依歸。此乃因今日的行銷觀念，已由

「生產者導向」走向「消費者導向」了。惟有消費者能滿足其需求，才談得上行銷與交易。這也是本書最基本的概念。

再者，消費行爲大部分固然是屬於消費者個人的行爲，然而組織也是消費者。因此，本書乃在討論個人消費行爲之餘，另行探討「組織的購買行爲」。其次，「商業情境」乃在研討商業人員究應如何去面對和把握商業情境。最後，「商業人員的訓練與發展」則在探討商業人員究應如何接受訓練，並作自我發展。凡此都是研究商業心理學者所應有的基本概念。

本書乃係本人前作《商業心理學》的修訂本。今承楊智文化公司總經理葉忠賢先生的應允出版，以及其他工作人員的協助，甚爲感佩！惟本人見識有限，倘有闕漏誤謬，尚祈指正！

林欽榮 謹識

目錄

Business Psychology

Business Psychology

第1章 緒論

本章重點

第一節　商業心理學的意義

第二節　商業心理學的研究方法

第三節　商業心理學的研究目的

第四節　商業心理學的研究範圍

討論問題

個案研究：新產品的促銷

商業心理學是一門新興的科學，其主要目的乃在運用心理學的知識，來解決有關商業上的問題。換言之，商業心理學乃藉著客觀的科學方法，來探討商業行為方面的知識；然後再把這些知識應用於企業界，以協助瞭解與解決商業上的人類行為問題。據此，本章將討論商業心理學的意義、研究方法、研究目的與研究範圍，以作為以後各章的指引。

第一節 商業心理學的意義

商業心理學顧名思義，即為應用於企業經營以及行銷上的心理學，是屬於一門應用心理學。所謂應用心理學，是指心理學家為了改善人類生活，而把心理學的各項基本理論與法則，應用到實際生活當中，以解決各項問題而言。易言之，商業心理學即在將心理學的知識應用於企業行銷上，以解決商業上人類行為的問題。

為了明確探討商業心理學的意義，首先必須瞭解「商業」一詞的含義。就經濟領域而言，商業是屬於經濟生活的一大單元，與農業、工業構成經濟活動的三大要素，而和工業合稱為企業。它們都是由土地、勞力、資本、資訊與管理所結合而成。一般而言，經濟活動包括：生產、分配、交易與消費四者，而商業至少涵蓋分配、交易與消費。因此，若就廣義而言，商業就是各種產品或勞務的分配、交易與消費的過程。

若就狹義的觀點而言，商業實為一種以商品或勞務的交易過程。亦即是一種提供產品或勞務，以增進人類福祉，並博取利潤或代價的行業。更具體地說，商業是以營利為目的，經過合法手段經營的一切交易行為。是故，商業的要件為：第一、需以營利為目的，即商人投入資金、土地、設備與企業經營智能，其目的在求取利潤。第二、需出於合理手段，即商業行為係出於自由意志，經過雙方的同意，且是自願的。第三、需發生交易行為，是指商品或勞務之所有權必須移轉、變更或提給對方，或互換。

然而本書寧採較廣義的界說，即商業包括分配、交易與消費的過程。蓋商業活動的最後目的，即為消費。且產品或勞務的分配與交易，必須針對消費的需要才容易達成。甚而生產、分配、交易與消費等活動，都是息息相關的。因此，有些學者乾脆將之合稱為工商企業。此外，商業的對象固以注重產品或商品為主，然而其適用範圍尚可擴大到政府機關與社會團體所提供的勞務。就組織管理立場言，企業組織生產財貨，富國裕民；政府機關或社會團體則提供勞務，增進人民福利。從生產與消費關係來看，提供勞務與生產貨品實無二致。

至於心理學乃是研究人類個體行為的科學。所謂行為，乃為由動機、需要與刺激等所引發的。它可包括外顯行為與內隱行為（explicit behavior and implicit behavior）。所謂外顯行為，是指個體表現在外，而能為人所察覺或看見的行為。而內隱行為，則為個體表現在內心的行為，有些是個體自身能夠察覺的，有些則為自身無法察覺的；前者稱之為意識性行為（consciousness behavior），後者則為潛意識行為（unconsciousness behavior）。不管是外顯行為或內隱行為，意識或潛意識，都已構成行為的重要部分。

此外，個人行為也常受到外界環境的影響。因此，研究行為，必須瞭解「行為科學」（behavioral sciences）的內涵。一般而言，行為科學研究對象是「人類行為」，而舉凡社會科學如政治學、經濟學、法律學……等，無一不涉及人類行為，故行為科學常與社會科學混為一談。事實上，行為科學乃代表一種新的心理科學，是一門新興的行為綜合科學，主張採用自然科學方法，研究人類行為在社會各層次面所表現的現象與法則，完全捨棄傳統社會科學所著重的演繹法與價值判斷；而著重實驗法則與事實判斷的過程，故行為科學與社會科學的範疇固屬相當，惟其研究精神與方法則大異其趣。

一般學者都公認心理學、社會學以及文化人類學，是構成行為科學的三大骨幹。心理學研究的重點為個體行為，社會學則側重群體行為與組織動態，文化人類學則強調各種族的行為特徵與文化對人類行爲的影響。而其中又以心理學爲行爲科學研究的起點。就心理學本身的發展言，近代社會各方面都應用心理學的知識去解決實際問題，致有社會心理學、教育心理學、工業心理學、商業心理學、人事心理學、工程心理學、消費心理學、軍事心理學、太空心理學、廣告心理學、諮商心理學、臨床心理學等的出現。因此，心理學的擴大含義將不僅限於個體行爲的研究，處於今日強調科際整合的時代，舉凡涉及人類行爲研究者統稱之爲行爲科學。

綜觀上述，商業心理學可解釋爲：研究企業行銷上人類行爲現象的科學。亦即應用在企業行銷上，有關財貨與勞務的分配、交易與消費的人類行爲關係之科學。若就具體內容言，商業心理學實爲應用心理學的原理原則，研究人類個體以及群體、組織，從事商業活動時的心理反應以及購買行爲的科學。其中以「人爲因素」（human elements）爲主，包括：個人的動機、知覺、學習、人格、態度、價值、興趣、嗜好……，與人際關係、群體動態因素、社會階層和文化因素等，對購買決策與行動的影響。再者，購買行爲不僅限於個人，組織也是一種集體消費者，吾人也不能忽視組織的購買行爲。此外，商業人員的活動亦影響顧客的購買行爲，故宜體認商業情境，然後施行訓練與發展，以求有利於行銷。

總之，商業心理學的主旨，乃在開發新的行銷機會、有效地區隔市場、促進行銷活動、提高行銷效率，進而為企業家賺取利潤，為消費者謀求最大的滿足感和福利。

第二節 商業心理學的研究方法

一、科學研究概說

從科學的發展來看，人類對自身的研究最晚。心理學的發展是最近幾十年來的事，商業心理學即為其中的一支。商業心理學是一種應用心理學，是一門獨立的科學。所謂科學乃為科學家運用科學方法解決問題，並建立理論的歷程。商業心理學的科學步驟，是發現待決問題，再利用不同方法來搜集資料及分析資料，然後由資料中得出結論或實徵性研究結果，最後應用研究結果來解決問題。因此，商業心理學係屬於一門科學，殆無疑義。

惟一門學科之所以成為科學，極不易建立一定的準則，尤其是商業心理學涉及行為部分，很難作明確的探討。有學者即認為「行為科學還不能算是一種統一的科學。」不過，行為科學具有三大價值：第一、在相互依賴的開放系統中，描述出一般性概念與解說；第二、提供了搜集數據與思考數據中相互關係的方式；第三、就管理問題對變革的政策性抉擇方式，加以說明。

此外，布萊斯維（R. B. Braithwaite）認為科學是用來建立「一項一般性法則，藉以說明一些經驗事物的行為方式，這些事物涉及科學所擬解答的問題；經過此種程序，進一步使我們把一些已知的單獨性事物連貫起來，以便推斷我們所不瞭解的問題。」商業心理學即為經由許多心理學家搜集有關問題個案，尋求解決一般問題的歷程。

當然，商業心理學既屬於行為科學的範疇，行為科學本身很難具體地解說人類行為與社會現象，歸其原因不外乎：第一、行為現象重複性較低；第二、行為現象比較難予觀察；第三、行為變動性較大；第四、把實驗因素與不想考慮的因素分離，往往十分困難；第五、行為現象很難加以量化。商業心理學既無法免除上述限制，自然無可避免一些研究上的困難；惟科學研究的困難，並不能否定其成為科學的可能性。因此，吾人寧可將商業心理學視為一門科學。就今日學術研究的立場言，企業界已可採用若干心理學的準則，解決商業上的問題，它是合乎科學的。不過，商業心理學的運用仍要牽涉到若干技巧，此乃行為特徵是包羅萬象、複雜多變之故，故商業心理學亦可視為一門藝術。

二、研究方法

商業心理學既是一門應用科學，且常應用科學方法解決問題，則在研究上所常用的方法如下：

(一) 實驗法

實驗法是進行科學研究時，設計一種控制情境，研究事物與事物間因果關係的方法。通常，在實驗時，研究者必須操弄一個或多個變數，這些變數是屬於獨變數（independent variables）。所謂獨變數，就是影響行為結果的因素，實驗者可以作有系統的控制。另外一個變數為依變數（dependent variables），就是隨獨變數而變動，且可以觀察或測量的變數。例如，研究所得對購買行為的影響，則所得的多寡為獨變數，購買行為屬於依變數。

實驗法的第三種變數，為控制變數（control variables）。該種變數是必須設法加以排除，或保持恆定的。例如，研究所得對購買行為的影響時，其他條件如人格、態度、群體關係、社會階層等皆屬於控制變數。由於控制變數可能影響獨變數與依變數之間的關係，故宜予排除或保持恆定狀態，亦即要加以控制。

商業心理學的研究，有些都是採用實驗法進行的。誠如前述，人的行為往往受到多種因素的影響，有時很難像物理科學那麼容易控制。尤其是影響購買行為的因素甚多，包括：個人的、社會的與各種情境的因素，且常錯綜複雜，必須考慮周詳，才能得到正確的結果。

（二）觀察法

觀察法是由個案研究法演變而來，又可稱之為自然觀察法。一般而言，人類行為絕大多數發乎自然，在自然狀態下，較能作客觀而有系統的觀察。是故，觀察法未嘗不是搜集資料的最好方法。惟觀察法又可分為現場觀察法與參與觀察法，前者只是一個旁觀者；後者則親自參與，以掩飾研究者的身分，如此所得資料較為可靠而有效。

不過，不管是何種觀察法，研究者本身必須接受相當訓練，培養客觀態度，儘量採用科學儀器。商業心理學研究消費者的購買行為，即常藉助觀察所得資料，以研究哪些因素對購買行為產生影響。

（三）測量法

測量法是近代心理科學研究最進步的方法，就是利用測驗原理，設計一些刺激情境，以引發行為反應，並加以數量化而使用的方法。一般心理測驗已大量應用到商業上員工的選用，以及測量員工的行為上，為商業心理學奠定了科學衡鑑的標準。這種心理測驗已成為標準的測驗工具。此外，商業心理學家利用心理測驗原理，發展成各種量表，用來測量消費者的態度、人格、動機、情緒等。因此，測量法為研究商業心理不可或缺的調查方法之一。

（四）統計法

統計法是處理資料最有系統而客觀的正確方法。統計法通常應用在大量資料的搜集上，經過統計分析後，可發現平時不易察知的事實。商業心理學研究的對象甚眾，其所包括的因素甚多。此時，可利用統計相關法，來分析其中若干因素的關係；或者使用因素分析法，來發現其中的共同因素。此外，統計上的若干量數，如平均數、中數、眾數，以及常態分配概念，都可提供商業心理研究上的若干便利。

（五）晤談法

晤談法，是藉由交談的方式，以瞭解消費者的過去、現在與未來，探討其觀念、思想、學識、性格及態度等，以提供商品行銷的參考。晤談法的優點，是能確實而迅速地獲得資料，不受時間等限制；且透過晤談可促進公共關係。惟其缺點爲：花費太多不經濟，晤談者常存主觀偏見，有些人格特質很難立即評斷。因此，要使晤談得到正確結果，必須在實施前作充分的準備工作。

綜觀上述各種方法，除了實驗法、觀察法爲借助自然與物理科學方法之外，其餘心理測驗與統計法的進步，實已奠定近代商業心理學的科學基礎；且使過去認爲無法客觀測量的行爲，可以有效地測量出來，並且使之數量化，而能作出精確的記錄與比較。當然，商業心理學的研究方法，並不侷限於上述幾種方法；且各種方法都是可以交互運用，相輔相成的。

第三節 商業心理學的研究目的

商業心理學係屬於一門獨立科學，商業心理學家所從事的工作已成爲一項專業，受僱於許多大公司，擔任輔導顧問的角色；或接受工商企業委託，提供知識與技術服務。綜合言之，商業心理學研究具有如下目標：

一、促進行銷活動

商業心理學的研究目的之一，乃在促進目前的行銷活動。商業心理學的知識，可提供廠商作爲行銷原則，並據以擬訂行銷策略。其例子如商業廣告如何引發消費者的注意與興趣，如何瞭解消費者的個人偏好，參考群體、社會階層與文化因素如何影響消費者行爲，如何安排行銷環境以刺激消費者的衝動性購買等等，都可自商業心理學所歸納出的原理原則中，加以運用。

二、開發行銷機會

由於社會進步、經濟繁榮，人類的動機與慾望隨之提昇。因此，開發新產品與新市場，以滿足消費者的購買慾，乃是當前企業所面臨的挑戰。而新產品的推銷或原有產品的市場擴充，都有賴企業家開發新的行銷機會。透過商業心理學的研究，可發現新的消費群體，以及消費者個人尚未滿足的需求與慾望。因此，廠商的生產方式，乃由過去的生產導向（production-oriented）轉變爲今日的消費者導向（consumer-oriented），其故在此。其他，如社會流動而形成新市場，也有待商業心理學的進一步研究。

三、提高行銷效率

商業心理學的研究目的之一，乃爲希望提高行銷效率。商品行銷量的大小，往往取決於商品銷售與服務效率的高低。因此，廠商提供快速而周到的商品行銷服務，是促進大量行銷的最佳方法。此外，商店位置的選擇、展覽會的舉辦、商品的陳列與佈置、人事與組織的發展、連鎖商店的建立等，都與行銷效率有關；而這些都有待商業心理學家的研究。

四、有效區隔市場

在消費行爲上，購買者的動機、偏好、社會階層、所得水準等，是不相同的。因此，爲了適應消費者的需要，必須將消費者的特性予以分類，據此而訂定行銷策略與方針，此即爲市場區隔（market segmentation）。當然，由於人類的基本需求是一致的，廠商也可以整個市場消費者的慾望，來訂定市場政策，此即爲市場集合（market aggregate）。然而，廠商無法知道哪些產品是消費者最喜歡的，哪些是他們不喜歡的；此時只有研究產品屬性、消費者的偏好以及其生活背景、社會屬性與行爲特質等，來區隔市場。是故，有效地區隔市

場，是商業心理學的研究目標之一。

五、發展行銷學術

商業心理學的研究，可發展行銷學術，提昇行銷技術水準。商業心理學的研究，固有其本身的範疇，然而很多原理原則的建立，必須藉助其他相關學科的技術。亦即運用其他學科的原理原則，來解決行銷上的問題，以協助探討消費動機與行爲。因此，商業心理學一方面可對現有基礎作深入的研究，以提昇行銷技術水準；另一方面則可廣泛地運用科際整合的知識，來發展學術研究的範圍。是故，商業心理學研究，可提昇行銷學術水準。

六、創造企業利潤

商業心理學的研究，乃在使廠商激發或改變消費者的需要或慾望，從而能達成促銷的目的，並提高其企業利潤。企業經營的目標之一，乃爲創造最大利潤；而利潤目標的達成，必須產品有廣闊的行銷路線，且受廣大消費者的歡迎。至於行銷路線的擴展與消費者的偏好等，都有賴商業心理學家的研究。因此，商業心理學的研究目標之一，乃在協助廠商創造企業利潤。

七、增進消費福祉

商業心理學的研究，乃在促使廠商提供產品與服務，來滿足消費者的需要。因此，商業行銷不僅在爲企業賺取利潤，更重要的乃爲增進消費者的福利。惟有消費者對產品或服務感受到利益，他們才願意繼續消費，甚而產生品牌忠實性。因此，廠商不但要瞭解消費者的需要，而且要預測與刺激消費者的需要，方能使不同類型的消費者，購買到個人所需要的產品。這都要透過消費者分析與需要刺激的研究來達成。

總之，商業心理學是具有多元目標的，它可協助工商企業解決商業行銷上的各項問題。它對商業行銷的重大貢獻，有促進當前行銷活動、開發新的行銷機會、提高行銷效率、有效地區隔市場、提昇行銷學術水準、協助企業創造利潤、並幫助消費者爭取福利等。然而商業心理學的應用，很難達到盡善盡美的地步；此乃因它牽涉許多內在心理因素與外在社會因素，這些因素都是難以預測與解釋的。

第四節 商業心理學的研究範圍

商業心理學乃是爲了適應工商企業的需要而產生的。它研究的對象是人類行爲，而人類行爲受到許多因素，包括：個人心理變數，其所處的群體關係、社會環境以及文化因素等的影響。此外，企業經營的目的，一方面爲生產財貨與提供勞務，另一方面則爲提高財貨與勞務的消費。因此，企業行銷必須注重產品與勞務的各項設計，作完整的行銷計畫，以刺激消費者的購買慾望，激發購買行動。是故，商業心理學研究，必然涵蓋下列範疇：

一、個人行為研究

個人行爲研究，乃在探討消費者個人的動機、情緒、知覺、學習、人格與態度等，對消費行爲的影響。在動機與情緒方面，如何激發消費者的購買動機與情緒性的購買，是很重要的課題之一。在知覺方面，無非在提醒廠商如何利用廣告、包裝、商品命名與心理性訂價來吸引消費者，以形成良好的知覺。此外，消費者個人的性格與過去經驗，常是決定購買行動的重要因素；廠商可針對不同的人格特性，作爲一種市場區隔的標準。還有，態度常會影響個人的購買決策；廠

商必須設法培養消費者個人對商品的良好態度，並去除不良的觀感。其他，影響個人消費行爲的因素，尙包括：個人價値、偏好、情感、興趣、思維……等，都是吾人必須加以重視的課題。以上都是屬於消費者個人因素的探討。由於個人購買者是商業行銷的最基本單位，且心理狀態是一切行爲的基礎，故分數章分別討論之。

二、人際行為研究

個人行爲固是商業心理學研究的基本單位；然而由於人際間的交互行爲，有時也足以改變個人的消費動機與決策。因此，人際影響也是屬於商業心理學必須探討的主題。人際影響的建立，必須經過人際知覺、人際吸引與人際溝通的過程。還有，意見領袖常能左右其他消費者的意見與行動，這是商業心理學家或廠商必須注重的。此外，廠商必須審愼運用人際間影響力，來訂定推廣策略，以求達成產品促銷的目的。

三、群體動態研究

群體是動態的，而不是靜止的。群體動態研究，可說是人際影響的延伸。消費者個人是生活在各種群體中的，其行爲特質往往由群體特性中放射出來，或其行爲反射出群體特質。因此，廠商必須注意群體動態關係對消費行爲的影響。尤其是參考群體或家庭，常是影響購買行爲的主要場所。是故，商業心理學必須研究群體動態關係。

四、社會階層研究

個人所處的社會階層不同，其消費型態與行爲也有所差異。構成社會階層的因素，如所得水準、教育程度、職業聲譽……等，都會影響消費動機與行爲。因此，廠商必須注意社會階層對購買決策的影響，以便作市場區隔的標準。同時，在行銷產品、提供服務、配置商店與採行各種不同分配路線時，都必須注意社會階層的影響。這些也都是構成商業心理學的架構之一。

五、文化因素研究

文化因素對購買動機與決策，也會產生相當的影響。文化因素有時是決定產品促銷與否的主要因素之一。尤其是文化群體的劃分，常可作市場區隔的標準。此外，在產品的行銷、促銷、訂價與分配路線上，都必須考慮到文化因素的影響。因此，文化因素的衝擊，也是商業心理學必須探討的主題之一。

六、組織購買研究

商業心理學除了需探討個人消費者之外，尙需重視組織消費者。後者固然係由許多個人所組合成的，然而由於其可提供大量的產品與服務，以致有所謂工業購買的產生。因此，商業心理學仍必須探究組織的類別、組織市場特性及其購買類型與角色，並瞭解組織的購買過程與影響其購買行爲的因素，以求能做好行銷工作。是故，組織購買行爲的研究，亦爲商業心理學必須重視的課題之一。

七、商業情境研究

所謂商業情境，乃是商業人員所面臨的工作與行銷環境而言。商業人員應如何安排愉悅的氣氛，以吸引消費者的注意，並促進其對商品的購買興趣，也是值得深入研究的課題。再者，行銷人員應學習面對群體，適應組織的生活，並發展自我的潛能，都是值得重視的。此外，行銷人員應如何體察行銷環境，作適宜的安排，乃是行銷成功的基石。凡此都是探討商業情境的主題。

八、商業發展研究

商業的發展最主要乃植基於商業人員的訓練與發展。蓋商業行銷的成敗，有賴於商業人員建立起良好的商譽與形象。因此，商業人員對商品的認識、規格、價格等，都有必要有更深入的認識；而此則有賴於訓練。同時，商業人員必須尋求自我發展，以充實行銷知識與技能。這些都是商業心理學所必須探討的主題。

此外，吾人尚必須探討目前企業所面臨的環境，以及現代化社會的特性，以提供廠商因應消費者需要，而作廣泛行為分析的參考。同時，商業心理學未來的發展，也是吾人必須繼續努力鑽研的，以期使其內容更臻完善。凡此都提供作為本書的結論。

總之，本書編寫的主旨，乃在協助企業訂定最佳的行銷策略，以提供消費者獲致最大的滿足感。

討論問題

1.何謂商業？企業家向慈善機構捐款，是否為商業？何故？
2.何謂心理學？潛意識是否影響行為？
3.商業心理學到底是一門科學？還是一項藝術？試說明之。
4.商業心理學應如何應用實驗法來預測或解釋購買行為？
5.商業心理學的研究目的何在？
6.市場區隔與市場集合有何不同？試各舉例說明之。
7.商業心理學的範疇為何？試詳加說明。
8.個人因素或群體因素對購買行為的影響，孰重？試說明你的意見。
9.社會階層和文化因素如何影響消費行為？試說明之。
10.商業人員應如何面對商業情境，並作自我發展？

個案研究

新產品的促銷

綺麗公司以生產各類化妝品聞名。最近幾年來，由於人們生活品質的提高，各式各樣品牌的化妝品紛紛出籠，在市場上競爭頗為激烈，以致該公司的盈餘大受影響。

為了因應市場上的變化，該公司乃於三年前推出一種新型化妝品，作為該公司往後推出該類產品的先鋒。該公司預測新產品的問世，將擁有極大的市場佔有率，可使公司賺取一筆龐大的利潤。

該公司為了推出新產品，花費了鉅額的廣告費，利用電視、電台、廣告牌、雜誌等多項媒體，來促進消費者對該一新產品的認識。為了使新產品能夠在消費者心中定位，並於各大百貨公司、超市，舉辦一系列的展示、試妝，且於展示期間以優惠價格爭取消費者的購買。同時，以問卷調查、電話訪問等方式，來瞭解消費者對該產品的接受程度。

為了讓社會大眾能便利購買到此產品，該公司也全力開發全省各大百貨公司、化妝品商店等的專櫃。此外，如何陳列與展示該產品，均為推銷此新產品的重點。對市場零售業而言，專櫃空間、店面空間及廣告空間，正是最可貴的「商品」，因此該公司為爭取零售業者的貨架，道盡該公司新產品的優點，以爭取零售業者的支持。該公司更派出大批業務代表，向零售業展開游說，並提出折扣，以及種種優惠條件，包括：加強服務、自由退貨，以及達到銷售成績的利潤等，來爭取零售商的專櫃。

在產品推出後，並接受電話，及通訊意見調查，以作為公司不斷改進產品的方針。由於該公司強力的推銷新產品，持續地研究消費者的意見，掌握市場的脈動；並瞭解新產品的銷售潛力，建立銷售區域，終使該公司的業績蒸蒸日上。

個案問題

1.你認爲該公司業績蒸蒸日上的原因是什麼？

2.你認爲普遍的促銷方式是否符合經濟效益？能否爲公司賺取更大的利潤？

3.廠商在促銷新產品時，除了要作各種廣告之外，尙需要做些什麼？

商業行爲的基礎

第2章

本章重點

任何實用心理學的研究，都是以一般個人的行爲爲出發點的。商業心理學的研究亦不例外。一般而言，商業心理學乃爲應用於行銷環境的心理學。因此，學習商業心理學，可幫助個人掌握行銷上的各種問題。然而，這些問題都始自於基本心理學的知識。是故，本章首先將研討行爲的意義，人類行爲的共同性、差異性，以及其與商業活動的關係，以作爲以後各章研討的基礎。

第一節 行爲的意義

行爲在本書第一章心理學的定義中，已有了簡單的概述。在此，將再作更進一步的闡述。所謂行爲是指一般人的日常活動而言。這些活動乃是一個人的動機、知覺、學習經驗、態度、與人格的綜合結果。根據行爲科學家的說法，行爲是個體和環境交互作用的結果。就個體而言，個體即是由其動機、知覺、學習、態度與人格等要素所構成。至於環境則牽涉到兩個人以上的關係，其可包括物質環境與社會環境。依本書的架構而言，吾人將之分爲：人際關係、群體動態、社會階層、文化因素、與商業情境等因素。

就行爲本身的定義而言，一種行爲就是一項活動。每個人在日常生活中，隨時都會表現一些活動，這些活動即是行爲。誠如前章所述，行爲可分爲內隱行爲與外顯行爲。外顯行爲是別人所可察覺得到的，而內隱行爲則爲別人所無法察覺得到的。此外，內隱行爲部分是個人可自行察覺得到的，部分則非個人自己所能察覺得到的；前者乃爲意識部分，後者則爲潛意識部分。另外，有一種下意識行爲（subconsciousness behavior），則是指個體可作部分知覺的行爲，如偶爾的失態、失笑均屬之。

至於外顯行爲，是個體表現在外的行爲，不僅自己可察覺得到，而且別人也可察覺得到，甚至於可用工具、儀器來測量。例如，吃飯、走路、購物、看書……等等，都各自是一種外顯行爲。顯然地，外顯行為是構成行為的主體。由於個人行為的顯現，他人才得以知曉，從中加以觀察而得到瞭解。因此，一般所謂行為，多指外顯行為而言。

基於前述，有關行為的解釋乃有不同的假設，即為認知論、增強論、與心理分析論。認知論即強調前述的意識性行為，心理分析論重視潛意識部分，而增強論則注重可觀察得到的行為部分。換言之，認知論和心理分析論研究內隱行為，而增強論則探討外顯行為。

一般學者都承認行為是由刺激反應而來。惟認知論強調刺激與反應過程中間的認知，而心理分析論著重內在行為的潛意識部分，增強論則重視刺激與反應之間的增強作用。事實上，吾人可將行為認定是「個人與環境交互作用的函數」。若用方程式表示，可寫成B=f（P・E），其中B代表行為，P代表個人，E代表環境。例如，一個人的購買行為，一部分係取決於他個人的特性，如動機、喜好、性格……等等，這是由意識和潛意識所構成的；另一部分則取決於當時的環境，如他人的影響、社會背景、身分地位、經濟條件等物質和社會環境。總之，行為就是個人狀態與當時環境交互作用的結果。

第二節　行為的共同性

不論行為是如何產生的，它都具有相同的特性。所謂行為的共同性，是指行為過程的相似性而言。亦即任何個人之間或個人本身的行為之間，都具有相類似的特質。一般而言，行為都具有下列的共同性：第一、凡是行為都有其原因；第二、凡是行為都具有動機；第三、凡是行為都有其方向；第四、凡是行為都有其目標；第五、凡是行為都具有變動性。

首先，行為都有其原因。在常態上，個人行為所依據的原則，乃是因果關係。所謂因果關係，係指在某種特定的時空內，個人受到了刺激或有了需求（原因），就必然會產生某種行為。刺激或需求即爲行爲的原因，而行爲是刺激或需求的結果。研究個人行爲，必先探討行爲的原因；若無刺激和需求，即無從產生行爲。例如，個人因有了需求，才有了購買行爲；若沒有需求，自然不會採取購買的行動。因此，凡是人類的個人行爲，都同樣具有行爲的原因。當然，個人行爲的因果關係並不見得如此簡單，其主要乃決定於：第一、刺激的強弱；第二、刺激是否合乎行爲者的需要；第三、行爲者承受刺激的能力。此乃爲行爲的差異性，容於下節繼續討論。

個人行爲的產生，除了具有原因之外，尙需視個人是否具有動機而定。若只有原因，而無動機，將無從產生行爲。一般刺激可來自於個體本身或外界環境，而動機則純粹來自於個體。個人行爲確需有動機，有了動機才能觸動行爲的產生與持續。例如，個人受到周遭環境的影響，而有了購買商品的想法；但本身並沒有購買動機，則無以產生購買該商品的行動。因此，行爲的產生殆始於動機。

其次，行爲一旦受到動機的驅使，常朝某一方向進行，故行爲都有一定的方向，只是此種方向有正向、負向之分而已。心理學上稱正向的行爲爲趨向行爲（approach behavior），負向行爲則爲避向行爲（avoidance behavior）。所謂趨向行爲乃爲個體所期望的，是一種可欲性的行爲；而避向行爲是個體所厭惡的，是一種逃避性的行爲。趨向行爲導引個體向某個目標前進，而避向行爲則引導個體反目標而行。

再者，凡是行爲尙有其目標。目標也有正、負之分，正性目標是可欲的，而負性目標是不可欲的。正性目標與趨向行爲一致，而負性目標則與避向行爲相符。一旦個人有了動機，且有了趨向行爲，則必朝正性目標進行，直到該目標達成爲止。相反地，當個人有了逃避的動機，則有了避向行爲，而逃避令其痛苦的負性目標。

最後，任何行爲都具有變化性。此種多變性常因內在動機與外在情境的不同，而產生極大的變化。此不僅是因爲內在動機和需求的複雜性，且也來自於外在情境的多變化性。此種內在複雜性與變化性，乃構成行爲的多變性。此乃爲一般人類行爲的共同特徵。

總之，人類行為都具有一些共同性，即行為都有原因、動機、方向、目標，且富有多變性。沒有任何一種人類行為可超出此種本質。亦即人類行為常具有某些規則，這些規則乃係基於人類的本質。吾人探討商業行為應瞭解人類行為的共同性，例如，求食活動乃是吾人所應探討的。惟有如此，吾人才能生產人類所需要的食物，適應人類的需求。然則，人類行為也常因某些因素而顯現出差異，此即為行為的差異性。

第三節 行爲的差異性

人類行爲固有其共同性，但也有其差異性。此種差異性乃是因遺傳、環境、學習、與生理因素的交互作用而來。所謂行爲的差異，是指人們因先天的遺傳和後天的教養，而在外形上如面貌、身材、肥瘦等各種體質特徵上有所差異，且在內在特質如智慧、能力、性向、興趣、人格等也各有不同，以致在行爲表現上互異其趣之謂。固然，人在基本慾望上是相同的，且常顯現一系列的行爲共同性；但在許多方面卻是大不相同的。此即所謂的「人心不同，各如其面」。人們之間的個別差異，常可顯現在下列各方面：

一、智力差異

所謂智力，乃是個人適應環境的能力，包括：學習能力、知覺能力、聯想能力、記憶能力、想像能力、判斷能力和推理能力等均屬之。此即個人在從事任何有目標的行動中，是否能有條理的思考，並對環境作有效適應的能力。智力高的人適應能力強，智力低的人適應能力差；智力高的人學習成績好，智力低的人學習成績低；智力強的人推理透徹，智力弱的人推理膚淺。當然，智力所概括的範圍極廣，而記憶能力高的人並不即表示其推理能力亦強，但它卻是一種綜合而複雜的腦力。換言之，智力即爲人們適應環境與解決各項問題的能力。

二、能力差異

所謂能力，至少含有雙重意義：一係指個人到目前爲止，實際所能爲，或實際所能學的而言；一則指具有可造就性，亦即潛力的意義；它不是指個人經學習後，對某些作業實際熟諳的程度；而是指將來經過學習或訓練，所可能達到的程度而言；此亦稱之爲潛能。能力不僅是個人很重要、很明顯的特質之一，且是個別差異的重要來源。每個人的能力不同，適任工作的要求自然不同，其反應自也有所差異。

三、性向差異

所謂性向，即前述所稱的潛能。它係指人們在先天上具有學習某種事務的潛力；亦即爲經過學習或訓練，就能達成某種程度之能力。例如，某人書法很好，某人歌喉不錯，某人算術高明，就是指他們在能力上的不同性向而言。就商業活動而言，不同性向的個人有不同的喜好，則對物品的採購自然有所不同。商業活動如何符合個人的性向，乃爲市場區隔的一項標準。

四、興趣差異

在日常生活中，個人的興趣各有不同，且興趣程度的濃淡不一，所謂「人各有志，大異其趣」即是。所謂興趣，是指個人對事物的喜好程度而言。個人的興趣不同，對事物的選擇也不相同。有些人興趣狹窄，有些人興趣廣闊。這可能形成各個人的不同特質。個人對有興趣的事物，常趨之若鶩；對沒興趣的事物，則退避三舍。此種興趣可能源於自我、家庭、同僚、朋友、和風尚等。商業活動需有吸引人興趣的特質，才有促銷的可能。

五、氣質差異

所謂氣質係指個人適應環境時，所表現的情緒性和社會性行爲而言。氣質與「性情」「脾氣」「性格」等甚爲接近，是個人全面性行爲的型態，多半爲與人交往時，在行爲上表露出來的。如有人熱情，有人冷酷；有人外向，有人內向；有人經常顯露歡愉，有人終日抑鬱沉悶；有人事事容忍，有人遇事攻擊。這些常見的行爲特質，即爲人格上氣質的特性。由這些不同的特質，即可看出不同的個人行爲傾向。因此，行銷工作需針對不同氣質的人，推銷其產品。

六、人格差異

所謂人格乃爲個體行爲的綜合體，係指個人在對人己、對事物各方面適應時，在行爲上所顯現的獨特個性；此種獨特個性，係由個人在遺傳、環境、成熟、學習等因素交互作用下，表現於身心各方面的特質所組成，而該等特質又具有相當的統整性與持久性。一般而言，人之所以爲人，都表現出不同的人格。通常，人格是個人行爲的代表，個人行爲的特性都是透過人格而表現出來的。易言之，所謂人格是指個人所特有的行爲方式。每個人都在不同的遺傳與環境交互作用中，產生對人、對己、對事、對物的不同適應，故每個人的人格都是不相同的。此種不同的人格特性，可透過人格測驗測量出來，而合理地作市場區隔。

七、生理差異

所謂生理係指個人的體格狀況、外表容貌與生理特徵等而言。它至少包括：身材高矮、體力強弱、容貌美醜、生理缺陷與否等項，這些特質不但影響別人對自己的評價，也是構成自我概念或自我意識的主要因素，而形成個別差異。如有人力舉千鈞，有人手無縛雞之力；有人身材健美，有人生理障礙；凡此都影響到個人的情緒，形成不同的行爲形態。此種生理差異，自各產生不同的需求。

總之，行為的個別差異是存在的。每個人的各項特質不同，其行為自有差異。此外，個人的動機、知覺、價值、信念、思想、態度、情緒、學習、思維、經驗、知識、職位、身分……等都各有不同，自是構成個別差異的因素，此實無法一一加以枚舉。不過，構成個別差異的各項要素是交互作用、相互影響的，且很難加以劃分。只是吾人可由其中探知個別差異的存在事實，體認其間的複雜性。

第四節 消費行爲的個別差異

每個人的行爲方式不同，其在商業活動上的表現自亦有不同。吾人若將一群人的行爲方式排列在一個尺度上，便會發現其在商業活動上有很大的差異。這些差異包括：消費者的慾望、動機、意願、能力、偏好、嗜好、興趣、態度，以及行銷技能等是，可謂相當複雜，不一而足。而這些差異並不是偶然造成的，而是某些因素混合起來的結果。

然則，商業活動的行爲差異是如何形成的呢？一般而言，不管是行銷行爲或消費行爲，其行爲差異的因素不外乎是個人變數與情境變數兩者。個人變數有性向、人格、價值、生理特性、興趣、動機、年齡、性別、教育訓練、過去經驗，以及其他個人變數等。至於情境變數，又可分爲物理環境變數與組織社會變數兩大項。物理環境包括：家庭日常設備及狀況、居家環境、薪資收入、資產及信用、租賃、保險、稅捐、分期付款等是。組織社會變數則包括：人際關係、群體動態性、公司組織、工作情境、社會階層、文化因素……等是。當然，上述各項變數是相互交織、互相爲用的。不過，某些因素可能對商業行爲的影響較大，而某些因素的影響則較小。

由此可知，個人在商業活動上所表現的行爲差異，實受到個別差異的多重因素之影響。吾人研究商業活動，必須對影響個人行爲的一切因素，具有整體性概念的瞭解；然後才能對個人的商業行爲，有整體性的認識。本書擬從消費行爲的觀點，來探討商業活動的個別差異。

就個人行爲的表現來看，刺激和反應之間的行爲模式，有下列兩種情況：第一、個人處於同一特定環境中，可能承受不同的刺激，其強弱也有所不同，以致所產生的反應並不相同。第二、個人處於同一特定環境中，承受相同的刺激；但由於生活經驗、社會背景和教育程度的差異，而表現不同的行爲。

就前者而言，人們生活在社會中，不可能會遭遇到完全相同的刺激。例如，人類固同樣有求食的活動，但對食物的選擇則大有差異。在人際相處的環境中，對於相同挫敗的情境，有些人是愈挫愈勇，有些人則一旦失敗就意志消沉。同樣地，個人之間不同的教育背景、生活經驗……等，也可能對食物、住家、衣飾等的選擇而有所差異。舉凡這些因素都會造成消費行爲的差異性。

今以消費者對新產品接受程度的個別差異爲例。有一些消費者對新產品的接受程度，極爲迅速；有一些則甚爲緩慢。根據研究顯示，當新產品推出時，開始接納的人不多；隨後則逐漸增加，然後抵達高峰；接著因隨著尚未接納者人數之日漸減少而減少。一般行銷學者都以新產品的接受程度，而將消費者分爲下列類型：即先鋒消費者、先期接納者、先期追隨者、繼起追隨者、以及後起者。

一般而言，消費者對新產品接受的先後順序，乃取決於其不同的價值觀之故。以先鋒消費者而言，其特性乃是勇於冒險，樂於採納新的創意，而不畏風險。先期接納者的價值則在贏取尊重，通常多爲社會群體中的意見領袖，較早接納新的創意，但也較爲審愼。先期追隨者的價值則在深思熟慮，其可能比一般人較早採納新創意，但並未居於領導地位。繼起追隨者則遇事存疑，多爲採行某項創意之後，始急起直追。最後的後起者，則主要在依循傳統，對任何改變多表懷疑，非等到一項創意已形成之後，始行接納。

基此，行銷人員必須體認消費者的上述差異。一般而言，行銷人員可針對先鋒消費者及先期接納者設法加以進行直銷。根據研究顯示，一般先鋒消費者多爲比較外向，社會地位較高者。又如家用電腦的先鋒消費者，多爲中年人士，所得較高，教育程度也較高，且多居於意見領袖的地位；同時他們也較具理性，性格則多爲內向，而不擅於外交能力者。

總之，商業活動的個別差異，乃是吾人所必須予以重視的課題。尤其是消費行為的差異性，常會影響行銷活動的成敗。依據此種差異性，在市場上有時必須做好市場區隔。此將分散在以後各章，作較深入的討論。

討論問題

1.何謂行爲？其內容爲何？請解釋之。

2.試簡述行爲的一般理論及其論點。

3.人類行爲具有哪些共同性？其與商業行爲的關係爲何？

4.人類行爲具有哪些差異性？其與商業行爲的關係爲何？

5.人類行爲的差異性是如何形成的？試申述之。

6.就消費者對新產品的接受程度而言，消費行爲有哪些類型？行銷人員宜掌握哪些消費群？

個案研究

誰該升任課長？

大華公司行銷部門最近有一個課長的空缺待遞補。公司總經理乃指示行銷部經理，依公司內部升遷的既定政策，來選拔該部門員工升任。該空缺乃爲在一個多月前，由於原任課長因另有高就，而向公司提出離職報告而出缺的。幾個禮拜以來，行銷部經理經過了深思熟慮地篩選，乃提出兩位人選，提供總經理作最後的裁決。該兩人的資歷及工作表現如下：

林大同，現年二十八歲，自高中畢業後就到公司任職，已有十年的行銷經驗。由於自認爲教育程度不高，平時工作甚爲努力，且很能虛心求教，銷售業績甚佳。同時，爲人謙和，甚得主管的鑑賞，尤其是對年老的同僚甚爲恭敬，很得同事之喜愛。許多同事都願意提供行銷的機會給地，而他的推銷技巧也日漸純熟，外界朋友也多，十年來行銷業績一直名列前茅，可說是該部門內的佼佼者。他在公司一待就十年，從不會想到要跳槽，是公司的忠誠人員。

李中目，現年三十歲，是商專的畢業生，到公司服務六年。行銷工作可說是他的本行。由於他畢業於企業管理科，認爲一般人的行銷觀念欠缺，以致與同事相處較不熟稔。但和上司甚爲親近，是主管心目中的好行銷員。其平日業績尚能達到公司所訂定的標準，個人也很努力工作，且常有行銷計畫與標準；但銷售業績似乎無法突破現有的績效水準。對公司來說，他似乎比較具有發展的潛力。

個案問題

1.你認爲總經理將選擇誰來擔任課長的職位？

2.請比較林大同和李中目之間的差異。

3.一般職位升遷所應考慮的因素有哪些？

4.個人行爲，尤其是人格特質，是否應爲選拔之因素。

動機與情緒——商業行爲的心理基礎之一

第3章

本章重點

動機是決定行爲最主要的因素之一。通常人類行爲的產生，主要來自於個人的內在動機，由動機而引發行爲。因此，商業行爲亦源於購買的動機。此種動機的產生，又來自於刺激與需求。由於個人有了需求滿足的慾望，以致產生了動機，引發了行爲。此外，有時內、外在的刺激也同樣產生動機，引發行爲。因此，動機可說是引發行爲的內在原動力。

不過，動機是有原因、有方向和有目標的活動。然而，人類活動並不完全是有組織、有規律的，有時是受到不規律、無組織的情緒所左右。證之於消費者的衝動性購買，即爲一種情緒的表現。本章即逐次討論動機的意義與分類，生理性動機，心理性動機，進而探討購買動機，工作和金錢誘因與消費的關係，並分析情緒對消費的影響。

第一節 動機的意義與分類

一、動機的意義

「動機」一詞在心理學上，最爲一般心理學家所重視，且被廣泛的研究。動機爲個人行爲的基礎，是人類行爲的原動力。人類的任何活動，都具有其內在的心理原因，這就是動機；故凡有動機必然產生某一類行爲。因此，「動機——行動」是心理學上的因果律。吾人欲瞭解某人的動機，往往得觀察其行動。例如，某人有求食的活動，必有飢餓的動機；或某人有從事寫作的活動，可能是出自於自我成就的動機，或始於經濟上原因的動機。

惟動機是相當廣闊而複雜的名詞，通常在動機的名詞之下，還包括有：需求（needs）、需要（wants）、驅力（drives）、刺激（stimulus）、態度（attitides）、興趣（interest）、慾望（desires）等等的名詞。一般心理學者習慣上多以驅力表示生理性或自發性的動機，如飢、渴、性慾等是；而用動機表示習得性或社會性的動機，如依賴、成就等是。本文依其性質，將它們視為同義詞，而以「動機」為沿用標準。

有些學者認為：動機就是一種尋求目標的驅力（goalseeking drive）。就個體而言，動機乃是內心存有某種能吸引他的目標，而採取某種行動來達成該目標，此稱為積極性或正向動機；同樣地，個體也可能逃避內在令他痛苦的目標，此稱為消極性或負向動機。就動機本身的作用言，它是一種內在的歷程，乃是指人類行為的心理原因。是故，動機為隱而不現的行動。一切動機都是由行動的方向和結果所推論出來的。

就動機和行為的關係看，動機具有三種功能：第一、引發個體活動；第二、維持此種活動；第三、引導此種活動向某一目標進行。例如：一個有強烈欣賞慾的人，產生看電影的需求，必然會吸引他走向電影院，直到看完電影，目標達成為止，他的慾望方才消失 。此種欣賞慾就是動機，而看電影的一連串活動，皆因欣賞慾而起。此種由動機的引發，產生動機性行為，以及目標的達成，三者遂構成了一個週期，稱之為動機的週期（motivational cycle）。

至於動機的產生，主要有兩大原因：一為需求，一為刺激。需求即指個體缺乏某種東西的狀態，如口渴需喝水，此為個體內部維持生理作用的物質因素；另外一種需求則來自於外界社會環境的心理因素，如欲得到社會讚許是。刺激亦有得自外在因素者，有來自內在因素者，如火燙引起縮手的活動屬於前者，胃抽搐引起飢餓驅力即屬於後者。

然則「動機——行動」的因果，果如前述之單純？凡於社會科學稍有涉獵的人，經常會發現一樁事實：人類行為是相當複雜的。因此，單就外在行動而欲全然瞭解動機的本質，是件不容易的事。觀其原因有如下諸端：第一、人類動機的表現，常因文化形態的不同而有所差異；第二、即使是類似的動機，也可能由不同的行為方式表現出來；第三、不同的動機，可能經由類似的行為來表露；第四、動機與行爲之間，有時表現不出明顯或直接的關係；第五、任何單一行爲，都可能蘊藏著數種不同的動機。

綜合言之，吾人欲認識動機的本質，應對「動機」一詞作廣泛的探討，並瞭解人類動機與行爲關係的複雜性，選擇最佳的行銷策略。

二、動機的分類

心理學家對動機的分類甚多，意見頗不一致。蓋個人行爲本甚複雜，研究行爲發生的原因，無疑將更加複雜。是故，動機的分類可謂眾述紛紜，莫衷一是。較常見的有二分法、三分法、五分法，今分述如下：

(一) 二分法

所謂二分法，就是把動機分爲兩大類別，但其名稱與內容卻多不相同。普通心理學方面，有區分爲生理性動機（physiological motives）與心理性動機（psychological motives）者；有分爲生理性動機與社會性動機（sociological motives）者；也有分爲生物性驅力（biological drives）與心理性動機（psychological motives）者。另外，也有學者把動機分爲原始性驅力（primary drives）與衍生性驅力（secondary drives）兩種。原始性驅力又分爲生理性驅力（physiological drives）與一般性驅力（general drives），前者包括：1.飢餓，2.渴，3.瞌睡，4.性，5.母性，6.冷暖等動機；後者包括：1.活動（activities），2.好奇（curiosity），3.恐懼（fear），4.操弄（manipulation），5.情愛（affection）等動機。至於衍生性動機，則包括：習得性恐懼（acquired fear）與複雜性動機（complex motives），後者又包括：1.親和（affiliation），2.社會讚許（social approval），3.安全（security），4.成就（achievement）等動機。

（二）三分法

希爾隔（E. R. Hilgard）將動機分爲三大類：1.生存的動機（survival motives），包括：飢餓、渴、痛、活動、好奇、操弄等驅力。2.社會性動機，包括：母性、性、依賴與親和（dependency and affiliation）、支配與順從（dominance and submission）、攻擊（aggression）等動機。3.自我統整的動機（ego-integrative motives），以成就動機爲主。

（三）五分法

心理學家馬斯勞（A. H. Maslow）以個人需求層次的觀點，將動機分爲五大類：1.生理需求（physiological needs），乃是指人類的一般需要，如食、衣、住、行、性等方面的需要，其中又以飢、渴爲生理需求的基礎。2.安全需求（safety needs），包括身體的安全，免於危險、恐懼、剝削的需求，以及生理上、心理上的安定感。3.社會需求（social needs），有歸屬感、認同感與尋求友誼等。4.自我需求（ego needs），如自我尊重、獨立自主、別人的認識、尊重與景仰。5.自我實現需求（self-actualization needs），如自我發展、自我滿足、自我成就、表現創造潛能等是。

> 總之，動機的分類甚多，本文僅以兩分法的生理性動機與心理性動機作為研討的基礎。

第二節 生理性動機

人類行爲始自於動機，尤其是生理性動機，常爲促動購買行爲的原動力。易言之，購買行爲大部分都是爲了滿足生理性動機而起。蓋人類的需求絕大部分都是來自於生理性的需要。因此，生理性動機

實是商業行爲研究的一大課題。

所謂生理性動機，又稱爲原始性動機，或稱爲生物性動機，主要出自於人類自發性的驅力，係由個體生理上有關的需要或刺激所引起。它很少是學習形成的，而是基於動物性的本能，由祖先的經驗中遺傳得來，是與生俱來的。它主要包括：飢餓、渴、性、母性、瞌睡、痛、好奇等。

一、飢餓

飢餓是由於個體胃抽搐或血液化學成分變化所造成的。當個體有了飢餓的感覺，即呈現緊張不安的狀態。此種緊張不安，會驅使個體產生覓食的活動，此即爲生理需要之一，是一種生理的本能。然而，有一種特殊飢餓，通常被認爲是由於對某些食物養分的特別缺乏所致，而形成對食物的偏好。因此，爲了適應一般飢餓或特殊飢餓，廠商必須製造各類商品或食品，以滿足消費者的個別需要。

二、渴

渴對個體而言，比飢餓具有更強的支配力。一個人可以數週不吃食物，卻熬不過數天不喝水，否則輕則生病，重則死亡。渴驅力（thirst drive）的產生，是由於身體內水分的不足所形成的。不過，渴之於飲料，正如餓之於食物一樣，有時可因經驗的學習而選擇不同的飲料。如口渴時，有人想喝白開水，有人想喝咖啡，有人想喝茶，有人想喝汽水、可樂，甚至有人想吃水果，可說已顯現不同差異。

三、性

當個體成長到某種階段，常因性機能的成熟與作用，使個體產生一種對異性的需要及求偶的活動，此即爲動情期（estrus cycle）。在動情期內，個體會顯得特別緊張與不安，有一種促使個體活動的力

量，此則爲性驅力（sex drive）。性驅力雖被視爲個體原始性動機之一，但性質上與前兩種驅力有不同之處：（一）性驅力的發生，對個體行爲固具有強烈支配作用，但非維持個體生命的重要因素。（二）飢、渴驅力對個體一生都是存在的，但性驅力只在某一階段內才有影響力。（三）就生理作用的基礎言，性驅力較之飢渴來得單純。（四）性軀力會涉及同類的其他個體，故有人將之劃歸爲社會性動機。總之，人類性行爲雖與其他動物一樣，具有原始性的生理基礎；但卻具有更大的社會意義。

四、母性驅力

母性驅力（maternal drive）是雌性個體在某一特殊時間內所獨有的一種強烈驅力。就人類而言，女性在生產期間會產生荷爾蒙的變化，且生產後母子關係的建立，都出自母性驅力的驅使。此種驅力驅使母親強烈保護嬰兒、幼兒，以及成長後的子女。因此，許多商品的設計都是針對此種驅力而來。

五、瞌睡

睡眠是一種需要，它起自於個體的內在需要。當需要發生時，個體會產生一種瞌睡的感覺，故瞌睡是睡眠的驅力。瞌睡驅力與其他驅力不同者，是它驅使個體由活動狀態趨向於休止狀態。瞌睡趨力產生時，只有睡眠，才能得到滿足，以消除瞌睡軀力。

六、痛

前面各種原始性動機，多起自於個體的內在需要。由此需要而產生驅力，以促使個體趨近目標物。只有在目標物獲得滿足後，驅力始行消退。但痛驅力（pain drive）則不同，一方面是由刺激所引起，另方面則對刺激來源有種逃避的趨向。只有離開後，痛苦才能消除，驅力才能消失。痛起源於痛覺，其生理基礎是個體的神經系統，但痛驅力受到心理因素的影響很大。此又與個體的知覺以及注意力是否集中有很大的關聯。

七、好奇

當個體遇到新奇的事物或處於新的環境時，常表現注視、操弄等行爲，促動此等行爲的內在力量，即爲好奇驅力（curiosity drive）。此種好奇驅力都是由於外在刺激所引起。好奇驅力的強弱與刺激的新奇性（movelty）及複雜性（complexity）有密切關係，刺激愈新奇或愈複雜，個體對之愈好奇。同時，幼小的個體對事物的好奇驅力，遠比其成年後爲大。例如，兒童對新奇事物總想去把玩、操弄，甚至破壞。不過，成年人對大自然的探索、操縱、控制，也是好奇心的驅使。

此外，生理性動機尚包括：因體內堆積過多廢物的排洩驅力，爲維持生命而有吸收新鮮空氣的呼吸驅力，以及避免溫度過高或過低的傷害而有保持體溫均衡的調整驅力。其他驅力甚多，無法詳舉。然而，個體的生理動機是存在的，是出自自然本能的，是生物性的。商品或產品的製造，無非是要滿足這些需求，故商業行爲必須注意這些生理性動機，才能促發其購買行爲。

第三節 心理性動機

商業行爲固應肆應人類生理性動機的需求，然而近年來由於社會生活水準的提高，教育的普及，休閒活動日益增多；人們已由追求生理性動機的滿足提昇至精神生活層次的滿足，以致心理性動機日益受到重視。所謂心理性動機，又另稱爲衍生性動機或社會性動機，其產生大部分來自於經驗的學習，同時也受到社會文化色彩的影響。當然，心理性動機固可追溯其生理的起源，但由其對個體行爲所產生的促動作用來看，顯然與個體所處環境有密切關係。因此，該項動機是學習得來的。

心理性動機雖係由生理性動機爲基礎而衍生，但一經成爲某種行爲的動機後，常與其原來的基礎動機脫離關係，而其有一種獨立支配個體行爲的功能；這種現象稱爲動機的功能獨立（functional autonomy of motives），或簡稱爲功能獨立（functional autonomy）。易言之，個體學習得到的動機，其本身即具有獨立支配行爲的功能。此種功能獨立的觀念，常可用來解釋人類許多複雜的行爲。本節所擬討論的心理性動機，可包括下列各項：

一、恐懼

恐懼是學習得來的，然而恐懼何以稱之爲動機？此乃因恐懼既能驅使個體產生某種活動，並且能導致該項活動向一定方向進行。吾人說痛是一種動機，因爲它能引起個體避痛的行爲。同樣地，恐懼是一種動機，也是因它能使個體逃避令人恐懼的事物。恐懼動機，多係由外界刺激所引起。個體一旦對某些事物學會恐懼後，當該類事物出現或可能出現時，恐懼動機即驅使個體逃避之。當然，引起恐懼的事物，並不限於具體的事物；有時經過學習，即使是抽象的東西也會引起恐懼。不過，恐懼有時也能滿足恐懼感，有些商品的設計即針對此種需要而來。

二、攻擊

在動物或人類的社會生活中，攻擊是最殘忍的一面。所謂攻擊，乃是指個體兇暴的、侵略的、以及破壞性的行爲而言，該等行爲往往危害了其他個體。攻擊表面上是個體表現於外的行爲，其實也是一種動機。在動物界，攻擊可能來自於飢餓，有時對個體而言似乎是一種滿足。對人類而言，攻擊是一種衍生性動機，是要經過學習的一種歷程。根據心理分析論者的看法，有時攻擊只是一種解除阻礙的活動而已；其中並不含有敵意，也非爲有意加害別人。然而，帶有敵意的攻擊動機，是可以慢慢學得的。

三、親合與依賴

人類與某些動物都喜歡過團體的社會性生活。就人類而言，自幼與家人相處，然後擴大至鄰居、同學、同事，並參加各種社會性的團體，無不表現親和與依賴的需要。此種需要是個人主觀的心理表現。每個人都自覺屬於某個團體，有依賴別人的需要，有獲致伴侶或友誼的需要；這些需要，即稱爲親和動機（affiliation motive）。至於依賴（dependence）與親和的性質相似，只是心理需要程度稍有差別而已。一般而言，個體在具有威脅的情境下，可能產生一種焦慮情緒。此時，個人的親和動機較爲強烈。在商業行爲上，個人擁有與他人同樣品牌的東西，很能產生親和感；否則容易焦慮不安。

四、支配與順從

無論動物或人類，只要有兩個或兩個以上的個體，在一起從事團體活動，就會有支配與順從的現象，有些份子具有支配其他份子的傾向，有些則甘於順從別人。支配（dominance）與順從（submission），都是社會性的動機。它的構成，是個體經由團體活動中，與他人交往所逐漸學習得來的。支配動機強者，必須獲得別人順從，始能感到滿足；順從動機強者，則滿足於受他人的支配。在商業行爲上，領袖衣飾受部屬的模倣，即爲其例。

五、社會讚許

人類很多行爲的動機，都在於取悅別人；若能得到別人的稱讚，就會感到滿足。這種動機，稱爲社會讚許（social approval）的動機。社會讚許的動機，對個人社會行爲的發展，甚爲重要。由於獲得別人讚許與否，可學到團體的一些社會規範、是非標準，進而對自己的行爲產生約束作用。易言之，社會讚許的動機，無疑是學來的。個人對食物、衣著的偏好、遊戲方式、工作表現等，都可自團體中的社會讚許動機中學習而來。

六、成就

人類之異於動物，乃在於有文化、有創造，這些都與人類的成就動機（achievement motive）有關。所謂成就動機，係指個人對自己所認爲重要或有價値的工作，去從事、完成，並欲達到完美地步的一種內在推動力量。此種力量繼續不斷地促使個人進步，並創造發明。成就動機是一種衍生的動機，是經過學習而來，帶有社會的意義；並且常因時間、空間、社會背景以及文化形態與個人的差異，而有顯著的不同。例如，有些人成就動機高，有些人成就動機低。有些生活緊張、人際競爭激烈的人，其成就動機都遠較生活輕鬆、缺乏競爭者爲高。凡此都顯現追求成就動機的強度，常因人而異。

總之，心理性動機大部分是學習得來的。雖然它係建立在生理性動機的基礎上，然而一旦心理性動機已衍生出來，常脫離原有生理性基礎，而自行獨立構成行為動機的來源。商業心理學家或企業家必須分別瞭解人類行為的生理性動機與心理性動機，才能設計出合乎這些需要的產品，提供消費者選購，促進其購買慾。下節即繼續討論此種購買動機與行為。

第四節 購買動機

動機是促動個人慾望滿足的一種驅力，而購買動機係以商品來滿足個人的慾望。根據前面各節所述，動機是行爲的原動力。由於人類動機甚爲複雜，其表現的行爲亦然。在商業行爲上，購買動機與構買行爲間的關係，亦呈現錯綜複雜的本質，以致研究購買動機甚爲不易。然則，購買動機是如何形成的？消費者何以要購買某種商品？又爲何選擇在某家商店購買？這是本節所擬討論的。首先，吾人研討影響消費動機的因素，然後分析購買動機的類型，以協助製造商、批發商與零售商瞭解廣大消費者的購買動機，提昇競爭市場上的行銷能力。

一、影響消費動機的因素

消費動機的產生，正如一般動機的形成一樣，一爲來自於刺激，一爲來自於個人需要。因此，影響消費動機的因素，不外乎(一)消費者個人特性，（二）產品的特性，（三）情境的特性等。

(一) 消費者的特性

消費者個人的特性，如個人的知覺、需要、態度、過去經驗與人格特質，以及年齡、性別、教育程度……等，都會影響其購買動機，有關知覺、學習、態度與人格將於後面四章分述之。在此，僅以消費者的購買形態，分述如下：

1. 習慣型消費者：此類消費者往往忠於一種或數種品牌的產品，購買時多習慣於購買熟知的品牌，而少有改變。
2. 理智型消費者：此類消費者在實際購買前，心中多已有腹案，對自己想購買的商品，事先均經周詳的考慮、研究或比較。
3. 經濟型消費者：此類消費者多注意價格，著重簡單實用，只有

廉價物品才能滿足其需求。

4.衝動型消費者：此類消費者購物時，多屬臨時起意，常爲產品外觀或廠牌名稱所影響；只要售貨員稍加鼓勵、介紹，即行購買。

5.情感型消費者：此類消費者購物，多屬情感性的反應，產品象徵性的意義常影響其購買行爲。

6.年輕型消費者：此類消費者屬於新的消費者，其購買行爲在心理尺度上，尙未穩定。

當然，上述消費者型態，每人都或多或少具有一、兩種以上，這些型態都會影響消費者個人的購買決策與過程。

（二）產品的特性

基於心理因素影響購買動機的產品特性，亦影響消費者的購買行爲；依此可將產品分類爲：

1.威望類產品：購買此類產品不僅是威望的象徵，並且具有威望的實際證明。例如，某人購買一部高級汽車，不僅是事業成功的象徵，也證明其擁有偌大的財富。

2.地位類產品：有些產品可以顯示消費者的地位，或將消費者歸屬於某一社會階層。如美國高所得家庭多購買林肯牌（Lincoln）與凱迪拉克牌（Cadillac）汽車，中所得家庭多購買別克（Buick）與克萊斯勒（Chrysler），而低所得家庭則購買雪佛蘭（Chevrolet）與福特（Ford）汽車是。前述威望類產品表示崇高或領導地位，而地位類產品則表示社會階層的歸屬。

3.成人類產品：由於社會風俗習慣或健康方面的原因，此類產品不適用於年輕人；而要等到消費者成長到某個階段，才能使用或飲用。此類產品如香煙、化妝品、咖啡、酒類等是。

4.渴望類產品：此類產品爲保護自我（ego-defense）的產品，如肥皂、牙膏、香水、剃鬍刀等是。有些學者將前述三類產品，列爲提高自我（ego-enhancement）的產品，以與此類產品相區別。

5. 快樂類產品：此類產品能時常地或立即地引起衝動性購買，包括各種零食如花生米、瓜子、玉米花等，或顏色美觀、式樣新穎的成衣與玩具等是。
6. 功能類產品：此類產品具有文化與社會的意義，能實現某些功能的；大多數的食物如蔬菜、水果或建築材料等，均屬之。

> 總之，在一個充滿競爭的市場上，產品分類常能決定一家公司的政策；而公司的決策必須配合消費者類型的研究，才能激發購買動機，引起購買行為。

（三）情境的特性

情境的特質相當複雜，包括購買時的情境，以及消費者所處的情境，如社會階層、家庭背景、文化因素、經濟狀況、價格……等是。誠如前兩章所言，購買時情境的知覺與學習經驗，都會影響消費者的購買動機。此外，消費者的社會階級配合所得的多寡，也會左右其購買動機。顯然地，上等階層、中等階層和下等階層購買者的心理差異很大，從而其購買動機與行爲也有很大的差異。凡此在以後各章將繼續進行討論。

二、購買動機的類別

購買動機的產生是相當複雜的。不過，惟有認識與瞭解消費者購買動機的影響因素，才能把握產品生產的方向，從而達成促銷的目的。此外，購買動機的不同，亦影響不同的購買行爲。因此，吾人應加以瞭解。一般購買動機，可分爲兩大類別：

(一) 產品動機

所謂產品動機，是指購買某些產品的動機而言，亦即指消費者何以要購買某項產品。它又可分為情感動機（emotional motives）與理性動機（rational motives）兩種。情感動機包括：飢渴、友誼、驕傲、野心、爭勝、舒適、創新、娛樂、一致、安全、地位、威望、好奇、神秘、生命延續、種族保存、滿足感官、特別嗜好等是。例如，購買汽水解渴，為友誼而贈送友人生日禮物，為驕傲而購買名牌汽車，為好奇而購買噴霧式鞋油，為美麗而購買高級化妝品……等，都含有情感因素，而用來滿足內在需要，或吸引他人注意，或享受人生樂趣，或延續生命確保安全。

至於理性動機，是指購買產品的動機經過理性的思考與選擇而言，如價格低廉、使用容易、服務良好、增加效率、耐久性、可靠性、便利性、經濟性等是。例如，購買小汽車強調最符合經濟原則，購買電器用品要求保證長期服務，購買打字機注意經久耐用，都是出於理性動機。

產品動機雖可分為情感動機與理性動機，但兩者並不相互衝突；消費者購買產品時，可能同時具有該兩種動機。例如，某人因友人家中有錄放影機，而出於情感動機中的渴望一致之動機，而在決定購買前找一家保證長期服務的廠商購買。此時的購買行為則兼俱情感動機與理性動機。

(二) 惠顧動機

所謂惠顧動機 （patronage motives），是指消費者對特定商店之偏好而言，亦即消費者何以要選擇某家商店購買之意。惠顧動機的研究 ，對製造商與零售商特別重要。例如，一種引起權威與地位動機的商品，決不應在廉價商場出售。

惠顧動機正如產品動機一樣，可謂錯綜複雜，有時甚而相互衝突。消費者的惠顧動機，包括有：時間地點便利、服務迅速周到、貨品種類繁多、品質優良、商譽信用良好、提供信用和勞務、場地寬敞

舒適，而且要求放置極有秩序、價格低廉、佈置美觀、能炫耀特別身分、售貨員禮貌態度良好等。以上各種惠顧動機能使消費者對某些商店產生獨特印象，而認爲該商店有良好商譽或特色。

> 總之，購買動機是購買行動的原動力，一家商店要使消費者願意去商店購買，甚而願意重複去購買，就必須設法給予消費者有獨特的印象。當然，消費者的購買動機是相當複雜的，商店必須妥為規劃、設計與安排，才能吸引消費者的惠顧動機。

第五節 工作與金錢誘因

人們工作的目的，即在追求金錢報酬。當然，工作的目的之一，也在於滿足個人內在需求與成就感。然而，大部分的滿足感仍以金錢的追求爲尚。蓋金錢爲用來消費，有了富足的金錢既可滿足生理需求，也可滿足心理需求。因此，金錢誘因實爲人們工作的主要目標。站在商業行爲的立場言，工作的目標在換取金錢報酬，而金錢報酬乃在實現購買動機與行爲。

就馬斯勞（A. H. Maslow）的需求層次論（hierarchy of needs）而言，人類工作大部分是爲了滿足最基本的需求，這些需求的滿足都得助於金錢的報酬。換言之，工作與工作報酬對大多數人都很重要，很多人賣力地工作的原因，一方面是爲了保住工作，另一方面是爲了獲得獎金或晉升，以滿足其他需求。因此，金錢既能滿足人們的需要，就已成爲一種工作動機。

金錢對滿足個人的生理需求，極爲重要。根據前述生理性需求，包括：飢、渴、性、母性、睡眠、好奇等食、衣、住、行的生活項目，這些都與金錢有很大的關聯。有了豐足的金錢可以購買食物，可以添購新衣，購買住宅、轎車；甚至可以購買更多物品，除了滿足基本需求之外，還可滿足好奇心。易言之，一切的生理需求都可用金錢來滿足。

再就安全需求而言，金錢富足能使衣食無缺，則心中的安全感會更踏實，一遇急用也不致於造成困擾。此外，經濟的保障本身也是一種安全，現在社會上許多意外保險、健康保險以及壽險等，都需要用金錢來滿足。因此，有了金錢，對個人來說，也是一種安全的標示。

其次，就社會需求而言，金錢雖然無法買到愛情和友情，但卻扮演著協助的角色，如在家庭中有穩定的工作和收入，有助於甜蜜的家庭生活。還有，金錢的多寡有時常能決定是否贏得社會的尊重，並影響社會地位或社會階層的高低。甚至於朋友間的禮尚往來，有時也需要以金錢直接去滿足。因此，就某個層次而言，社會需求的滿足，有時也必須依賴金錢來達成。

再次，就自尊需求而言，金錢很能夠取得自尊；同時有了金錢可能受到別人的景仰、敬重；甚而由於購買力的增強，而滿足其自尊的需求；且金錢有時也代表某種地位和權力。一個人能完全掌握自己的財產，比較有強烈的自主感。例如，有許多人參加高貴的高爾夫俱樂部，贏得了一份工作努力的聲譽，或取得一個高級學位，都是爭取聲望之道。這些需求多多少少要直接用金錢來滿足。

最後，金錢的多寡有時也代表一個人成就的高低。收入高的人常有自我價值感，高薪已成爲今日社會衡量個人成就的標準之一。不過，高成就導向的人不一定是以達成目標後所能獲得的報償爲激勵。在他們看來，金錢只不過是測度或評估進度的一種標尺而已，他們強烈地希望能得到自己工作成績的回饋。

由以上可知，金錢能夠滿足各層次的需求。如果金錢是一項能夠獲得長久滿足的工具，人們便會更爲重視工作。而金錢推動各層次需求的強弱關鍵，乃在於金錢是否被認爲是滿足需求的工具，它是不是成就的象徵或是交換貨品的媒介。這些都影響人們追求金錢的慾望，甚而決定其工作努力的程度。

當然，每個人對金錢的看法並不一致，以致運用金錢去激勵其努力工作的效果，也常有差異。對於那些經常缺錢用的人，金錢的激勵效果較大。窮人較希望能立即收到錢；富人對金錢的追求較爲淡薄，他們通常較熱衷於高層次需求的追求。又低成就動機的人比高成就動機的人，更容易爲金錢所激勵。高成就動機的人比較關心工作能否提供個人的滿足，因而對無聊的工作，希望能得到更多的薪水，因爲他犧牲了由工作所獲得的滿足；而低成就動機的人恰好相反。

此外，如果工作能使成就導向的人感到更多的內在滿足，他會全心全力去做工作，而不在乎是否有金錢獎勵；而低成就動機的人會隨著金錢報酬的升高而努力工作。一般人如果有更多的金錢去滿足低層次需求，不能用來滿足高層次需求，則他對薪水的要求不高；但若少數的錢用來滿足低層次需求，更多的錢能用來滿足高層次需要，則所要求的酬勞也更高。易言之，惟有在金錢可滿足高層次需求時，才會使人要求更高的酬勞。

綜觀上述，可知工作賺來的金錢，幾乎可滿足人類的所有需求。當然，金錢並不是唯一滿足的來源與工具。如和同事建立良好關係，有自主性、責任感、技能和創造力，都是工作滿足的來源。對於能力和成就等高層次需求的滿足感，金錢當然更不重要，但並不是完全沒有作用。金錢是一種象徵，使人對事物的評價更具體化，而這種象徵的意義隨著個人的背景而有所不同，它能滿足許多需求。因此，金錢具有激勵人們潛能的功用。

第六節 情緒與生活

動機是引發個體行爲的原動力，此種力量是有原因、有方向和有目標的活動。惟個體活動並不完全是有組織、有規律的，有時是受到不規律、無組織的情緒所左右。個人行爲如此，消費行爲與購買行動亦復如此。蓋消費者在採取購買行動時，有時固係有計畫的購買，有時卻是出自於情緒化的購買。因此，製造商、售貨商必須瞭解消費者的心理，探討其情緒對購買行爲的影響。

情緒（emotion）是人類行爲最複雜的一面，也是人類日常生活中最重要的一面。人生的喜、怒、哀、樂、好、惡、憂、懼等情緒，構成了一幅人生的畫面。情緒具有激動作用的含義，它本身很難研究，歸其原因有：一、情緒本身無法直接觀察得到，必須根據情緒性行爲加以推斷；二、情緒的內容相當複雜，又具有多樣性；三、情緒的表現是全面性的，其變化包括生理的和心理的歷程。

是故，情緒是指個體受到某種刺激所產生的一種激動狀態；此種狀態雖爲個體自我意識所經驗，但不爲其所控制，因而對個體行爲具有促動或干擾作用，並導致其生理上與行爲上的變化。此界說包含四項要點：一、情緒爲個體內、外在環境所刺激；二、情緒是個人主觀的意識歷程；三、情緒具有動機的作用；四、情緒是表現於個體生理上與行爲上的變化。

個人在日常生活中難免有情緒性行爲，蓋情緒始自於生活上的變化，人們既無法逃避生死、得失、榮辱的變化，自不能免除喜、怒、哀、樂、好、惡、憂、懼等情緒的發生。甚而個人的情緒活動，並不少於理性的活動，故情緒實滲透了個人生活上的變化性。個人在日常生活中如此，表現在消費行爲中亦然。

一般而言，消費者在消費過程中，從廣告到產品的使用，都會受到情緒的影響。例如，個人喜不喜歡某種產品的廣告，可能決定他是否購買該項產品；或在他使用過某種產品時，也會表現喜歡不喜歡，而決定下次是否再購買。此外，一般情緒都可透過面部表情、動作、聲音三方面表達出來，售貨員也可從消費者的這三項線索中，揣摸判斷其情緒。例如，聲音高亢興奮，即表示消費者喜歡某產品；只要運用一點技巧，立可成交。又如消費者表現雙肩微聳、兩手外攤，就必須多費唇舌了。

另外，情緒與購買行爲最直接關係的，不外乎衝動性購買了。根據研究顯示：某些婦女在情緒低潮時，常有衝動性購買，以補償其心理。加以近年來社會的急遽變遷，消費者衝動性購買的比例愈來愈增加。大多數消費者在購買貨品時，已不再事先計畫，或雖然預先有了計畫，但並不完全按照所定計畫去購買；而是進入商店後，才下定購買決策。此即爲衝動性購買。一般而言，衝動性購買有下列四項型態：

一、純衝動購買

純衝動購買（pure impulse buying）是因一時衝動而購買了產品；此種購買型態打破了正常購買程序，而與正常購買型態不同。

二、回憶性衝動購買

回憶性衝動購買（reminder impulse buying）是指購買者看到產品項目，或看到廣告曾出現過這種產品，或個人早就想購買此種產品，而記起了家中存貨已不多，或已用完，於是產生購買行動。

三、建議性衝動購買

建議性衝動購買（suggestion impulse buying）是指購買者以前沒有使用某產品，或具有該產品的知識，而在第一次看到，就覺得需要它，於是就有了購買行動。此種購買方式和回憶性衝動購買的主要差別，在於前者缺乏產品的知識，也沒有購買經驗；而後者則有。

四、計畫性衝動購買

計畫性衝動購買（planned impulse buying）是指購買者進入商店購買是有目的的，而非抱著閒逛的心情。如果價錢降低，或有贈品券時，就會引起額外的購買，此爲計畫性的衝動購買。

總之，衝動性購買是存在的。有些消費者原為無目的地走進商店或市場，由於看到琳瑯滿目的貨品陳列，開始聯想到自己需要採購物品；或由於包裝的吸引而隨手購買。此乃為現代忙碌生活中必然的現象。此外，國民可支配所得的增加，以及商店推行顧客可自行取貨的經營方式，都影響到消費者衝動性購買的形成。因此，廠商如果想引發消費者衝動性購買行為，就必須運用陳列的或其他方法吸引顧客至自己商店，並配以良好的包裝、動人的現場廣告、有利的陳列位置，來捕捉消費者的眼光，以促進銷貨。

討論問題

1.何謂動機？其與行爲的關係爲何？

2.何謂生理性動機？大部分購買行爲是否爲了滿足生理性動機？

3.何謂心理性動機？何謂動機的功能獨立？

4.以消費者的特性而言，消費者有哪些型態？

5.何謂威望類產品？何謂地位類產品？兩者有何區別？

6.何謂產品動機？消費者選擇購買某項產品的動機爲何？

7.何謂惠顧動機？廠商應如何挑起消費者的惠顧動機？

8.人類各項需求是否都可透過金錢來得到滿足？試說明之。

9.人類行爲是否都是理性的？購買行爲是否受到情緒的影響？試分述之。

10.衝動性購買有哪些型態？廠商應如何引發消費者的衝動性購買？

個案研究

隨興所至的購買

吳麗華是一家電子公司的作業員。基於某種因素，從中部來到南部就業。

起初，吳麗華在公司上班總是過著規律的生活，閒暇時也難得出門一趟，幾乎是足不出戶，而以看小說來打發她的時間。從小，吳小姐就是個小說迷，常在下班後，一個人躲在寢室看她的小說。就在她工作半年多的一個偶然機會裡，經由三五好友的邀約，總算出外郊遊了。由於這次的郊遊，她從中體會到外出的樂趣與休閒，此後就開始了戶外活動。

不過，由於吳麗華的離鄉背井，心情難免寂寞。偶爾，在心情不好的時候，也會自行外出購物。然而，購回的物品並不是她眞正所需要的，甚至於在購回之後，還會後悔呢！然而，吳麗華竟常不由自主地購物，尤其是衣物即使已掛滿了整個衣櫃，她仍然如此。

個案問題

1.有人說：「女人永遠少一件衣服。」你同意否？
2.你認爲吳麗華不由自主地購物的原因何在？
3.就消費者的類型而言，吳麗華是屬於那種類型？其購買行爲又是屬於那種類型？
4.如果你是個售貨員，你將如何去觀察這類型的消費者？如何去推銷？

知覺——商業行爲的心理基礎之二

第4章

本章重點

知覺是決定個人行爲的因素之一。在商業行爲上，消費者的知覺往往影響其購買意願，從而決定是否採取購買行動。因此，廠商必須瞭解消費者的知覺問題。本章首先探討知覺的意義及一些基本現象，其次討論影響知覺的因素，然後讓從事商業工作者瞭解如何運用廣告設計、商品與包裝設計、商品命名，來影響消費者的知覺；並訂定合理的心理性價格，從而左右消費者的知覺，引發其注意力，並產生興趣，而採取購買行動，達成商品促銷的目的。

第一節 知覺的基本現象

一般心理學家都承認：行爲是個人與環境交互作用的函數。每個人處在大環境中，無時無刻不受環境的影響，同時也影響著環境。在這種交互作用的過程中，隨著個人的差異，不同的個人會賦予相同環境以不同的意義。此種賦予意義，產生某種看法的過程，就是心理學家所謂的知覺（perception）。易言之，知覺就是一種經由感官對環境中，事物與事物間關係瞭解的內在歷程。

從生理心理學的觀點而言，影響人類知覺歷程的器官有三：第一、接受刺激的受納器官；第二、顯現反應的反應器官；第三、將受納器官與反應器官相連結的連結器官。其中受納器官，又稱爲感覺器官，包括：視覺、聽覺、嗅覺、味覺、觸覺與平衡覺等，其中又以視覺、聽覺爲最重要。連結器官則以神經系統爲主。反應器官則包括肢體、面部表情等。不過，知覺以感覺爲基礎，是一種意識性的活動，包括有關事實組成的知識，其產生有賴動機和學習的歷程。

在知覺歷程中，由感覺器官所得到的直接的、事實的經驗，乃爲構成個人對事物瞭解的主要依據。惟個人對環境的瞭解常超越了感官所得的事實，故知覺乃爲一種經過選擇而有組織的心理歷程，所得的感覺常與個人以往的經驗，以及當時的注意力、心向、動機等心理因素相結合。是故，知覺乃爲個人對環境事物的認知。通常知覺的範圍，主要包括：空間知覺（space perception）、時間知覺（time perception）及運動知覺（movement perception）等。

根據完形心理學（Gestalt Psychology）的論點，認爲個人在受到外界刺激時，常會自動地將這些知覺加以組織化，而形成一種有意義的知覺現象。此乃基於四項原理：第一、接近原理（proximity），即兩種刺激在空間上相接近時，常被看成一個有組織的單位。第二、相似原理（similarity），即兩種相似的刺激，常形成一組相同的知覺型態。第三、閉鎖原理（closure），即幾個刺激共同包圍一個空間，易構成一個知覺單位。第四、連續原理（continuity），即幾種刺激在空間或時間上具有連續性，易形成一個知覺單位。

綜觀上述，可知形成知覺的基礎，一方面係由於環境的刺激，一方面係個人過去所學習得的經驗。環境的刺激特性，主要爲刺激的差異或由於重複。凡是刺激呈明顯對比或一再重複，常能加深個人印象，促成知覺上的選擇。同樣地，個人特性方面，主要有領會廣度、感受性的心理定向以及個人的情緒或慾望。凡是個人有很深的領會廣度、過去經驗合乎其心理定向，且具有很強的情緒或慾望，都會加深個人知覺上的選擇。根據知覺過程的研究顯示，知覺的變數有被知覺的對象或事件、知覺發生的環境以及產生知覺的個人。吾人即從這三個角度來分析知覺的基本現象。

一、知覺的對象

顯然地，知覺受到被察覺對象的影響。通常，個人並不是對任何事物都知覺得到的，這就涉及選擇性與組織性的問題。所謂知覺選擇性，是指個人對某些行爲來說，只有一些適當的知覺才是重要的。以認知論的術語而言，只有某些訊息被個人認知而察覺到，其他訊息則被忽略或排拒在外。易言之，只有某些事物或事件的特性，才會影響到個人；其他事物或事件則被忽略掉，或無效果可言。

一般而言，當被知覺對象或事件具有與衆不同的特性時，較容易被人察覺。例如，強度較大、發生頻率較多、或數量較多的事物，較容易被知覺到；相反地，較稀鬆、較少發生、數量不多的事物，較不可能被知覺到。此外，動態的、變化多端的、或對比分明的事物，比靜態的、不變的、或混淆不清的事物，易被察覺到。凡此都是被知覺的對象，引發個人作知覺選擇性的結果。

再者，當個人收受到許多訊息時，會依個人所熟知或可辨認的型態產生關係，從而組織其知覺。此種知覺對象或事件的特性，影響到知覺組織性的，包括：相似性與非相似性、空間上的接近、時間上的接近等。通常人們會將物理性質相似的事物，聯結在一起；而將性質不相似的，加以分開。同時，知覺對象和事件可能因空間或時間上的接近，而被看成是相關的。因此，廣告出現的時間必須配合產品的營銷，方爲有效。以上都是知覺對象的特性，構成了個人的知覺。

二、知覺的環境

知覺對象或事件的環境，對事物知覺的方式具有相當效果，甚至於和知覺對象是否被察覺到有很大的關係。在知覺上，物理環境和社會環境均扮演了重要的角色。

就物理環境而言，一件事物是否被察覺到，要看它在環境中是否顯著而定。因此，廣告牌之受到注意，乃爲它在環境中凸顯的緣故；相反地，廣告之不受重視，乃爲它在環境中不顯著之故。此外，物理環境如造成一種特殊景象，也會影響到個人察覺事物的方式。是故，廣告愈特異，愈能吸引人注意。

就社會環境來說，由於組織活動的社會環境不斷地改變，個人對相同事物或行爲的知覺，可能會有所不同，甚或差異很大。例如，廣告內容具有說服力，或產品的品質能配合廣告詞的宣傳性，則對消費者的知覺具有正性效果；相反地，同樣的廣告詞而其產品品質配合不上，對消費者以後的認知會有不良的效果。同樣地，社會環境也會造成一種先入爲主的觀念，直接影響到知覺。例如，有些產品的廣告號召力強，形成某些消費者的固定消費習慣。

三、知覺的個人

在相同的物理環境與社會環境下，不同的個人在不同時間也會有不同的知覺。人類的知覺傾向，以及個別差與，是造成主觀知覺性與知覺不可靠的主要原因。通常個人有一種普遍的傾向，即知覺到自己預期或希望知覺到的事物。在知覺上，人們並不是被動的，他們會依照過去的知覺增強歷史，及目前的動機狀態，主動地選擇並解釋刺激，此種傾向即爲知覺傾向。

過去的知覺歷史會影響到目前的知覺過程。過去的經驗可能教導自己，使自己注意到事物的某些特性，而忽略其他特性，或只注意到具有某些特性的事物，而忽略其他特性的事物。例如，個人所受的訓練和所從事的職業，都會影響個人看問題的方式。當探討新工廠地點時，行銷人員會注意銷售數字、市場潛力，以及分配上的問題；而生產部門的人員則對材料、人力來源、工廠位置，以及當地污染法律等問題較爲敏感。

此外，個人對大量訊息的收受也受到動機的影響，每個人的動機不同，對事物的知覺也不相同。當個人承受多種廣告的刺激時，會依據他的動機選擇某些刺激。例如，個人渴求某項產品，即對該項產品的廣告特別注意。總之，個人的知覺傾向不同，以及個別差異，是造成知覺不同的主因。因此，個人對廣告的選擇也有所不同。

基於上述，個人的知覺是受到被知覺的對象、知覺的環境以及產生知覺的個人等三方面的交互影響。吾人欲瞭解個人的眞正知覺，必須從這三方面加以探討，才能得到正確的結果。

第二節 影響知覺的因素

個人在環境中所得的知覺經驗，不僅取決於對事物本身的客觀特徵，而且深受個人主觀因素的影響。因此，影響知覺的因素，主要有個人習得的經驗、對刺激注意的情形、個人當時的動機和心向、當時的生理狀態以及當時的社會與物理環境等，都經過個人的選擇，而形成個人的認知系統。

一、學習與經驗

由於學習而獲得的經驗，常因人而異。此種不同的經驗，常會引起他們不同的心理反應。換言之，由於過去不同的學習與習慣，常形成個人間知覺的不同。「一人的食物，是他人的毒藥」，正是這種情況的寫照。某些玩笑在某人聽來是一種玩笑，對另一個人可能是一種諷刺，通常這是由於個人知覺的不同所致；而知覺的差異根源於過去對環境的不同學習。另外，可以用來說明學習與經驗對知覺的影響之例子，乃爲盲人的空間知覺。盲人在空間內活動，他所能預知面前的障礙而躲避撞擊，是由於聽覺的輔助。而聽覺是由學習經驗而來，並非一般常識上所說的「盲人較常人聽覺靈敏」。故學習經驗會影響知覺，乃是足可認定的事實。

二、注意力

個人生活在環境中，常存在著各式各樣的刺激，而個體對這些刺激常作選擇性的反應，並由其中獲得知覺經驗。像這種選擇並集中於環境中部分刺激，而加以反應的現象，即稱爲注意力（attention）。個人何以會在多種刺激中，選擇一部分加以注意？其主要有二項因素：一爲刺激的客觀特徵，一爲個人主觀的動機與期望。所謂刺激的客觀特徵，係指刺激本身所具有的特徵，以及與其他刺激間的關係而言，如刺激的廣度大、強度高、重複出現、輪廓明顯、顏色鮮艷、對比強烈等，都易引人注意。至於個人主觀方面，凡能滿足個人動機與期望者，就容易惹人注意。個人絕不會去注意與其慾望或需要無關的事物。

三、動機與心向

個體對某種刺激感到需要時，不但容易引起個體的注意，而且個體所得的知覺經驗，也含有不同的意義與價值。如在同距離、同照明、同角度的情形下，來自窮家與富家兒童們估計硬幣的價值時，窮家的兒童較富家更顯得誇大其估計。另外，有些在刺激尚未出現時，個人在內心已具有準備反應的傾向，稱爲心向（mental set）。此種心向作用對刺激出現後所得的知覺經驗，有很大的影響。如一些人經過某種暗示後，常形成錯誤的知覺，做出錯誤的反應，此顯然是事先受暗示而生的心向所致。此外，個人的情緒或慾望、個人的領會廣度，都能促使個人對認知作選擇。

四、生理狀態

個體的生理狀態對知覺的選擇，亦有所不同。顯然地，一個生理健康的人對世界充滿著希望，其對各種事物的知覺可能是美好的；相反地，一個生理不健全的人對周遭的人或物，則可能持悲觀的知覺，以致有悲觀的行爲表現。例如：一個身體健壯、孔武有力的人，自然不會畏懼一切；他的看法是一切唯我獨尊，或是路見不平拔刀相助。反之，身體瘦弱矮小的人，其看法常是處處充滿著危機，或時時感到受威脅。這就是由於個人生理狀況的不同，而產生對事物的不同知覺所致。

五、物質與社會環境

個人生長的物質與社會環境不同，常影響他對世界認知的不同。生長在繁榮城市的人與成長在純樸鄉村的人，其對世界的知覺顯然不同。都市裡人們看到的是車水馬龍、生活緊張、競爭性高，以致感覺到人生渺小；加以物質豐富，可能追求生活的繁華與富裕。而生長在鄉下的人，每天看到的是陽光、綠油油的作物與樹木、空氣新鮮，養成一種不急促的生活態度。再者，處於窮困的環境中，使人有不滿足的感覺，而富裕的環境可產生滿足的感覺。以上都是物質與社會環境對個人知覺的影響。

> 總之，影響個人知覺的因素甚多，非單一因素所能決定。吾人探討知覺，必須針對多種可能因素加以分析，才能真正瞭解個人知覺。

第三節 知覺與廣告設計

個人知覺的形成，主要係依據環境刺激與個人特性，而深受習得經驗、當時的注意力、動機與心向、生理狀況，與當時的物理與社會環境的影響。因此，爲了促銷商品，建立良好的品牌形象，吾人必須力使廣告設計引起消費者的注意，並建立良好的知覺經驗。商品的廣告設計，應如何才能引起消費者的注意，促使其關心，並發生興趣，卒而達成促銷目的？這可從下述兩方面著手：

一、刺激特性方面

顯然地，廣告的特性能引起消費者的注意與不注意，主要決定於下列因素：

（一）廣告大小

一般而言，較大的廣告比較小的廣告來得引人注意。當然，這還得看其他條件而定，例如，在許多大廣告中，出現一則小廣告，則後者可能更受注意。此外，廣告若加大一倍，是否能得到加倍的注意值呢？這是值得研究的課題。有些媒體廣告加倍，反而分散了注意力，以致其增加的注意值僅爲百分之五十，而非百分之百。蓋廣告面積增大的結果，反而使注意力遲滯。當然，這種現象常因媒體的不同與個人的特性而有所差異。韋伯定律（Weber's law）即曾指出：如其他因素相等時，欲使注意力加倍，則廣告的大小必須增加四倍；亦即刺激以幾何級數增加，而知覺僅以算術級數增加；此即爲注意力增加與方根大小的關係，稱之爲方根定律（square root law）。

（二）廣告強度

亮度高的廣告比昏沉晦暗的廣告，容易被人看到；聲音宏亮的廣告比音量平和的，容易受人注意；但過分刺眼或刺耳的廣告，容易招致反感。又亮度與聲音加倍的廣告，就如同廣告加大一倍的情形一樣，僅能增加指數的注意值，不能得到加倍的注意值。因此，廣告的強度以適宜於平衡知覺爲當。

（三）廣告次數

由於發生頻率較多，較易被知覺到；且由於時間上或空間上的接近，較能引起人們的注意。因此，廣告出現的次數多，較能引起消費者的注意，且能增強其記憶。不過，有時廣告出現的次數過多，反而使人感覺麻木。因此，廣告即使頻頻出現，也必須採取間歇性的方式爲宜。

（四）廣告數量

廣告的數量愈多，愈容易引起人們的注意；而廣告的數量太少，不易爲人所知。因此，廣告能同時大量出現，最容易得到宣傳的效果。不過，如果過量的廣告已造成人們生活上的困擾，則必爲人所厭棄。

(五) 廣告移動

動態的廣告比靜態的廣告容易被察覺到，且受人注意。例如，畫面活動的廣告牌要比靜態的畫面引人注意，又閃動的霓虹燈是有效的廣告。在貨品及原料的採購點暨其他促銷商品的陳列中，構成一幅運動圖案，都能吸引人注意。此外，在不增加大小或空間的情況下，垂直設計與鋸齒線的廣告設計，比光滑的水平設計更能產生運動感，增加廣告的效果。

(六) 廣告變化

變化多端的廣告比固定不變的廣告，更能引人注意。蓋變化的事物較易為人所察覺，且能引發人們的好奇。至於固定不變的廣告，猶如一池死水，很難引起人們的注意。

(七) 廣告顏色

一般而言，有色彩的廣告比黑白的，更能引起注意力；但在雜誌中有色彩的廣告，當其廣告費用增加時，其所產生的注意力不一定能與增加的廣告費用相稱；而必須根據全盤的情況，如編排方式、彩色與黑白廣告所佔比例等，仔細分析後，才能確定。

(八) 廣告對比

廣告的對比愈大，愈能引起注意。亦即對比分明的比混淆不清的廣告，越能被消費者知覺到。其如大聲與小聲的交替、柔和的噪音、對比強烈的顏色等，都比單一而無對比時，更能產生較多的注意。所謂「萬綠叢中一點紅」、「鶴立雞群」，都是一種對比。

(九) 廣告位置

在其他條件相同下，印刷品上半頁的廣告比下半頁，更能引起注意。西方國家文字由左而右，故其左半頁比右半頁更能增加人們的印象。東方人的閱讀習慣是由右而左，故右頁比左頁能產生更多的注意值。不過，有些學者認為右頁的廣告或左頁的廣告，其引起注意的程度似乎並無區別。此外，在眾多條件相同的廣告中，最前面與最後面的廣告比位居中間的，更能加深人們的印象與記憶。

（十）廣告隔離

一個小物體在大空間的中央能引起更多的注意。一個螺絲釘、一個紅色的球，或其他小東西，在整幅廣告的中心，基於隔離作用，亦能引起讀者的注意。在佈滿成衣店的街道上，偶爾摻雜一、兩家家具店，亦可產生隔離作用。同樣地，在許多同性質的廣告中，出現一、兩幅不同性質的廣告，則後者更能引人注意，此即隔離作用的結果。

綜上觀之：消費者能否對廣告產生知覺，部分係受廣告本身設計的影響。惟廣告的刺激，應是許多條件的組合，很難是單一情況的出現。此外，吾人探討廣告刺激對消費者注意力的影響時，必須考慮適應標準的概念。如在許多大的形象中，一種小形象比其他大形象更易引起注意。因此，廣告設計必須作週期性的變化，以求適應消費者求新求變的心理。

二、個人特性方面

個人特性係消費者對商品或勞務產生興趣的影響力之一，它有時比刺激特性更能引起消費者較多的注意值。因此，廣告設計必須順應個人特性，以引起他的注意。個人特性對消費知覺的影響，至少包括下列因素：

（一）過去經驗

個人過去的知覺經驗，常能影響他目前的知覺狀態。例如，個人感受到過去的虛偽廣告，可能引起他對廣告的排拒，以致他對某項廣告或所有廣告的視而不見。此外，個人可能僅注意其所擁有物品的宣傳廣告，而不注意別種物品的宣傳廣告，這都與個人過去經驗有關。

(二) 動機狀態

通常個人渴求某項物品，想擁有該項物品時，就會對該項物品的廣告特別注意。亦即他對某項物品陷入動機狀態，則該項物品的廣告會吸引他的注意力。一個失業的人急需就業，故而特別注意就業廣告。因此，引發動機，促進購買行爲，是廣告訴求的目標之一。

(三) 性別差異

男女性別的差異對廣告的訴求，也是不相同的。例如，婦女特別容易接受嬰兒及兒童的廣告畫面、衣飾廣告等；而男性則多注意汽車、運動器材及鍛鍊身體工具的廣告；而兩者都不管廣告的大小、強度等其他刺激特性的分別。此乃爲不同的性別而有了不同的需要所致。

(四) 興趣類別

個人的興趣不同，對廣告的注意力也不相同。凡是符合個人興趣的廣告，容易吸引個人的注意；而個人不感興趣的事物，則與該事物有關的廣告將引不起他的興趣。

(五) 價值觀念

每個人的價值觀念不同，其對廣告的注意力也不一樣。凡某事物在個人的意識中具有價值感，他必然會全心全意地去注意與該事物有關的廣告；相反地，個人意識中對某事項沒有存著價值的看法，他必不會去注意有關該事項的廣告。易言之，對個人有用的廣告，他必然會去注意；否則他會採取漠不關心的態度。

(六) 年齡階層

不同年齡階層的消費者，對廣告注意程度也有所不同。例如，年輕人比較注意麥當勞、速食店、MTV等廣告；成年人多注意房地產、股票、住宅等廣告。此乃因不同年齡階層的人，其需求不同，對廣告的訴求自然不一樣。

(七)注意幅度

另一種能影響個人注意力的因素,乃爲人類注意幅度(span of attention)的限制。所謂注意幅度,係指消費者在一剎那間對廣告所能獲得的注意程度。例如,有些廣告速度太快,無法使部分消費者保持相當的注意程度。因此,廣告設計必須考慮注意幅度的問題。

總之,廣告設計的適當與否,與個人的知覺息息相關。當然,廣告設計同時受到環境與個人特性的交互影響。為了使廣告得到良好效果,並引發消費者的消費動機,促進其購買行動,廣告設計必須注意消費者的知覺問題,才有效果可言。

第四節 商品的包裝設計

商品的包裝設計亦影響消費者的知覺,從而使消費者決定購買與否。商品的包裝就是使商品適於運輸與誘使消費者產生動機的一種準備。易言之,包裝是一種設計與製造產品之容器及包裝材料的活動。容器或包裝紙、盒,通稱爲包裝(package)。在傳統上,包裝被認爲是一種附帶的行銷觀念。惟近年來由於消費者愈來愈富裕,加以公司和品牌形象建立的需要,商品與包裝設計代表公司的創新性等因素,使得包裝已成爲一項重要的行銷工具。包裝必須能吸引顧客的注意,描述產品的功能特色,給予消費者信心,才能使產品在消費者心中留下良好的印象。蓋外形良好的包裝,如鶴立雞群,在許多陳列的產品中,可立即被消費者發現。

製造商在作商品包裝設計時,必須考慮消費者的心理、喜好,針對其需要。設計時,應注意消費者性別的不同、年齡的差異、所得水準的差別;由於這些差異,對包裝設計亦會產生不同的喜好。因

此，製造商必須將市場與顧客的性質加以區分，研究各種不同型態的市場與顧客可能購買的情形，分析其喜好，然後透過適當的包裝與推銷技術，達成商品的銷售目的。包裝設計應注意下列數項原則：

一、顧慮消費者的性別

商品包裝設計首先要考慮：商品的銷售對象是男性？還是女性？當使用一種產品的顧客爲男性時，則該產品的包裝設計，必須尋求極端男性化。例如，剃鬍刀等男性用品，就必須設計極爲男性感的包裝，以建立具有男性觀念的市場。至於一項產品，如香水與化妝品的顧客多爲女性時，其包裝設計要帶有一種強烈的女性特色。當然，也有許多商品的包裝設計是中性的，既不表現男性，也不表現女性；如汽車腊的包裝可在設計圖案上，展示一部明亮潔淨的汽車，以襯托出汽車腊的效用即可。

二、考量消費者的年齡

同一種產品的包裝設計，必須考慮消費者的不同年齡。在市場上，不同設計的包裝給予不同年齡消費者心理上的感受與印象，自不相同。因此，爲了適應不同年齡的消費者，一種內容完全相同的產品，應爲其設計出不同的包裝。譬如，品質相同的牙膏，可因大人與小孩的需要，而使用不同的包裝設計。

三、順應所得水準高低

商品在包裝設計時，亦應考慮消費者的所得水準。當消費者願意付出較高價錢來購買商品時，他自然希望得到品質較好的商品。同時，許多商品在出售前不准試用，消費者只有從外表的包裝來判別商品的品質。是故，包裝設計具有強烈的暗示作用，一種具有外在美的包裝產品，自然會吸引消費者去購買。此時，製造商要在商品外形上設計一種高尚品質的圖案。當然，也有些低價格的商品，亦可用較鮮艷的色彩，不太精緻的圖片，表現普通價格意識，備供售予收入較低的消費者。

四、形狀必須別緻美觀

包裝的形狀必須便於使用，外表必須別緻美觀。譬如，近年來的噴霧式殺蟲劑罐設計成手槍形狀，按鈕設在手握處，甚爲別緻；使人在撲滅蚊蠅時，有一種玩槍的快感。又根據心理學家的研究分析，認爲外形大的包裝，可能表示經濟；外形小的包裝，儲藏較爲便利。圓形或橢圓形的包裝，女性較爲愛用；而方形或矩形的包裝，男性較爲愛用。這些都是包裝設計家所要考慮的。

五、大小符合各種需要

包裝的大小要符合各種需要，較大的包裝固可吸引顧客的注意，但如產品本身不大，而故意塡充瓦楞紙或其他塡充物，常使消費者有被欺騙的感覺，將很難獲得顧客的長期支持。譬如，牙膏可分別設計爲大、中、小號，以適應月份或週日用量，並以不怕擠壓的容器包裝，比較符合家居、旅行等的個別需要。

六、包裝質料配合產品

品質良好的商品，其包裝設計要求高尚質雅；品質普通的產品，其包裝設計通俗無妨。此乃爲一般包裝設計的原則。譬如，價值連城的鑽戒，如以質地粗劣的小紙盒包裝，便顯示不出鑽戒的高貴，使人誤爲贗品。反之，品質低劣的商品，用質料甚佳的包裝，常顯得輕重倒置，殊無必要；甚而使消費者有被欺騙的感覺。

七、色彩必須鮮明悅目

包裝設計必須使用顏色，其色彩必須迎合當前的彩色世界，才能夠保持鮮明悅目。色彩的調配，需與商品的顏色和諧一致。商品的顏色如爲暗淡色，包裝必須配以光亮度，俾收鮮明對照之利。根據廣告世紀雜誌的專欄分析，有些人很眷戀古老色彩，使消費者有新穎脫俗的感覺。根據一般研究顯示，金銀色顯得高貴，高級產品宜用綠色包裝。褐色、黃色有男性氣息；紅色有挑逗性，且可令人興奮，激發熱情。

八、注意全盤性的美感

包裝設計時，須考慮消費大眾的一般愛好傾向，妥善安排商標圖案、品牌、商標、標語以及色彩的調和，並注意全盤的和諧與美感，絕對不可各自獨立，毫無關聯，否則將破壞美感，予消費者惡劣的印象。因此，全盤美感的整體考慮，是包裝設計應特別注意的課題。

總之，商品的包裝設計必須顧及消費者的感官知覺，才能引起消費興趣，引發購買行動。當然，包裝設計常隨著時代的演變，和各地風土民情的差異而有所變遷，製造商不可一成不變，而必須隨時考慮包裝對消費者觀感的影響。

第五節 知覺與商品命名

商品名稱與消費行爲的關係，極爲重要。一個貼切的商品名稱能使消費者印象深刻，產生良好的知覺，從而引起其注意，促發興趣，激起購買意願，產生購買行動。此外，商品名稱若能載有產品本身的意義，並能描述產品的優點，可使消費者易於即刻辨認，並明顯地從競爭產品中區分出來。因此，商品名稱必須經過審慎的命名，它絕不是偶然想起來的一個名字。是故，任何行銷公司均需發展出一套選擇商品名稱的正式程序。

一般公司選擇商品名稱的程序，有如下步驟：第一、先確定商品名稱的目標或標準，然後小心地思量產品和產品利益，目標市場和所要採行的行銷策略。第二、列出所有可能的產品名稱，至少應有一百個，最多也可高達八百個之多。第三、篩選出候選的名稱，並選出十個至二十個最適合的，以便作進一步的測試。第四、收取受測試者對尚存商品名稱的反應，可利用調查法或深度集體訪問（focus group interviews）的方式，來發現哪個名稱最能投射所要的產品觀念，以及哪一個最容易被記憶、瞭解和聯想？第五、發展產品的商標，並經過確定調查那個尚存的商品名稱能夠登記註冊，接受法律的保護。第六、從尚存的名稱中，選定一個作爲產品最後的品牌名稱。

發掘與選擇一個最佳的商品名稱，既不是一件簡單的工作，則商品製造商宜以審慎爲之，力求迎合消費者的消費興趣與習慣。通常，一個良好的商品名稱，應具有下列特性：第一、從產品名稱上可顯示出該產品的利益和品質。第二、要易於發音、辨認和記憶。第三、宜具有獨特性。第四、易轉換成外國語言。第五、可接受登記受法律的保護。準此，商品名稱的命名，宜從下列原則著手：

一、簡短明瞭

商品名稱要引起消費者的注意與記憶，在命名時需求簡易明瞭，短而有力，才能達到容易辨認與記憶的目標。因此，商品名稱的文字不宜太長，以不超過兩、三個字爲原則。名稱要要求其有效，必須簡潔、生動、連貫而調和。

二、通俗易懂

通俗易懂的商品名稱，可喚起消費大眾的注意。不過，有時艱澀的語詞也會引起某些消費者的好奇心，但卻不利於廣為流傳。因此，商品命名以通俗易懂為原則。畢竟商品的行銷乃以針對社會大眾為主，並非僅限於少數個人或群體。

三、顯現特性

商品名稱要能顯現商品本身的特性，諸如優點、便利性等，且能使人易於與其他同類商品加以區分，據以建立獨特的商品特質與長處，引發消費者的興趣，促進其動機。

四、趣味生動

商品名稱必須富有趣味，生動有力，才能使人發生好感與產生深刻印象。根據心理學的研究，生動風趣的文字易使人記憶，發生興趣，而永誌不忘。

五、適應創作

商品名稱必須和商品相適應，與商品無關的名稱，對消費者形同欺騙，易起反感。同時，商品名稱不宜抄襲他人的慣用語，應就商品性質與用途的吸引力，來迎合消費者的興趣，獨立創作，以引起其購買慾。

總之，商品命名必須能注意消費者的知覺，從而引發其興趣，刺激其消費意願。因此，商品命名必須簡短明瞭，通俗易懂，趣味生動，並能顯現產品特性與創作性，以增進消費者的記憶。

第六節 心理性價格

一般商品定價的方法，大致可分為下列三種：成本導向定價法（cost-based pricing）、競爭導向定價法（competition-based pricing）、購買者導向定價法（buyer-based pricing）。所謂成本導向定價法，是以產品的生產成本為定價的方法，又可包括成本加成定價法（cost-plus pricing）、損益平衡分析與目標利潤定價法（breakeven analysis and target profit pricing）。競爭導向定價法，則因同類產品的競爭及其他內外在因素，而採取低價促銷的方法，又包括現行價格定價法（going rate pricing）與投標定價法（sealed-bid pricing）。至於購買者導向定價法，也就是感受價值定價法（perceived-value pricing），就是以消費者的心理知覺，對產品價值的感受為定價的標準。

傳統上，價格是決定於買賣雙方討價還價的結果。賣方的開價常比他們實際想要的價格還高，買方的還價則比他們想付的價格更低。雙方討價還價，一直到出現雙方均能接受的價格為止。一般而言，商家的定價過於強調成本價格，無法配合市場需求作價格上的調整；且在行銷組合中，往往單獨考慮價格，而未將之視為市場定位策略中的一個主要因素，以致價格無法隨著產品項目或市場區隔之不同而有所差異。

惟近來行銷觀念，已由「生產者導向」轉變為「消費者導向」。因此，在傳統上，價格被認為是影響購買者選擇商品的主要因素；但今日非價格因素在購買行為上，已愈來愈受重視。易言之，價格由「成本導向定價」轉變為「購買者導向定價」。後者即為心理性價格產生的基礎。

所謂心理性價格，就是以消費者的心理導向為基礎所訂定的價格。製造商在訂定價格時，固可參考產品的各項成本；惟為達成促銷目的，可依據消費者的心理知覺，訂定差價不多，但感覺上有差異的價格。例如，產品的價格是60元，可以59元代替，在消費者心目中

59元比60元便宜；且59元在5的範圍之內，在知覺上比在6的範圍內便宜。此乃爲心理知覺差異所形成的結果。從總收益來說，心理性價格對整體收入並無太大影響，且可提高銷售量，很合乎「薄利多銷」的原則。

再者，有些心理學家甚至認爲：每一個數字都有其象徵性和視覺性的質感。因此，在訂定價格過程中，要考慮質感的因素，例如，8是對稱性的，能產生圓潤的效果；7是尖銳性的，會產生不調和的效果。此種心理因素，也會影響消費者願不願意購買某種產品的意願。

此外，價格有時能透露產品的某些訊息，有些消費者往往認爲價格是品質的指標，故價格高乃是品質優良的保證。在每個消費者的心目中，都有一個產品價格的上限與下限。如果產品價格超過上限，則個人會以爲太貴；如價錢低於下限，則個人會以爲產品的品質值得懷疑。換言之，依照一般消費者的看法，高價錢和優良的品質必然連在一起的。例如，醫藥用品與化妝品等，消費者對產品品質的知覺，不但顧及產品外在屬性，而且考慮衍生的特性，故認爲價格高的產品，其品質亦較佳。凡此都說明了知覺與價格的關係，也影響到心理性價格的訂定。

總之，消費者的知覺是訂定價格不可缺少的部分，而其他行銷因素也必須配合其所定的價格。假如消費者堅持高價格與高品質的關係存在，則廣告、包裝與行銷通路等，就必須能反應出這種映象。

討論問題

1.何謂知覺？它是如何形成的？
2.知覺對象的特性如何影響知覺？試舉例說明。
3.你過去的學習經驗是否影響你的知覺？能否舉你親身遭遇的例子說明。
4.廣告設計如何影響知覺？強度高的廣告是否一定引人注意？
5.街道上的霓虹燈爲何要閃動？廣告牌燈光由底下往上射，其用意何在？
6.就你的年齡言，什麼廣告對你（妳）最具吸引力？一項廣告會引起你（妳）的注意是什麼道理？
7.你認爲商品包裝設計是否很重要？何故？
8.一個良好的商品名稱應具備哪些條件？你能說出你的看法嗎？
9.何謂心理性價格？它與知覺有何相關？
10.高價格產品是否必然與高品質相關？試述你的論點與理由。

個案研究

咖啡壺的廣告設計

某家電公司最近打算推出一種新型過濾式的煮咖啡壺，目前正在研究如何設計廣告，以引起消費者的注意，進而促進其購買意願。

首先，該公司對市場作一系列的調查、分析，得知市面上有些咖啡壺強調容量大，有些強調省電，有的標榜煮一壺咖啡只需十分鐘……等等。然而，根據顧客需求的資料顯示：喝咖啡著重於咖啡的原味。因此，該公司乃研究依據咖啡豆大小、新鮮度、水質、溫度，磨碎後咖啡豆和熱水混合的時間等因素，來設計一個最能保存咖啡原味的煮咖啡壺。

爲了增強消費者的印象，該公司在廣告設計上，先從圖面排列的均衡和協調著手。在整個畫面的四周預留空白；在圖面的左上方以紅色的4號仿宋體橫列著「新產品」，以引起消費者的注意。下面以3號仿宋體標示「溢香咖啡壺」（溢香爲品牌名稱）等字，顏色爲咖啡色。再下面以咖啡豆排列出「品味人生，忠於原味」等字樣，爲2號仿宋體。

在圖面的右側，是咖啡壺正在煮咖啡，旁邊放一杯熱騰騰的咖啡，下面一段文字爲「雖然這是一個講求效率的時代，但是追求高品味的你，喝咖啡是一大享受，「溢香」咖啡壺忠於原味，爲你的人生增加更多的內涵」，字體爲採4號標準字體，顏色採深藍色。

至於圖面的中間部分，爲一張稍微模糊的黑白照片，其中景色爲一間裝滿書籍書櫃的書房，用以襯托咖啡壺及文字，使消費者將書香和咖啡香串聯在一起，以增強消費者的印象。

最後在圖的下方，從左而右依序排列著商標、公司名稱、地址、電話號碼。字體爲6號標準字體，顏色爲黑色，尤其是商標的標示，乃在確立「溢香」咖啡壺與其他廠牌有所不同，讓消費者易於分辨。

在廣告設計完成，且經過評估後，公司乃決定利用報紙半頁和雜誌整頁刊載。該公司認爲報紙的優點，爲散佈廣、讀者普及、行銷快速、可反覆刊登、累積信用、聯繫新聞、改稿容易、宣傳分明、費用低廉、法律保證等。至於雜誌的優點爲：廣告保留時間長，印刷完備遠勝於報紙，可提供專業人員閱讀，短時間內可爲消費者瞭解、熟知，進而促進其購買意願。

個案問題

1.你認爲該公司的咖啡壺廣告設計是否適當？何故？

2.你認爲該廣告可能引起人們的注意嗎？你是否有其他建議？

3.通常廣告引起人們注意的因素有哪些？請一一加以列舉。

學習——商業行爲的心理基礎之三

第5章

本章重點

第一節 學習的基本歷程

第二節 學習的基本現象

第三節 影響學習的因素

第四節 增進商品記憶的條件與方法

第五節 品牌忠實性

討論問題

個案研究：新形象的塑造

知覺固是決定消費行爲的因素，然知覺有時卻受到學習的影響，蓋知覺部分係取決於個人的過去經驗。同時，學習本身也常決定消費行爲。因此，學習爲商業行爲的心理基礎之一。本章擬將討論學習的意義與基本歷程，並探討學習的一些現象與影響學習的因素，研商增進記憶的條件與方法；進而研究消費者的品牌忠實性，實是一種過去的經驗與習慣，製造商應加以瞭解並善加應用。

第一節 學習的基本歷程

在日常生活中，人類都不斷地在學習，即所謂「活到老，學到老」。近代學者常強調「從做中學」、「生活即學習，學習即生活」，可見人們無時無刻不在學習。固然，好的事物之學習是一種學習，對不好的事物之學習，也是一種學習。一般人隨時都向周圍的人學習，他們向主管學習，也向同事學習；向朋友學習，也向鄰居學習；向內在環境學習，也向外在環境學習。因此，學習隨時隨地都在影響人類行爲。

惟人類的學習行爲有繫於非理性的或情緒性的，也有基於理性的或意識性的。起初，人類的學習有趨向於情緒、潛意識和非理性的部分；及長乃逐漸追求合理性的、意識性和成熟性的學習。近代社會科學綜合了各種領域的知識，研究完整的理論基礎。因此，本節將從學習的基本歷程，來探討學習的基本理論。

人類無論在日常生活或工作中，常能運用過去經驗以適應環境；並活用此種經驗以改善當前行爲，此種因經驗的累積而導致行爲改變的歷程，心理學家稱之爲學習。人類常依靠感覺器官，由外界吸取刺激，再透過大腦的聯合作用與認知，再由反應器官作反應，而達成學習的歷程。因此，學習是一種不斷刺激與反應的結果，也是一種透過認知的選擇而來，以致產生行爲的改變。

就科學心理學的立場言，學習是一種經由練習，而使個體在行爲上產生較持久性改變的歷程。首先，學習必然是一種改變行爲的歷程，而不僅指學習後所表現的結果。心理學家認爲：學習不僅包括所學到的具體事物，更重要的是這些事物是怎樣學到的。學習不管結果的好壞，好的行爲固然是學習，而壞的行爲也是學習。又學習強調較持久性的行爲改變，排除那些暫時性的行爲改變。至於行爲改變的歷程，心理學家常有兩種不同的解釋，一爲增強論，一爲認知論。

一、增強論

增強論（reinforcement theory），又稱爲刺激反應論（stimulus-response theory），主張：學習時行爲的改變，是刺激與反應聯結的歷程。學習是依刺激與反應的關係，由習慣而形成的。亦即經由練習，使某種刺激與個體的某種反應間，建立起一種前所未有的關係。此種刺激與反應聯結的歷程，就是學習。持此觀點的心理學家，以巴夫洛夫（I. P. Pavlov）的古典制約學習、桑代克（E. L. Thorndike）的嘗試錯誤學習以及斯肯納（B. F. Skinner）的工具制約學習爲代表。該理論主張增強作用是形成學習的主因。

增強作用通常可分爲正性增強與負性增強。凡因增強物出現而強化刺激與反應的聯結，即爲正性增強；若因增強物的出現反而避免某種反應，或改變原有刺激與反應之間關係的現象，則稱之爲負性增強。在工作中，員工爲求取獎金而努力工作，即爲正性增強；若爲了避免受罰而努力工作，是爲負性增強。工作學習即在此種情況下形成的。在增強過程中，若一旦增強停止，則學習行爲必逐漸減弱，甚或消失，此即爲消弱作用。若刺激與反應間發生聯結後，類似的刺激也將引起同樣的反應，此爲類化作用（generalization）。類化是有限制的，若刺激的差異過大，則個體將無法產生反應，此即爲區辨作用（discrimination）。

二、認知論

認知論（cognitive theory）者認為：學習時的行為改變，是個人認知的結果。此種看法是將個體對環境中事物的認識與瞭解，視為學習的必要條件。亦即學習是個體在環境中，對事物間關係認知的歷程，此種歷程為領悟的結果。換言之，學習不必透過不斷練習的歷程，而只憑知覺經驗即可形成。因此，學習是一種認知結構（cognitive structure）的改變，增強作用不是產生學習的必要條件。持此看法的心理學家，最主要以庫勒（W. Köhler）的領悟學習、皮爾傑（J. Piaget）的認知學習與布魯納（J. S. Bruner）的表徵系統論為代表。

該理論認為個人面對學習情境時，常能運用過去已熟知的經驗，去認知與瞭解事物間的關係，故而產生學習行為。學習並非零碎經驗的增加，而是以舊經驗為基礎，在學習情境中吸收新經驗，並將兩種經驗結合，重組為經驗的整體。因此，認知論者不重視被動的注入，而強調主動的吸收。由此觀之，認知學習就是個體運用已有經驗，去思考解決問題的歷程。

以上兩種立論，似乎是對立的。事實上，人類學習行為是相當複雜的，不可能受單一原則所支配。大體言之，較陌生或較困難的事物之學習，多依「刺激與反應」的不斷嘗試錯誤之歷程；而較熟知的問題，較易採用「認知」的領悟學習。然而，不管學習的歷程為何，它總是一種行為的持久改變。況且人生是不斷地在學習的過程，人格是學習來的，社會需求和自我需求也是學習來的，態度、習慣無一不是學來的。如果前一行為導致後一行為的改變，這就是一種學習的歷程。

第二節 學習的基本現象

學習有時是依刺激與反應的嘗試錯誤歷程，有時則爲對事物認知的結果，而導致行爲的持久性改變。人類行爲的變化若以心理學的術語解釋，可謂爲一種刺激加諸於有機體而產生一種反應。而學習則在一定的刺激與可欲的反應間，建立一種聯結。因此，吾人欲瞭解學習的歷程，必須經由學習曲線而顯現出來。

在學習歷程中，學習成績常因練習次數的增多而變化，此種變化若按照數學的原理，以橫座標代表練習次數，以縱座標代表學習成績，即可繪成一條曲線，此種曲線即爲學習曲線（learning curve）。學習曲線可以表示學習期間行爲變化的累積效果，也表示個人或團體的成就水準（level of achievement）。學習的成就水準，常隨學習的材料、方法與時間與學習者的個人因素，而表現極大的差異。此種差異造成不同的學習曲線。通常學習曲線常有以下諸現象：

一、負加速變化

負加速變化（negatively acceleration）在一般學習的過程中，有時呈先快後慢的情形，即在練習初期進步很快，而一旦繼續下去，則表現進步緩慢的現象，此種速率變化稱爲負加速變化。其產生的原因爲：第一、剛開始學習時，動機強、興趣濃厚；第二、所學習的材料較爲容易；第三、學習者已具有類似的基礎。

二、正加速變化

正加速變化（positively acceleration）在一般學習過程中，有時進步呈先慢後快的情形，即練習初期進步緩慢，繼續練習後則進步遞增，此種現象稱爲正加速變化。造成此種情形的原因有：第一、初學時，動機不強，興趣不濃，未進入情況；第二、所學的材料較複雜而困難；第三、舊習慣干涉新學習；第四、技能學習的方法，尚未純熟。

三、學習高原

學習高原（learning plateau）乃爲個人學習在進步到一定水準時，可能呈現停滯不前的情形，經過繼續練習後，始再稍有進步，此種現象稱爲學習高原。高原現象的出現，通常爲較複雜材料的學習。造成此種現象的原因，乃是：第一、學習方式的改變，造成不進步的情形；第二、學習者因進步慢，而削弱了學習動機；第三、學習時間過長，造成身心的疲勞；第四、舊學習習慣的改變，影響學習進步。

四、起伏現象

學習進步無論是正加速或負加速變化，所構成的曲線都不會是平滑的，而是呈起伏狀態。此乃因在學習歷程中，影響學習的因素很多。有些因素組合在一起，產生良好的學習成績；而有些因素組合在一起，則形成不良的學習。前者如興趣濃厚、不疲勞、注意力集中時，其學習效果自然會好、進步也快。後者如興趣低、身體不適、注意力不集中，學習自然退步。

五、生理極限

在學習過程中，由於個體生理能量的限制，常使學習不再進步，因而學習呈一種平坦延伸的現象。生理極限與高原現象不同，高原現象是暫時性的停滯，而生理極限乃爲永遠不再進步。生理極限乃因個體生理能量的耗盡。事實上，個體生理能量很難耗盡，而是學習曲線常呈水平延伸不再進步的現象，此種情形多由心理因素所造成的，其遠比生理因素所形成的爲重要。

第三節 影響學習的因素

學習有時是依刺激與反應的嘗試錯誤歷程，有時則爲對事物認知的結果，而導致行爲的持久改變。不過，此種行爲的改變常受多種因素的影響。一般而言，影響學習的因素甚爲複雜，致使學習效果並不一致。大體言之，影響學習的因素可分爲三大類：一爲學習材料、一爲學習方法、另一爲學習者個人。

一、學習材料

學習材料主要包括四方面，即材料的長度、材料的難度、序列中的位置與材料的意義性。

(一) 材料的長度

當學習材料超過記憶廣度時，其長度的增加與所引起的學習困難呈「超正比」增加的現象；惟因此而學習得的材料，較不易遺忘。此乃因較長的材料經過學習者不斷反覆學習的結果，以致加深學習者克服困難的決心，一旦困難克服之後，而產生深刻印象所致。

(二) 材料的難度

一般而言，簡易的材料比艱難的材料容易學習，但學得之後未必易於記憶。固然，過於艱難的材料，容易使學習者失去學習興趣；但過於簡易的材料，缺乏挑戰性，亦引不起學習者的興趣。因此，學習材料的難易以適中爲宜。所謂難易適中，係指學習材料需有相當難度，只要學習者努力即可克服；反之，若不努力則不易獲致成功。不過，所謂「適中」並無一定標準，這要看學習者的能力與經驗而定。換言之，學習材料的難易總以個別差異爲依據。

(三) 序列中的位置

學習一序列的材料時，排列在首尾部分的，遠較中間部分者容易記憶。這種情況以無關聯的材料，尤爲明顯。

（四）材料的意義性

所謂意義性，係指所學材料與學習者個人經驗間的關係而言，兩者關係愈密切，即表示對個人愈有意義。凡是愈具意義性的材料，愈能引起學習者的興趣與注意，就愈容易學習。

二、學習方法

學習時所採用的練習方式，也會影響學習的有效性。其主要包括下列四點：

（一）集中練習與分散練習

學習時要經過練習，練習方式可以集中在一定時間內實施，也可以分爲若干時段實施。前者爲集中練習（massed practice），後者稱爲分散練習（spaced practice）。一般而言，分散練習優於集中練習。此乃因集中練習給予學習者連續反應多，抑制量大，以致影響學習效果；而分散練習因休息之故，反應性抑制不易累積，故對學習不致產生過大的影響。加以集中練習給予個體較少的遺忘機會，使錯誤學習的保留較多；而分散練習給予個體較多遺忘錯誤的機會，使學來的錯誤反應得以隨時淘汰。當然，分散練習優於集中練習，只是一種概約的事實。蓋任何學習都與學習材料的性質、所採用的方法，以及學習者的年齡、能力、經驗等因素都有密切的關係。

（二）整體學習與部分學習

學習時，如對學習材料從頭到尾一次練習，稱之爲整體法（whole method）：若將材料分爲好幾個段落，一段一段的練習，稱之爲部分法（part method）。早期心理學家多認爲整體法優於部分法，但晚近實驗結果卻證實兩者無分軒輊。不過，智力較高者的學習有適宜採用整體法的傾向。此外，有一種前進部分法（progressive part method），就是先將要學習的材料分爲幾部分，開始時先練習第一部分，次練習第二部分。等這兩部分都已熟練後，即將之合併練習並使之形成一整體，然後再接著單獨練習第三部分；第三部分熟練後，再與第一、二兩部分合併練習，形成一個更大的整體。如此逐漸擴大，繼續進行，直到將全部材料學會爲止。這種方法在形式上，似較單純的整體法或部分法爲優。

(三) 學習程度

所謂學習程度，係指在學習歷程中個體正確反應所能達到的地步而言。通常在練習期間內，個體初次達到完全正確反應的地步，即稱之爲百分之百的學習。若爲了避免學後遺忘，再多加的練習稱爲過度學習（over learning）。過度學習有時可以練習次數表示之，有時亦可以練習所需的時間來計算。若員工在練習某項機械已達百分之百的學習時，再不斷地練習，不管是增加練習次數或時間，皆屬於過度學習。

惟過度學習需達到何種程度最能夠記憶，則需依材料的性質、材料對個人的重要性，以及個人希望把它保留多久而定。假如材料簡易、對個人的重要性不大，以及個人不想保留太久，則少量的過度學習就已足夠；反之，材料困難、對個人具有很大的重要性，以及個人希望永久保留該項所學的材料，就必須有較多量的過度學習。

(四) 學習結果的獲知

學習後必有成果，學習者能否獲知此等成果，對以後的學習成績有不同的影響。一般而言，學習者能獲知學習成果，在學習上較能保持進步。綜觀其原因有二：其一爲學習後的錯誤，得以作適時的修正；其二爲學習後獲知學習成果，將引起學習者繼續學習的興趣，而成爲引發個人學習的誘因。因此，在學習過程中，宜多提供學習者反應的機會，且其反應愈具體、時間愈短，學習成效愈顯著。

三、學習者的個人因素

影響學習的個人因素很多，諸如：年齡、性別、能力、動機、情緒、生理狀況以及個人特質皆屬之。今僅列幾項說明之。

一、年齡

一般人都相信兒童是學習的黃金時代，但根據心理學的研究，不論對技能學習與語文學習，二十歲左右才是眞正的黃金時代。即以技能學習而言，它主要是靠穩定、手眼協調等能力，而這些能力常隨年齡的增長而增加。甚且成人的理解力高於兒童，學習也較快。不過，成人學習後的記憶則遠不如兒童。

二、性別

一般人認爲男性長於技能的學習，女性則擅於語文的學習；然而，根據心理學的實驗顯示，除了男性因體力優於女性，而較能擔任大型技能性工作之操作外；不管在技能學習或語文學習上，男女兩性都沒有顯著差異。因此，構成男女兩性在學習行爲上的差異，社會因素重於性別本身的因素。

三、動機

動機的強弱對學習的效果，有很大的影響。一般言之，動機愈強，又能得到滿足時，學習效果最好。通常在工作中激發個人動機，多用獎懲的方式。根據心理學的研究顯示，獎勵對個人動機具有積極作用，可鼓勵個人繼續進行某項行爲；而懲罰則在制止某項行爲的出現或再發生，具有消極的效果。因此，獎勵對動機的引發常優於懲罰。不過，獎懲多偏重於生理動機的激發。

惟人類行爲是相當複雜的，且人類甚多學習與生理需求並無直接關係，故僅重視人類生理需求的激勵，並不足以控制其動機，實宜多注意其高層次需求。是故，爲了加強學習效果，應多利用自發性活動，隨時加以鼓勵，以強化其學習動機，並使之得到充分的滿足。

四、情緒

所謂情緒，是指個體受到某種刺激後，所產生的一種激動狀態。此處僅說明愉快與不愉快的情緒，以及緊張焦慮的情緒對學習的影響。根據心理學研究，個人對不愉快的經驗，常有動機性遺忘的趨勢。至於個人對愉快的經驗，不但記憶得較多，且記憶的內容也較詳細；亦即愉快的經驗較不易遺忘。甚至情緒穩定者，不論在緊張或緩和的學習情境下，都較不穩定者爲優。又在緊張的學習情境下，情緒穩定者的學習成績，會因緊張氣氛的壓迫而顯示出進步；但情緒不穩定者卻退步很多。

五、其他因素

此外，根據一般經驗顯示，抽象憑記憶的材料較容易遺忘，而實際操作的學習則不太容易遺忘，此亦影響學習的效果。又學習遷移（transfer of learning）問題，亦影響學習的效果。所謂學習遷移，就是學習者在某一種情境中所學到的舊知識與技能，對新學習的影響程度與範圍。學習遷移可分爲正性遷移與負性遷移，前者是指舊學習的效果有助於新學習，後者則爲舊學習的效果阻礙新學習。

總之，影響學習的因素甚多，且是交互影響的，此有待吾人作更進一步的探討。

第四節 增進商品記憶的條件與方法

根據前述分析，學習常受許多因素的交互影響，吾人必須探討學習原理善加運用，以增進人們的記憶。在商業行爲上，增進人們對商品記憶的條件與方法，可詳列如下：

一、交易結果的回饋

學習的第一項原理，就是學習結果的快速回饋。學習結果的回饋，不但可修正不當的行爲，而且可增進學習者的興趣與動機，以追求更深一層的滿足感。根據研究顯示：當個人有了某種反應，所得到的是獎賞，必然很快地學會重複反應；同理，個人決不願意重複沒有報酬的行爲。因此，消費者購買某項產品，所得到的是好的品質與最佳的服務，或獲得他人的讚賞，他必然重複購買該項產品。消費者絕不願意購買無用或服務不佳的產品。此即爲增強論的焦點。增強論認爲：外來的刺激是個人行爲的主要來源。吾人要使消費者再次購買商品，必須提供適當的刺激。

又根據研究顯示：提供學習者行爲的回饋愈具體而快速，其表現在作業上的進步與速度愈快。因此，製造商必須隨時對消費者進行回饋，以加強購買習慣的養成，並降低消費者的厭煩感。有關行爲的回饋，應在買賣成交後隨時實施，時間愈遲延，效果愈爲遞減。例如，商品買賣完成後，隨時提供完善的服務，並給予不斷地關懷，將使消費者記憶深刻。

二、商品出現的增強

根據增強論的觀點，學習可透過不斷地增強而形成。在刺激與反應的學習過程中，個體行爲的發生可能是針對某些刺激的反應後果而來，造成此種增強作用的刺激，稱之爲增強刺傚（reinforcing stimulus)。增強刺激愈頻繁，持續時間愈久，反應的強度愈增加，愈有利於記憶。因此，製造商必須不斷地對消費者施行增強刺激，淺顯的例子，乃爲廣泛地設置商品展示，或製作種類繁多的廣告，以增強消費者的記憶廣度或深度。

一般而言，重複的刺激會導致恆定的反應型態，而偶發的刺激則導致反應的多變性。製造商若欲養成消費者習慣性的消費行爲，則可增加重複性的刺激。惟有些消費者是多變性的，則不宜增強重複刺激，以免因好奇心的消失，反而喪失消費的興趣。因此，刺激次數的增強，宜視消費性質而定，同時應針對個別消費者的差異而實施。

三、消費動機的激發

根據認知論的看法，學習是個人對事物的認知而來，故應提供自動自發的自主性學習。蓋有動機的學習比缺乏動機或無動機的學習效果爲佳，且內在動機的學習比外在動機的學習要好。前者乃因有了動機，可引發爲學習的行動，「動機——行動」便形成學習的因果律。是故，製造商必須設法激發消費者的內在動機，瞭解消費者的立場，適當地採用激發手段，發揮商品的潛在能力，期使消費者願意採取更進一步的消費行爲。

至於內在動機，一般都與商品本身有密切關係。消費者的消費意願與商品有直接關聯，則可由商品中得到滿足感或尊榮。蓋消費者的滿足感或尊榮，自商品中獲得了樂趣，故製造商必須設法加以激發，提供一些可用的誘因（incentives），包括具有美感的包裝設計、良好的產品品質、象徵購買者的地位與尊榮等，都可激發消費者的購買興趣，增進對產品的記憶。

四、學習遷移的運用

學習遷移的適當運用，是學習認知論的主要論點之一。認知論者認爲學習之所以產生遷移，主要是個人體認到一種情境中的學習與

另一種情境具有共同元素所造成的結果。所謂學習遷移，就是學習者在某種情境中所學到的舊知識與技能，對新學習所產生的影響程度與範圍。換言之，學習遷移即指個人的先前經驗對新學習產生遷移的效果。當然，在學習遷移中，新舊學習的刺激與反應相似程度愈高，則學習遷移特別高，且產生正向遷移；反之，則學習遷移較低，甚而形成負性遷移的現象。

根據研究顯示：新舊學習之間具有相同元素愈多，遷移的可能性就愈大；反之，相同元素愈少，則遷移量也就愈少。因此，製造商必須提供共同元素，提高消費者對商品及其廣告的記憶，在下次選購產品時，不致有遺忘其品牌的現象。此外，廠商也可提供具有原來商品相同元素的廣告，使消費者對新產品產生學習遷移的現象，以增進其對新產品的記憶深度。

五、充分認知的提供

消費行爲的產生，部分是因消費者對商品具有充分認知而來。因此，廠商必須對商品提供充分的資料、訊息，並說明產品的優越性，以加強消費者對產品的認知。根據認知論者的說法，個人行爲是受到意識性的心理活動，如思考、知曉、瞭解，以及意識性的心理觀念，如態度、信念、期望等的影響。個人在環境的刺激下，常有意識地處理刺激，然後才選擇採取反應的方式。是故，消費行爲亦可透過認知的過程而逐漸形成。

此外，由充分的認知亦可強化消費者的記憶。蓋認知爲個人經驗的內在代表，介於刺激與反應間，同時影響到個人的反應。當個人感受到刺激後，就將它轉變成認知，再影響個人的反應。當消費者對某項產品有了充分認知，不但可能採取購買行動，甚而由於記憶的深刻，也會表現重複性的購買，而逐漸形成習慣，終而產生品牌忠實性。根據前章所言，決定認知的兩大因素：一爲刺激的特性，一爲個人的特性。刺激的特性，主要爲刺激的差異或由於重複；而個人因素則有領會廣度、感受性的心理定向以及個人的情緒或慾望。其中個人因素更可能促成對商品作認知上的選擇，而增強個人對商品的記憶。

六、愉快情緒的安排

消費者在購物的過程中，若遭遇到愉快的情境，常能印象深刻，記憶猶新。因此，安排愉悅的情境，亦爲促進銷售、增廣記憶的方法。如廠商提供良好的服務態度，將使消費者願意再度光臨。根據心理學的研究，動機固爲促發個人行爲產生的內在原動力；惟個體行爲並不完全是有組織、有規律的活動，有時情緒是受到不規律、無組織的情緒所左右；加以購買行爲有時是衝動的。因此，安排購物時的愉悅情境，有時是不可或缺的。

根據研究，情緒的產生不是自發的，而是由環境中的刺激所引起的。環境可包括內在環境與外在環境。內在環境是由個體器官功能所變化，非製造商所可解決；但外在環境是可經過安排的，如聲音、光線、空氣、景色、佈局、市場氣氛等，都可經過特意的安排。例如，柔和悅耳的音樂、適當的採光、怡人的佈局景色、謙和有禮的服務態度，都有助於消費者的記憶深度。

七、重複記憶的加強

重複學習可說是廣告成功與否的關鍵。究竟廣告重複出現在什麼情況下，可增強記憶？或廣告重複出現超過什麼程度後，會喪失應有的價值，或沒有多大助益？這受到環境因素與成本因素的影響。一般而言，廣告安排在幾個時段內呈現，其效果比集中在某個時段內爲好。假如產品銷售無季節性之分，則可將廣告分配在一年內播出，比分配在三個月內播出，記憶效果較佳。不過，對於推理或需用腦筋的訊息，採用連續性的學習效果較差。消費心理學家梅耳士（James H. Myers）即認爲：已建立印象的產品，採用分散性廣告，其效果較佳；但對新產品來說，集中廣告的效果較好。此外，要使消費者產生新印象，採用集中式廣告較有效果；而採用分散性廣告，效果較差。

再者，保留材料中心意旨，而將其他如形式等作部分變更的廣告，可幫助消費者記憶。易言之，廣告主題不變，但其他部分改變比材料原封不動的記憶效果爲好。亦即原來材料一直重複，而不加改變，可能引起消費者的反感，而視若無睹，甚至產生敵意，故可能形成負性的記憶效果。然而重複廣告以多少次爲佳，並無一定標準可循，需視產品的不同與所採廣告策略之差異而定。同時，廣告上消息的複雜性高、內容長，則重複出現的次數要多，才能增強記憶。此外，競爭消息的廣告產生干擾大，需要有較多次的重複出現，才能達到記憶的效果。

八、類化區辨的運用

學習原理中的類化作用和區辨作用，與行銷間的關係很大。類化作用（generalization）就是指個人對類似刺激的線索，會有做同樣反應的傾向。至於區辨作用（discrimination）是指個人對類似線索會加以選擇辨別，以做出準確的反應。所有的廠商都希望自己的產品能受到消費者的注意，並進而形成品牌忠實性。他們希望消費者能清楚地區辨該產品品牌的獨特性，而不致有籠統的印象。因此，廠商必須花費巨大費用，來造成消費者的獨特感覺，才能達到某種程度的市場佔有率，使消費者選購其產品，不受競爭廠牌的減價政策所影響。

此外，適當地運用類化原則，也有助於消費者的學習與記憶。如某些公司採用同一族類品牌名稱，就是類化原則的運用。其主要目的就是在賦予消費者對同一系列產品有深刻的印象；透過廣告，很容易使消費者把握其產品的屬性。尤其是許多不出名的品牌，可使用與名牌相類似的產品特性或名稱，以產生消費者的類化作用。例如，儘量使包裝設計、色彩、外觀、品牌、廉價政策與名牌類似，進而引發其購買行動。

總之，增進消費者對商品記憶的條件與方法甚多，其基本條件乃為建立消費者的消費習慣，消費習慣一旦養成，商品的推銷自然無往不利。易言之，消費行為起於需求的引發，經過認知的選擇，而對消費目標物加以利用。如果目標物能滿足需求，即可增強行為的反應，反之則減弱其反應，此即為學習增強作用。換言之，消費者購買某種產品或某種勞務的習慣，即從學習而來。學習的增強次數愈多，個人認知活動逐漸減少，則個人毋需思考即自動採取某種購買行為，因而形成習慣。

第五節 品牌忠實性

誠如前節所言，製造商若能依據學習原理而建立消費者的消費習慣，當能維持商品的不斷促銷。對消費者而言，個人常有一種固定的消費習慣。此種習慣一旦養成，不易改變；除非有某些因素引起其好奇，或阻礙其習慣。因此，製造商必須建立起良好產品品質、信譽、印象，以便消費者能繼續購買、使用其產品，此即爲消費者的品牌忠實性問題。

一、品牌忠實性的意義

所謂品牌忠實性（brand loyalty），是指消費者對某項產品品牌一旦形成消費習慣，產生印象時，即不易改變其對該品牌的消費習慣與態度而言。消費者開始選購某項產品時，通常是依據學習而來，不是出自個人的經驗，就是由別人提供訊息而得。易言之，個人常透過過去經驗與過去購買行動的增強而形成習慣，如此可提高消費者購物的效率。假如消費者持續不斷地購買該項物品，自然發展出品牌忠實性。品牌忠實性可降低消費者在購買決策上的模糊狀態，由此衍生增強效果。因此，品牌忠實性於焉產生。

消費者一旦有了品牌忠實性，就製造商而言，是一種很明顯的利益，蓋如此可獲得消費者的長期支持。然而，人性有時是多變的，喜好新奇的，此時製造商必須設法滿足消費者的需要。但對一個生產新產品的廠商而言，他必須設法打破消費者已形成的習慣，轉換消費者原有的品牌忠實性。例如，強調原有產品的效用不高，使消費者對該產品產生厭倦；同時，說明新產品的優點與便利性，並採取促銷活動，以刺激消費者新的購買行動。

通常，製造商要打破消費者舊有的習慣，可利用學習的增強理論。誠如本章第一節所言，若欲消費者學習某種反應，可利用正性增強物或獎賞方式，以強化消費者的某種反應；惟若欲消除消費者的某些購買行爲，則代替之以負性增強或懲罰的方式，則可中止其消費習慣。例如，某人喜歡搭乘某種交通工具，而對它有過不愉快的經驗，如服務不週，則可能使其改乘另一項交通工具。

此外，消費者的變異性極大，且常隨著產品類別的不同，而表現品牌忠實性的程度也有所不同。一般而言，若依個人選擇品牌的順序，可把品牌忠實性分爲四類：第一、連續忠實性（undivided loyalty），是指消費者連續不斷地購買著某項品牌的產品，而不受時間的影響。第二、不連續忠實性（divided loyalty），是指消費者交互購買兩種或者兩種以上品牌的產品。第三、不穩定忠實性（unstable loyalty），指消費者購買某種品牌的產品，有轉移購買另一種產品的意味。第四、非忠實性（no loyalty），是指消費者隨機構買各種品牌的產品。

根據研究顯示，大部分消費者都具有品牌忠實性。例如，有百分之五十以上的婦女會表現高度的品牌忠實性。不過，表現忠實性消費者的百分比，隨著產品類別而有所不同。如百分之五十四的人，對購買麥片具有品牌忠實性；而購買咖啡的人，則有百分之九十五。此外，在連續忠實性方面，百分之七十三的消費者對有些產品會表現連續忠實性；有些則只有百分之十二會表現這種忠實性。

再者，消費者對某一項產品具有品牌忠實性，是否對另一項產品也會表現品牌忠實性的行爲呢？答案是否定的。因此，許多消費心理學家認爲：只有探討某一品類產品的品牌忠實性，或者探討某一品牌各類產品的品牌忠實性，才有意義；且由此來作行銷決策，才不會產生太大的偏差。以上都是以售貨總量爲基礎，來說明品牌忠實性。也有些行銷學家以消費者長期性的品牌偏好爲準，來探討品牌忠實性，結果發現品牌忠實性確實存在。

總之，品牌忠實性具有許多不同的意義。每個定義都與在不同時間下購買的品牌有關。因此，廠商必須探討各種可能情況下的品牌忠實性才有意義，並得到正確的結果。

二、影響品牌忠實性的因素

品牌忠實性既常隨產品的不同，以及消費者的差異，而有所不同，則影響品牌忠實性的因素，必是紛雜的。至於，影響品牌忠實性究竟有哪些因素？吾人可從消費者的特性、群體影響力與市場結構等三面來探討（參閱圖5-1）。

（一）消費者特性

消費者特性方面，大致上可從態度、人格特質、與經濟和人口統計因素三方面著手。有一個研究顯示，消費者的態度和品牌忠實性關係不大；亦即個人對品牌的良好態度，並不保證個人的忠實性必高。至於人格特質和品牌忠實性的關係，多少是存在的；但主要爲受到產品類別的限制。對某一類產品來說，人格特質會影響品牌忠實性；可是對另一類產品，可能無此現象。又經濟和人口統計因素對品牌忠實性的影響不大，亦即性別、智慧、結婚與否和品牌偏好的一致性無太大關係。但社經地位高的群體，品牌偏好的一致性較大，亦即階層較高的群體，品牌忠實性較高；還有，年紀大的人較喜歡購買同

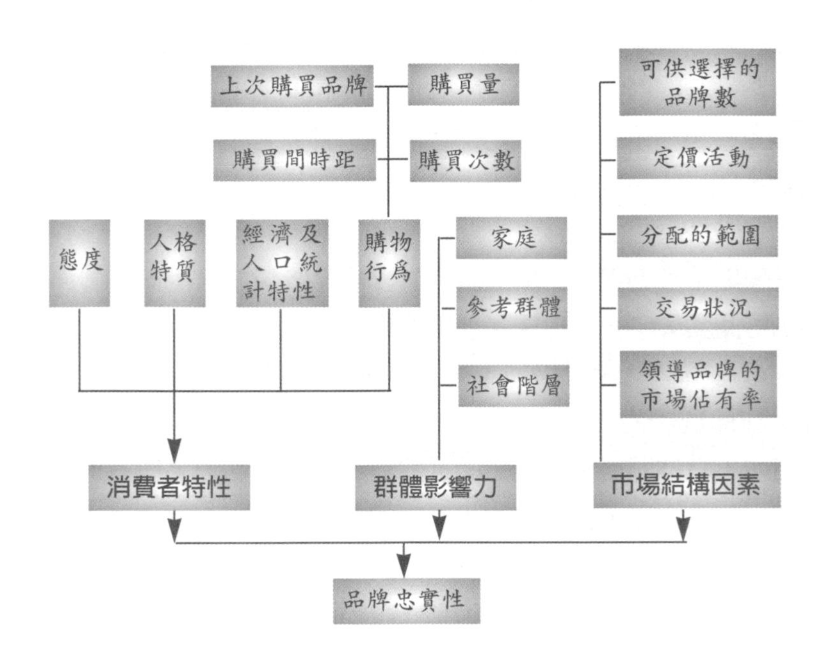

圖5-1 影響品牌忠實性的因素

一品牌的產品，但年輕人卻無此現象。

當然，消費者特性常與其他因素交互影響，譬如，消費者購買間時距拉長，其連續購買同一品牌產品的可能性就會降低。易言之，第一次購買某品牌產品的時間，與第二次購買此產品的時間間隔愈大，則品牌忠實性會減低。此乃因時間沖淡了個人上次購買的記憶，使得上次購買對下次購買的影響力降低。又如上次購買的品牌也會影響個人的品牌忠實性；當上次購買某品牌產品使用滿意時，則下次再購買該品牌的可能性大；反之，若使用不滿意，則再購買的可能性會降低。當然，這也受到個人人格特質的影響。

（二）群體影響力

通常，個人購買物品常受到他人所傳達訊息影響，如群體內某人購買某品牌的產品，常會影響其他人的購買慾。根據研究，社會階層、參考群體與家庭等因素，都與品牌忠實性有相當關聯。就社會階層而言，階層較高群體的成員，品牌忠實性較高。不過，時常購買某品牌產品的人，會有繼續購買該品牌的傾向，是普遍存在於各階層的。就家庭影響力而言，家庭其他份子的品牌偏好，對購買者連續購買某品牌產品，不具任何決定性的影響，但有可能作爲參考。

在參考群體方面，群體凝聚力和成員的品牌忠實性沒有顯著的關係。亦即群體的凝聚力高，並不意味著成員其有高度的品牌忠實性。但如果把群體凝聚力與領袖行爲結合起來，則對品牌忠實性的影響力很大。易言之，當群體的凝聚力強，群體份子喜歡表現出與領袖類似的行爲。當領袖選擇某品牌的產品，則群體份子選擇該品牌的可能性高；同樣地，領袖的品牌忠實性高，則群體份子也可能有較高的品牌忠實性。

（三）市場結構

影響品牌忠實性的市場結構因素，包括特殊交易和定價活動，可供選擇的品牌數，以及其他因素。一般而言，特殊交易活動和定價活動是否會影響品牌忠實性，仍是一個未知數。每個學者的研究結果，並不一致。有些人發現特殊交易會使消費者產生不信任感，以致降低了品牌忠實性；但有些行銷學家則持相反的看法，認爲其可滿足消費者討價還價的心理，足可提高忠實性。不過，大部分的研究顯示，定價活動與特殊交易對品牌忠實性的影響不大。顯然地，在一個生產類別裡，若其他市場結構因素均保持不變，則定價活動不會影響品牌忠實性。

有些研究顯示，可供選擇的品牌數增加，則品牌忠實性會相對地降低。但有些研究結果，發現並非如此。蓋可供選擇的品牌數增加，消費者集中選擇某品牌的次數也隨著提高。亦即可供選擇的品牌數愈多，個人愈會集中選擇某一品牌，於是品牌忠實性高。另外，消費者所要選擇的品牌缺貨時，品牌忠實性高的消費者會選擇和舊品牌類似的品牌，但忠實性低的消費者則會任意選擇。

此外，其他市場變數在下列情況下，消費者的品牌忠實性降低：第一、每個購買者的購買次數多，而且購買費用高時；第二、消費者想同時採用許多產品品牌時。易言之，消費者的變異性大，則品牌忠實性低。相反地，在下列情況下，消費者的品牌忠實性提高：第一、某品牌遍佈各地；第二、某品牌爲領導品牌， 市場佔有率很高。

綜合上述，影響品牌忠實性因素的結論如下：第一、隨著年齡的增加，品牌忠實性會提高。第二、常使用產品的人，品牌忠實性較高；然而這常受到產品本身及生命週期的影響。第三、當購買間時距加大時，品牌忠實性降低。第四、非正式群體領袖的購買行爲，會影響群體成員的購買行爲，以致其品牌忠實性，亦影響群體份子的品牌忠實性。第五、產品分配範圍的大小及領導品牌的市場佔有率等市場結構因素，對品牌忠實性有很大的影響。第六、特殊交易與定價活動等是否影響品牌忠實性，端視其他市場因素而定。

三、品牌忠實性的形成

根據前述影響消費者品牌忠實性因素的分析，則品牌忠實性是如何形成的？一般而言，消費者形成品牌忠實性的理由有三：第一、品牌忠實性是慣性作用的結果；第二、品牌忠實性是一種心理統合感；第三、品牌忠實性是行銷策略所造成的結果。

(一) 品牌忠實性是慣性作用的結果

消費者在購買商品或接受服務時，往往會遭遇到某些風險，包括：產品是否能滿足個人需求，財務上、時間上、能量上、心理上的成本是否太高……等是。消費者爲了降低這些風險，如產品能滿足個人最大需求，所花成本最低，都會促使消費者繼續購買該項品牌的產品，於是就形成了品牌忠實性。因此，品牌忠實性是一種慣性作用的結果。

（二）品牌忠實性是心理的統合感

當消費者對某品牌的商品產生心理統合感，就會形成品牌忠實性。心理統合感的產生，導源於下列因素：第一、消費者把自己深深地投入產品中，由產品中使自己肯定了自己。第二、消費者容易受到參考群體或家庭份子的影響，認爲別人如此，自己也會如此。第三、某項產品具有其他產品所不及的長處，使得自己願意繼續購買。第四、產品可爲消費者帶來最大的滿足感。由於上述，使消費者產生了品牌忠實性。此外，當個人在購買情境中，面對太多的產品，容易產生認知失調的現象。此時，消費者爲了避免認知失調所產生的焦慮感，就會失去尋找對自己有利的消息；久而久之，自然就形成了品牌忠實性。

（三）品牌忠實性是行銷策略所造成的結果

許多研究證據指出，行銷策略對品牌忠實性有很大的影響力。可選擇的品牌總數，分配過程，廣告與售貨地點的選擇等，都會影響消費者的品牌忠實性。同樣地，廠商透過契約的訂定，以及信用卡的採用等，都可建立消費者的品牌忠實性。是故，品牌忠實性是行銷策略所造成的結果。

> 總之，品牌忠實性是消費者依據過去的消費經驗，和當時的社會環境交互作用的結果。品牌忠實性的建立，是一種學習的歷程。廠商必須安排一種合宜的刺激環境，以提供消費者培養出良好的品牌意象，以建立其忠實性。不過，消費者有時也會表現衝動性的購買（impulse buying），尤其是近年來此種衝動性購買的人數百分比，有逐漸增多的趨勢，此亦為廠商所應注意的問題。

討論問題

1. 何謂學習？俗謂：「近朱者赤，近墨者黑」，是否爲一種學習？
2. 有人說：學習是環境刺激的結果。你是否同意？如同意，應如何增強環境的刺激，以利於學習？
3. 學習是個人領悟的結果嗎？你是否可舉實例說明之？
4. 學習過程中，會有哪些現象出現？試列舉說明之。
5. 集中練習與分散練習，整體學習與部分學習，各有何差異？
6. 何謂過度學習？吾人應如何應用過度學習，以增強記憶？
7. 吾人應如何運用各項學習原理，以增進消費者對商品的記憶？
8. 何謂品牌忠實性？所有消費者是否都具品牌忠實性？
9. 影響品牌忠實性的因素有哪些？試詳述之。
10. 品牌忠實性是如何形成的？廠商應如何促進消費者的品牌忠實性？

個案研究

新形象的塑造

三鑫汽車公司專事汽車生產，決定於今年推出新車種。近年來，轎車市場有微增的趨勢，但三鑫的轎車市場卻遠不及其他車廠。其原因一方面係其他車業早已推出新車種，使省油、高性能的汽車相繼出現；另一方面爲三鑫本身過去那種唯我獨尊的作風和非大眾化的經營策略，產生了消費者的不良印象。

爲了改變消費者對三鑫的印象與誤解，三鑫於推出新車種之前，乃將扭轉消費者的印象，列爲今年的首要任務。

首先，三鑫設計一種綜合廣告，其中有「寶貝！逃避吧！」等字語。此乃因三鑫鑒於傳統社會對人們的束縛太多，處於苦悶的生活世界，想藉著這種廣告鼓勵人們勇於打破世俗的束縛，從而尋回自我。因此，廣告的重點雖然並未強調新車種的功能，卻也能間接地塑造該企業的新形象。

其次，新車種也採取新的造型，並大量推出廣告，設置新據點，以吸引人們到汽車展示場與經銷商處參觀。此外，三鑫也聘請知名的搖滾樂團到各處表演，以表現出動感、活力的青春氣息，以塑造更年輕、更活潑的形象。

然而，三鑫汽車新車種的銷售對象，並不限於二、三十歲的年輕人。爲了避免引起年長者的排拒，乃另外舉辦「領巾蜥蜴廣告活動」。在廣告中選擇了一種古怪的蜥蜴，走路姿態酷似人類，動作滑稽，藉著幽默的表達方式，來突出自己的形象，以力求突破其他廠牌的競爭。

由於三鑫不斷地推出新的廣告活動，使得企業形象逐漸好轉，由原先的呆板轉爲親切活潑，而富有清新的氣息。

個案問題

1.你認爲一家企業要重新塑造它的形象，最重要的工作是什麼？

2.你認爲三鑫汽車公司的廣告活動，是否符合學習原理的運用？

3.一家公司要想重新塑造形象是否容易，開創時是否即應建立清新的形象？

人格——商業行爲的心理基礎之四

第6章

本章重點

人格是商業行爲的心理基礎之一。雖然，有些學者利用人格變數來預測購買行爲，結果並不太令人滿意。然而，吾人很難否認人格特性與購買行動之間的關係。事實上，人格因素常左右個人行爲，在行銷與銷售上也很難例外。一般認爲人格和購買行爲關係薄弱的原因，乃爲缺乏適當的理論架構之故。因此，發展有關人格特質與購買行爲關係的測驗，乃爲當務之急。本章即將研討人格的意義、特質、形成與測驗，據以研析人格與市場區隔的關係。

第一節 人格的意義

「人格」（personality）一詞，在日常生活中應用得很廣泛。吾人常聽說某人人格高尙，此種人格乃概指一個人的品格與道德而言。惟此處所指的人格，乃係心理學上的名詞，泛指著一個人行爲特質的表現。「人格」在字源上，是出自於拉丁語persona，含有二種意義：一是指舞臺上戲子所戴的假面具而言，亦指一個人在人生舞臺上所扮演的角色；一則指一個人眞正的自我，包括一個人的內在動機、情緒、習慣與思想等。人格可說是遺傳和學習經驗的結合，是一個人過去、現在與未來的總和。人格就是一個人說話、思考、感覺的方針，他所喜歡或討厭的事，他的能力和興趣，他的希望和慾望等的綜合。換言之，所謂人格是指個人所特有的行爲方式。

近代心理學家分析「人格」一詞，相當分歧。精神分析學派、行爲學派、社會心理學派、完形心理學派都各站在自己的立場，爲「人格」下定註腳。不過，可以肯定的是：人格是各派心理學的核心問題。一般言之，人格乃是個人對人己、對事物各方面適應時，於其行爲上所顯現的獨特個性；此種獨特個性，係由個人在其遺傳、環境、成熟、學習等因素交互作用下，表現於身心各方面的特質所組成，而該等特質又具有相當的統整性與持久性。上述界說，至少包括下列概念：

一、人格的獨特性

人格與個性的意義極為近似，個性是屬於某一個人的，所以具有獨特性。世界上絕對沒有兩個人的個性，完全相同。而個人的人格乃係個性加上人性，在遺傳、環境、成熟、學習等各個因素交互影響下所形成，故絕難相同，以致在對人、對己、對事、對物等的適應行為上，亦頗不一致。史泰納解釋：人格是個人在環境中對自我的信心與期望，所表現出來的特有型態。故人格開始於「自我察覺」，而以「自我」為人格成熟發展的中心價值，而自我是各有差異的，每個人都有自己的「自我」。

二、人格的複雜性

人格係指個人在身心各方面行為特質的綜合。人格猶如一個多面的立體，各面共同構成人格的各部分，但不相獨立。心理學家稱這些特質，為人格特質。人格特質有些表現在外，有些則蘊藏於內。不管表現在外的意識行為，或是蘊藏於內的潛意識行為，都是人格心理學研究的對象。正因為人格包括太多的特質，且在遺傳、環境、成熟、學習等因素的交互影響下發展，故而顯現相當的複雜性。

三、人格的統整性

構成個人人格的所有特質不是分立的，而是具有相當統整性的。亦即人格特質可視為一個完整的有機體。一個「自我」中心特強的人格，動機的追求必然以自我為中心，而思想又何嘗不是以自己為本位呢？完形心理學派（Gestalt Psychology）即認為：「人格是一個整體，不能拆散為各個部分。」人格心理學家史泰納亦說：眞正的生活是統一的個體，在日常生活中，人格是動機與認知所表現的高級統一過程。因此，人格的特質是交互作用的，其表現為人格理想時，是統一的、整體的。

四、人格的持久性

個人的人格一旦形成，在不同的時地，必然表現其一貫性。張三無論何時何地都表現他是張三，今天如此，明天亦復如此，絕不可能變成李四。這就是人格的持久性之故。正如發展心理學家克魯格（W. C. F. Krueger）所說：前一階段的身心發展，必定支配次一階段的發展。以前的經驗都附著於一個持久的身心組織，形成一種統一的活動複體。此種活動，支配一切的心理現象。因此，從動態方面來說，人格是生活的過程。人自出生經嬰兒、兒童、青年，及至成人，人格適應是個人與環境交互影響，而形成的經過改造之歷程。換言之，人格是動態的，它會不斷地發展，不斷地成長。

總之，人格是個人行為的最重要部分，是個人各個心理要素的綜合體。通常人格就是個人行為的代表，個人行為的特性都是透過人而表現出來的。因此，人格乃為個人自我概念的延伸。吾人欲瞭解個人特性，就必須研討人格特質。

第二節 人格的特質

人格特質是個人構成因素的綜合表現。個人人格具有很多特質，心理學家試圖找出一些最基本的特質，惟迄無定論。根據希爾隔（Ernest R. Hilgard）和阿肯生 （R. C. Atkinson）的分析，至少包括下列各項：

一、體格與生理特徵

個人的體格狀況與生理特徵，無疑是構成個人人格的一面。個人身材高矮、體力強弱、容貌美醜、生理缺陷與否，不但影響別人對自己的評價，也是構成自我概念或自我意識的主要因素。在人格心理學中，甚至有一派專以體型的立論爲根據。典型的體型論者薛爾頓（W. H. Sheldon），依生理特徵將行爲特質，分爲三大類：

（一）內臟型

內臟型（viscerotonia）的人格特質是好逸惡勞，行動隨便，反應遲緩，喜交際，寬於待人，遇事從容，好美食而消化功能良好。

（二）肌體型

肌體型（somatonia）的人格特質是體力強健，精力充沛，大膽而坦率，好權力，冒險，衝動好鬥。

（三）頭腦型

頭腦型（cerebrotonia）的人格特質是思想周密，個性內向，行動謹愼，情緒緊張，反應靈敏，時常憂慮，患得患失，喜獨居，不善交際，但處事熱心負責。

二、氣質

所謂氣質係指個人適應環境時，所表現的情緒性與社會性的行爲而言。氣質與「性情」「脾氣」甚爲接近，是個人全面性行爲的型態，多半爲與人交往時，在行爲上表露出來。如有人經常顯露歡愉，有人終日抑鬱沉悶；有人事事容忍，有人遇事攻擊。這些常見的行爲特質，即爲人格上氣質的特質。此類特性與個人的生理情況有關。一般氣質的類型，可分爲六種：

（一）正常型

此型的人都具有穩定的情緒，不產生激動和失常的行爲特質。

（二）自我中心型

極端自我中心型的人傾向於自私，希望不勞而獲。

（三）狂鬱型

這種人一會兒歡樂活躍，一會兒頹廢消沉。

（四）白日夢型

白日夢型的人喜歡幻想，逃避現實，多內向。

（五）過度猜疑型

該型的人富高度想像力，但偏向猜疑而悲愴，心中總盤旋著攻擊他人的念頭。

（六）狂熱型

這種人有過於強烈的熱情，易表現激烈而瘋狂的行動。

三、能力

「能力」一詞相當籠統，其所含意義主要有二：一係指個人到現在為止，實際所能為，或實際所能學者而言。二則含有可造就性，亦即潛力的意義；它不是指個人經學習後，對某些作業實際熟諳的程度；而是指將來如經學習或訓練，所可能達到的程度而言。因此，能力又包括性向與成就，它不但是構成個人人格的特質之一，且是一個最重要，同時又是最明顯的一個特質。個人具有某方面的能力，必力求表現；若缺乏能力，必加以迴避，以免挫折。心理學家歸納出的能力，大致有空間能力、數字能力、文字能力、語言能力、記憶能力、知覺能力、綜合能力、推理能力與運動能力等。

四、動機

動機是促動個人行為及引導其行為，朝向某一目標進行的內在歷程。個人在適應環境中，由於動機的不同，常顯現出行為的差異。因此，動機亦為構成個人人格特質的一部分。動機強烈的人，會奮力向上，積極進取；而動機薄弱的人，可能懷憂喪志，自暴自棄。有關動機已於前章討論過，今不再贅述。

五、興趣

興趣是指個人對事物喜好的程度。個人的興趣不同，對事物的選擇也不同。有些人興趣狹窄，有些人興趣廣泛。這些都形成個人的不同人格特質。個人對有興趣的事物，常趨之若鶩；對沒有興趣的事物，則退避三舍。通常個人對能引起其注意的事物或活動，有顯著的差異。個人常將自己投入喜歡的活動中，喜歡跟性情相似、趣味相投的人在一起工作。因此，形成個人的職業興趣。

六、價值觀

一個人的價值觀與其動機和興趣有關。凡是個人對之產生動機，或有興趣的事物，個人也就視之為一種價值。換言之，能滿足個人動機與興趣的事物，即為個人的價值。個人對事物的價值觀，與事物本身的客觀價值，並沒有必然的關係。例如，食物對已飽食者與飢餓者，顯然有不同的價值。此外，價值取決於個人的喜好與否。凡個人喜好者，必主動追求；而對不喜好者，則棄之如敝屣。

七、社會態度

個人是社會團體的一份子，社會的一切在在都影響個人。個人在社會化的適應過程中，都有自己對社會事物的態度。如有些人保守，有些人激進。雖然社會性問題本身是客觀的，但各個人對之而生的態度卻是分歧的。因此，社會態度是平常最易觀察到的一種人格特質。

八、品格

品格特質是屬於態度、習慣和道德價值的範圍。它是個人爲適應特殊情況，而學習成的行爲。表面上，品格的特徵如誠實、認眞、耐心、慷慨等，不能看作特質；事實上，這些特徵都是一些價值判斷，可用來評判個人所表現的行爲和習慣。

九、病理上的傾向

人格上的病態比健康狀態容易察覺，變態的標準有助於正常人格的評斷。因此，病理上的傾向，亦可爲人格特質上的評判標準之一。

第三節 人格的形成

個人人格的表現，普遍存在著個別差異；而研究人格的個別差異，必然牽涉到若干生理與心理因素。此乃起因於個體自呱呱墜地後，個人與他人即發生社會依存關係，此時個人的人格即開始發展，直到成年期而形成個人堅固而統一的人格。因此，形成個人人格的因素，主要爲來自於遺傳、生理、環境、學習等的交互影響。

一、遺傳

在體型論者的立論中，認爲個人的體格與生理特徵，爲構成人格上個別差異的主要原因。假如個人人格失去統整性與持久性，即構成所謂的人格失常。根據研究顯示，凡是血緣關係愈接近者，精神分裂症的相關發病率愈高。換言之，遺傳與人格失常者之間有密切關係。另外與遺傳有密切關係的一項人格特質，乃爲智力。個體智力的發展，固然受環境因素的影響頗大，但智力大部分係由遺傳所決定，此亦有實驗的證明。因此，遺傳殆爲形成人格的因素之一。

遺傳決定個人人格成長或發展的閾限，人格的成熟與發展都侷限於遺傳所限定的範圈內。根據這個範圍，個人再運用學習的歷程，在環境中形成其獨特人格。因此，不管個人人格如何成長，其最終仍脫不出遺傳所給予的限制。是故，遺傳實爲形成個人人格的基礎，任何人格的發展實無法脫出遺傳所限定的軌跡。換言之，遺傳實爲決定個人人格的先決要素。

二、生理

生理成熟的影響，係指個體生理功能對其人格發展的影響。在生理功能方面，以內分泌腺的功能對人格的影響最爲顯著。內分泌失常，對個體的外貌、體格、性情、智力都會發生影響，以致形成一個人的氣質。如甲狀腺分泌的甲狀腺素不足時，會阻礙身體的發育；甲狀腺分泌過分旺盛，則造成精神極度的緊張。其次，消化功能不良影響人格特質，大致有三種情況：第一、消化過快的人，表示個人對客觀世界的不滿，以致引起報復性的安慰。第二、消化過慢的人，表示此人對世界持觀望的態度。第三、消化不良者，表示他對周圍事物長期憂慮的結果。以上都說明不良的生理狀況與心理狀況的相互影響，進而造成人格的失常。

此外，生理的成熟性與人格的成熟性，亦相因相成。人格特質是具有相當統整性與持久性的，惟此種統整性與持久性亦是逐漸形成的。顯然地，孩童時代的人格是不完整的，人格必至成年始能完成。換言之，個體生理的成長與成熟，亦導致其行爲的發展。因此，人格的形成除了受個人生理各個階段的影響外，亦與個體的整體生理成長過程相生相成，及至成年始形成統整而堅固的個人人格特質。

三、環境

環境對人格發展的影響，大致有三方面：家庭、學校、社會文化。家庭方面主要爲個體嬰兒、幼兒時期。學校方面主要爲青少年時期。社會文化方面主要爲成年期。當然，上述環境是一貫性的，而且多少有些交互影響。根據研究顯示：在家庭方面，育兒方式、親子關係與家庭氣氛、出生別與同袍關係，都影響個人人格特質；諸如和諧的家庭氣氛，能形成子女有良好的社會適應力是。在學校方面，一般接受高等教育的人，其人格發展較爲健全，犯罪比率有顯著的下降；其主要爲來自於教師人格的感化。至於社會文化不但影響人們的食、衣、住、行等生活方式，更重要的乃爲形成人們的不同觀念、思想與行動；社會文化包括的範圍極大，舉凡政治型態、經濟制度、學校教育、宗教信仰及風俗習慣均屬之。因此，在社會文化中很多因素對人格的發展，都具有深遠的影響。

環境因素對人格發生明顯影響的例子很多，諸如在中、西的不同文化型態下，美國人進取，中國人勤儉。而在相同文化型態下的人，其人格上則具有相當的共同特質。當然，這並不是說在相同社會文化中，所有人的人格特質都是相同的，此只是在說明一般的人格傾向而已。蓋個人人格特質的形成，係受各種因素之交互影響的。此外，處於民主社會型態下生活的人們，通常都具有崇尙自由色彩，要求獨立自主的開放性人格。至於生活在獨裁式家庭或社會環境中的人，比較傾向於服從，表情冷淡的封閉性人格。由此可見，人格的形成深受環境因素的影響。

四、學習

人格的形成除了受前述因素的影響外，亦受學習因素的影響。畢竟人格的發展是不斷地練習而來，蓋學習是一種經驗成長的歷程。人格的成長有賴學習，以改善個體與環境的關係，來維持身心的平衡。比如，個人的能力、動機、興趣、價值觀、社會態度等，很多都是個人在生活的歷程中經驗之累積。從適應環境的觀點而言，人格是個體對環境作有效地積極適應而形成，此種適應環境的歷程，即爲學習。質言之，學習是基於本能與生存的需要而起，致使個人在求生存的過程中形成一定的人格。

若從社會的觀點言，人格是個體經過自我社會化而累積成的，此種自我社會化亦屬於學習。因此，在日常生活中，個人常憑藉學習而形成習慣，以適應生活，形成個人的一套獨特人格。當面臨新環境時，良好的人格特質足以適應之。換言之，學習態度積極的人，原有的生活經驗，可以有效學習新環境；而學習態度消極的人，則感到困難。如外在環境壓力加大，則形成環境與自我的衝突，容易造成人格的破碎。在成功滿意的學習過程中，人格中心的「自我」信念得到堅固的統一性。統一的人格是個人能在冷靜而理智的學習過程中，獲致新的經驗與學習，維持堅定的「自我」中心，實踐人生的理想。總之，人格的形成，部分是受到學習因素的影響。

第四節 人格的測量

人格是個人行爲中習慣、特質、態度和興趣的綜合結果，也是個人的先天遺傳與後天調適的結果，心理學家稱之爲「自我」或「內在的自我」。每個人都視自己的人格爲珍貴的資產，它與「自尊」有直接關係。人格決定了個人的行動，採取何種看法和想法。個人對外在世界的反應就是受人格特質的影響，而人格特質就是個人行爲的工具。別人對自己的想法，是取決於個人如何運用自己的人格。因此，要想瞭解個人行爲，必須瞭解個人的人格特質。廠商要做好行銷工作，要瞭解個人人格的差異，並找出行爲的「內在」或「外在」原因，一方面可運用測驗方法，來選用商業人員；另一方面則可用來設計一套消費者個性分析表，以作爲市場區隔的準據。本節即先討論人格測驗，下節再研析市場區隔。

人格測驗是近代心理科學的產物，它不僅測驗人格的個別特質，更在測得個人的整體人格結構。人格測驗可經由科學的分析，找出若干測量標準。不過，由於有關人格發展的理論很多，各家的理論根據不同，致其測量方法與重點表現有很大的差異。對於人格的測驗，一方面可從個人過去發展的歷史中去瞭解，另方面也可依據現有的反應加以評價。惟有些心理學家認爲：人格很難整理出統一的系統來，想要以科學的方法來研究人格是不可能的。甚而有人否認有所謂人格的存在，他們主張行爲可依據刺激與反應的情況來加以瞭解。然則有關人格特質的標準，仍爲吾人研究心理學所要追求的。

當然，人格測驗有甚多困難，其原因有二：第一、對人格構成的問題，各家迄未得到一致的看法；有的重視一般特質，有的重視特殊特質，以致測量內容未有一致的結論。第二、在人格測驗所表現的量數，到底是代表個人的內蘊特質，還是表面特質，尚不能完全確知。因此，儘管目前人格測驗的應用已很普遍，但無論從效度或信度各方面來看，很難得到相當標準。

雖然如此，人員甄選有很多仍然採用人格測驗。所謂人格測驗（personality test），是在測量一個人行爲適應性的多種特質，包括：氣質、能力、動機、興趣、價值、情緒以及社會態度等。一般評定人格的方式很多，目前企業界用於甄選員工的，不外乎下列方法：

一、自陳法

所謂自陳法（self-report method），是指施測者要受測者對自己的人格特質，依自己的意見加以描述，然後加以評鑑的方法。這種方法通常以文字測驗，且屬團體的方式施測，這就是平常所指的人格量表（personality inventory），題目多採用是非法或選擇法的形式。常見的試題形式如下：

你的興趣極易轉變嗎？　　　是□否□無法確定□
你總是喜歡單獨做某件事嗎？是□否□無法確定□

上項每題都有三種可能的答案，由受測者按個人對自己個性的看法，加以選擇回答；然後由施測者評分，由量表上所得的分數，即可對個人人格獲得梗概的瞭解。不過，有些人格量表專爲測量人格中的單一特質，如支配與順從（ascendance-submission）、內傾與外傾（introversion-extroversion）等是。有些則設計來測量整個的人格特質，用以辨別個人的適應情形或病態傾向。當一個人格測驗同時測量個人的多種特質時，測量結果將得到數個分數，每個分數即表示一個特質，由數個分數的組合，即可繪成一個人人格特質的剖析圖（personality trait profile），由此圖，即可概括看出個人人格的全貌。

目前自陳法人格量表應用最廣的，要數興趣量表。其目的在探求受測者對某項工作或職業的興趣程度。在興趣量表中，最有名的是愛德華個人興趣量表（Edwards Personal Preference Schedule）、史氏職業興趣量表（Strong Vocational Interest Blank）、庫達職業興趣測驗（Kuder Preference Record-Vocational）。其他單一特質量表，有賽斯通性格測驗（Thurstone Temperament Schedule）、貝爾適應量表（Bell Adjustment Inventory）等。

此外，自陳法人格量表用來同時測驗幾個人格特質的，有明尼蘇達多項人格測驗（Minnesota Multiphasic Personality Inventory）、門羅特人格量表（Bernreuter Personality Inventory）、G－Z氣質量表（Guilford-Zimmerman Temperament Survey）、加州心理量表（California Psychological Inventory），以及價值研究量表（Studies of Value）等。以上各種測驗在企業界中應用廣泛，且預測效度極高。

(一) 愛德華個人興趣量表

簡稱EPPS。它應用強迫選擇法，要受測者就二個答案中選擇其一，而讓二個答案在社會喜好程度上相同或極爲接近。由於兩個答案同樣的「好」或「不好」，受測者無法故意選擇較「好」的答案。因此，研究愛德華個人興趣量表與工作表現效標間的關係，通常可以得到一致而可靠的相關係數；只是本量表以強迫選擇法企圖消除社會喜好性的誤差，顯然並不完善。本量表所測量的是十五項人類動機，包括：成就、順從、秩序、表現、攻擊、自貶、自主、親和、支配、幫助、改變、容忍、情愛、依賴、調解等。

(二) 史氏職業興趣量表

簡稱爲SVIB。本量表的主要目的在於職業輔導。由本量表可以看出受測者的興趣形態，與何種職業從業人員的興趣形態接近，從而加以試用。受測者在SVIB上的反應，可用標準化的打分系統予以評定；打分時將受測者的反應，依各種職業的評分標準各個評定，評定結果可分爲五級：A，B^{+}，B，B^{-}，C。受測者在某種職業上的得分愈高，表示他的興趣與該職業優良從業人員的興趣愈爲接近。

(三) 庫達職業興趣測驗

本測驗題目都是三個敘述句所組成，句中所描寫的是各種類型的活動，由受測者指出三個敘述句中最喜歡的、最不喜歡的；然後將所有選擇組合起來，並按敘述句的描述，而得到不同活動的興趣分數。該測驗可鑑別個人十種不同的職業興趣，即戶外、機械、計算、科學、推銷、藝術、文學、音樂、文書及社會服務等。由於該測驗有作假的可能，最近經過修訂以實際從事某職業者的反應特徵爲評分標準，使得預測效度大爲提高，其方法與史氏職業興趣量表相關。

(四) 明尼蘇達多項人格三表

簡稱爲MMPI，包括五五〇個眞僞回答性問題，並依照變態傾向標準分爲八個量表，即憂鬱量表（Hypochondriasis Scale）、壓抑量表（Depression Scale）、害思症量表（Hysteria Scale）、精神病偏差量表（Psychopathic Deviate Scale）、興趣量表（Interest Scale）、妄想狂量表 （Paranoia Scale）、精神衰弱症量表（Psychasthenic Scale）、分裂

症量表（Schizophrenia Scale）。該等量表可算是比較完整的人格測驗，其效度比一般人格測驗爲高，內容包括甚廣。舉凡健康狀態、身心疾病、社會態度、婚姻關係、職業態度與興趣，無所不包。不過，正因爲範圍太廣，用起來不方便，且多用病理名詞描述人格特質，易產生誤解。

（五）加州心理量表

簡稱CPI。基本上是明尼蘇達多項人格量表的續編，但明尼蘇達多項人格量表依病態標準編製，而本量表則依常態編製。該量表所測量的人格特質有十八項，分成四類：即第一類測量自信、鎮定與優越感，有支配慾、維持現有地位的能力、社會性、社交、自我接受、幸福感等六項特質。第二類測量社會化、成熟及責任感，有責任感、社會化、自我控制、容忍度、印象、親切感等六項特質。第三類測量成就、潛力及智力，有協同性成就、獨立性成就、智能等三項特質。第四類測量智力與興趣模式，有心理特徵、處事的伸縮性、柔弱性等三項特質。

二、投射法

自陳法人格測驗很難測量到測驗題外的心理問題，故有些心理學家乃採用投射法。所謂投射法（projective method）人格測驗，乃是指施測者向受測者提供一些未經組織的刺激情境，讓受測者在不受限制的情境下，自由表達出他的反應，從而不知不覺地表露出他的人格特質。亦即在沒有控制的情況下，將個人的內在因素如動機、需要、態度、慾望、價值觀等，經由某些無組織的刺激投射出來，而表現在不經限制的反應上。投射法雖然編製某些投射測驗的圖畫、句子或故事等，但均由受測者依其所面對的無組織性刺激，而自由表示其反應。

投射法人格測驗的主要根據，是精神分析學派的理論。它認爲人格可透過投射作用，由潛意識中反應出來。此種測驗很難有僞裝的現象，受測者只需對一些圖形作反應，由此而推測到受測者的內在需求與性格特徵。常用的投射測驗有羅夏克墨漬測驗（Rorschach Inkblot Test），主題統覺測驗（Thematic Appreception Test）、羅桑維圖畫挫折測驗（Rosenzweig Picture Frustration Study）、湯金斯－霍恩圖形排列測驗（Tomkins-Horn Picture Arrangement Test），以及窩辛頓個人歷史量表（Worthington Personal History）。

（一）羅夏克墨漬測驗

遠在一九二一年精神病學家羅夏克（H. Rorschach）首先用十張墨漬圖片測驗人格。每張圖片是由黑色或其他顏色墨漬染成的圖形，圖形都是左右對稱的。受測者的作業是描述他對圖形的看法，反應愈快愈好。施測時，以個人方式進行。施測者訊問受測者，受測者必須回想所做的描述，並說明作該描述的理由。必要時可作團體施測，並寫下自己對圖形的看法。該項測驗除可用來解釋受測者的一般性人格外，尚可用於心理診斷，以解釋病人的情緒、動機、性慾與禁制作用；亦可用在工、商業心理諮詢用途上。

（二）主題統覺測驗

簡稱TAT。主題統覺測驗原理與羅夏克測驗相似，只是實施方法不同而已。主題統覺測驗一共有二十張圖片，每張圖片都提示一個主題，要受測者根據主題的提示，以自己的想像說出一個故事。受測者在故事中，常不自覺地把自己蘊藏在內心的衝突和慾望等，穿插在故事的情節中宣洩出來。主試者對故事加以合理分析，即可瞭解個人人格的若干特質。

投射法人格測驗的優點，是不限制受測者的反應，可對個人人格獲得較完整的印象；且測驗本身不顯示任何目的，受測者不至於主動的防範而作虛僞的反應。然而投射測驗不容易評定結果，對受測者反應的解釋，幾乎要全靠主觀的判斷；又它無法確定客觀的效度標準，僅能由受測者過去的背景中尋求一點可供參考的資料而已，故投射測驗的原理雖簡單，但實施起來很困難，需受過專門訓練的人才能使用。

三、情境法

人格測驗的主要目的之一，是根據個人在已知情境中的反應，去預測他在另一類似情境中也將有類似的反應。情境法就是基於這種構想而設計的，由主試著設置一種情境，觀察受試者在情境中的反應，由此而判斷其人格的特質。此外，情境法常使受測者在情境中不期而然地遭遇一種挫折，以測驗他對挫折的忍受能力。

四、評定法

評定法是由主試者就受測者的某一項人格特質，按照預定的等級予以評定的方法。它與自陳法不同，後者係完全以受測者本人對試題所作的答案為基礎，等於是自己評鑑自己。顯然地，評定法的價值常繫於兩個條件：第一，施測者必須具有觀察行為的經驗，並需徹底地瞭解所指特質的含義與個別差異的情形；其次，施測者必須對受試者有相當的瞭解，不能單憑表面的印象，否則將難免發生以偏概全的現象，而導致評定結果的偏差。

第五節 人格與市場區隔

前節所討論的是對人格施測，用以為瞭解個人人格或甄選員工之參考。本節則擬以人格作為市場區隔之基礎。由於每個人的人格特質不同，其所表現的消費行為亦有差異。因此，市場必須依各項特質而加以區隔。所謂市場區隔（market segmentation），乃是指將市場區分為幾個不同的購買群，行銷人員利用各種區隔變數，如不同的慾望、不同的資源、不同的地理位置、不同的購買態度、不同的購買習性，而劃分各種不同偏好的產品與行銷組合，以達成商品促銷的目的。爲了瞭解市場區隔的意義，吾人擬就三方而討論之：

一、市場區隔的一般方式

圖6-1，是表示一個由六位購買人所構成的市場。其中A圖，是未經區隔之前的情形。B圖則表示整個市場，便是構成這種市場的全體購買者，而每個購買者構成一個區隔市場。由於每個購買者的需求與慾望不相同，故而每個購買者都可視爲一個單獨的市場。銷售者就必須針對每個購買者制定個別的行銷方案以配合每個購買人的需要。

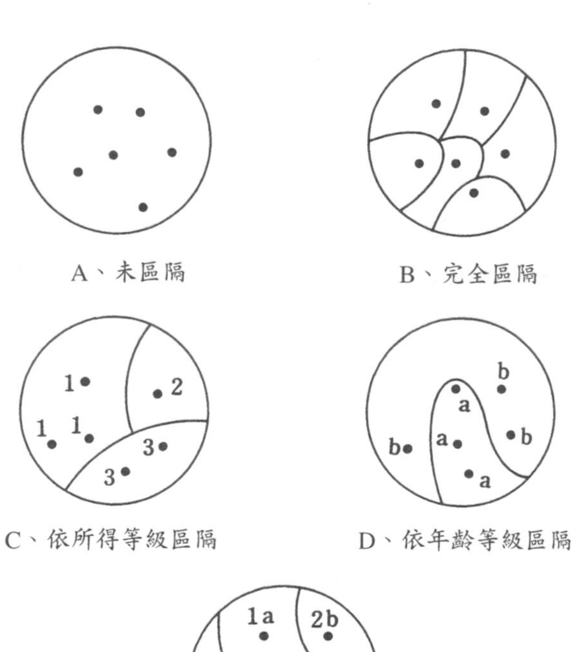

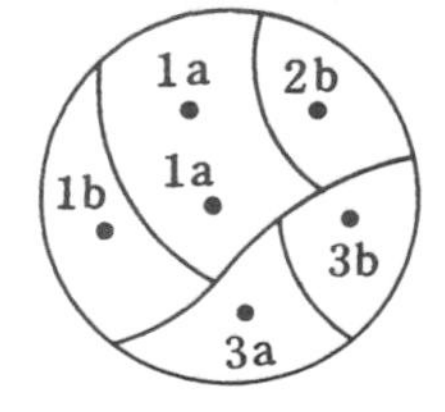

E、依所得及年齡區隔

圖6-1 市場區隔的不同方式

但是，大部分的銷售者通常都不致於將市場區隔得那麼細。他會找出一大分類的人，視爲一個群體，而將之劃爲一個區隔。例如，C圖即依所得層次的不同而劃分爲三個區隔。1、2、3的數字表示各購買人的所得層次不同；其中所得層次爲1者的區隔，其購買人最多；所得層次爲2者的區隔，其購買人數最少。

此外，銷售者亦可能發現年齡也可作爲一種區隔的標準。因此，在附圖6-1D圖中的購買人，與前面相同，分別用文字a、b表示購買人的年齡層次。於是又形成了另一種按年齡層次劃分的兩個市場區隔，而這兩個區隔的購買人數相同。

再者，銷售者也可能發現購買人的所得與年齡，同時影響其購買行爲。因此，銷售者認爲最好應同時按這兩種特性加以區隔。於是，這個市場便成爲六個區隔，即1a，1b，2a，2b，3a及3b。附圖6-1E圖中，區隔爲1a有兩個購買人；區隔2a沒有購買人，是爲「空區隔」（null segment）；其他各區隔各有一位購買人。

一般而言，一個市場在劃分區隔時，所依據的特性項目越多，則劃分越細；但是區隔越多，區隔中的人口也越稀少。如果銷售商持用一切可供劃分的特性，則市場區隔必將又造成每個購買人各成爲一個區隔的狀態。

二、市場區隔的基礎

市場區隔的方法並不只限於一種，且沒有一定的適當方法。吾人可採用不同的變數，運用各種不同的方法來區隔市場，以求眞正深入地瞭解市場結構。影響市場區隔的變數有：地理變數、人口變數、心理變數，及行爲變數等，如附表6-1所示。本文僅選列幾項和心理、人格有關的變數，詳加說明如下。

表6-1 消費者市場之主要區隔變數

變數	典型區隔
地理變數：	
區域	太平洋地區、西北地區、西南地區、東北地區、南大西洋地區、中大西洋地區、新英格蘭地區。
城郡大小	A、B、C、D級。
城市或大小	5,000人以下；5,000~20,000；20,000~50,000；50,000~100,000；100,000~250,000；250,000~500,000；500,000~1,000,000；1,000,000-4,000,000；4,000,000以上。
人口密度	市區、郊區、鄉村。
氣候	北方、南方。
人口統計變數：	
年齡	6歲以下，6~I2，13~19，20~34 ，35~49，50~64，65歲以上。
性別	男、女。
家庭人數	1~2，3~4，5人以上。
家庭生命週期	年輕單身；年輕已婚，無子女；年輕已婚，最小子女6歲以下；年輕已婚，最小子女6歲以上；年長已婚，尚有小孩；年長已婚，子女均滿I8歲以上；年長已婚，單身；其他。
所得	$2,500以下；$2,500~$5,000；$5,000~$7,500；$7,500~$10,000；$10,000~$15,000；$15,000~$20,000；$20,000~$30,000；$30,000~$50,000；$50,000以上。
職業	專業與技術人員；管理者、官員與小企業主；普通職員、銷售人員；工匠、工頭；操作人員；農人；退休人員；學生；家庭主婦；失業者。
教育	小學畢業以下，高中肄業，高中畢業，大專肄業，大專畢業。

續表6-1 消費者市場之主要區隔變數

宗教	基督教，天主教，猶太教，其他。
種族	白人，黑人，東方人，西班牙語系者。
本籍	美國，英國，法國，德國，斯堪地那維亞，義大利，拉丁美州，中東，日本。
心理統計變數：	
社會階級	下下層，下中層，下上層，上下層，上中層，上上層。
生活型態	平實型，時尚型，名士型。
人格	衝動性，合群性，專斷性，野心性。
行為變數：	
購買時機	平常場合，特殊場合。
追尋利益	品質，服務，經濟。
使用者情況	從未用過，以前用過，有使用潛力，初次使用，固定使用。
使用率	很少使用，尚常使用，經常使用。
忠誠性	無，尚可，強烈，絕對。
購買準備階段	不知，已知，相當清楚，有興趣，有欲望，有購買意圖。
對產品之態度	狂熱，喜歡，無所謂，不喜歡，敵視。
行銷因素敏感性	品質，價格，服務，廣告，推廣

（一）年齡

消費者的慾望與消費能力，常隨著年齡而變化。因此，有些公司乃為不同年齡而作市場區隔，以提供不同的產品或採取不同的行銷方式。例如，有些公司提供四種「人生階段」的維他命，分為兒童配方、少年配方、男人配方和女人配方是。不過，年齡有時也是個令人捉摸不定的變數。例如，福特（Ford）汽車公司推出一種價格不高的跑車，本以年輕人為對象市場，出乎意料的卻為各種年齡的消費者所購買。因此，市場區隔除應注意生理年齡外，尚要重視心理年齡。

（二）性別

以性別來作市場區隔，是早已存在的。例如，衣飾、整髮、化妝品與雜誌等，都是以性別來區隔市場的。其後，有許多類別的產品和服務業，也都以性別為區隔基礎。近年來，香煙、汽車業者都已分別實施性別市場區隔，藉以配合男女的喜好。

（三）所得

所得亦為市場區隔的標準之一，如汽車、遊艇、衣飾、化妝品、旅遊等產品和服務，均採用所得區隔。不過，有時所得也不見得是購買某產品的指標。如雪佛蘭（Chevrolets）汽車不僅勞工階層購買，而且中等所得家庭都可能購買；而凱迪拉克（Cadillacs）固為大多數管理階層所購買，有些勞動階層也會購買。因此，僅以所得為市場區隔的指標，亦不完全正確。

（四）社會階級

社會階級對於汽車、衣著、家庭裝飾、休閒活動、閱讀習性以及零售業的偏好，往往有極強烈的影響。因此，許多消費者產品公司乃專對其一特定社會階級，設計能吸引他們的產品及服務。

（五）生活型態

消費者對產品的興趣，常受生活型態的影響。因此，所謂生活型態區隔，就是按照生活型態的不同，而劃分為不同的群體。例如，藥品購買者的生活型態，可分為踏實者、尋求權威者、懷疑論者、憂鬱症患者等四種。對一家藥商來說，產品行銷最能收效的，應以憂鬱患者為最顯著；而對於懷疑論者，行銷效能最低。

（六）人格

行銷人員也可以運用人格變數來劃分市場區隔，他們可塑造產品的品牌個性，與消費者個性相呼應。例如，過去福特汽車的購買者被認為具有「獨立、衝動、男性化、應變力強與自信」等個性；而雪佛蘭車主則偏向於「保守、節儉、重視名望、較柔弱、避免極端」等個性。後來經過研究，雖然兩類車主的個性差異不多；但有許多產品如女性化妝品、香煙、保險和酒等，即可成功地以人格特質為市場區隔的基礎。

（七）忠實性

市場區隔也可以消費者的忠實性為劃分標準。此種忠實性，可以是忠實於某一品牌，也可以忠實於某一商店，也可以忠實於公司。一般忠實性的購買者可分為：第一、死硬忠實者（hard-core loyal）：此類消費者始終僅購買同一品牌的產品。第二、適度忠實者（soft-core loyal）：此類消費者同時忠於兩、三種品牌。第三、轉移忠實者（shifting loyal）：此類消費者從喜好某種品牌，正轉而喜歡他種品牌。第四、游離份子（switcher）：此類消費者購買多種品牌產品，不忠於任一品牌。

每個市場都可能擁有上述四類消費者，只是所佔比例各有不同而已。通常品牌忠實市場，都以死硬忠實者佔最大比例。牙膏市場及啤酒市場，都是比較高度的品牌忠實市場。因此，公司必須詳加分析其人口特性與心理因素特質。因為有些品牌忠實性之表現，可能僅是一種消費習慣而已。

（八）態度

一般消費者對產品的熱衷程度，可分為狂熱、喜歡、無所謂、不喜歡與敵視等。通常廠商可設法回饋對產品狂熱或喜歡的消費者，並設法加以致謝，提醒他們繼續惠顧。對於無所謂的消費者，可以嘗試爭取。同時，能設計一些消費者態度調查，凡是消費者的態度與人口統計變數相關，就愈能有效地打入最有潛力的消費群。

總之，可以作為市場區隔的劃分標準甚多，實無法一一加以枚舉。今僅就與人格因素有關的各種變數討論如上。一般行銷者應針對各項可能變數加以考慮，惟過多的區隔標準可能劃分過細，而使市場區隔紛擾，甚而無效，這就牽涉到市場區隔的有效性問題。

三、市場區隔的有效條件

市場區隔可用多項不同的方法，也可選擇各種不同的標準。但劃分後的市場區隔可能有效，也可能無效。其有效與否的條件為：

(一) 可測度性

可測度性（measurability）是指市場區隔的大小與其購買力可測度的程度。某些區隔變數很難加以測度，例如，十多歲的青少年抽煙，主要是表示對雙親的一種反抗，此種市場區隔就很難測度。

(二) 可接近性

可接近性（accessibility）是指能有效接觸和服務區隔市場的程度。例如，一家香水製造公司知道其產品的經常使用者，是過夜生活的單身女郎，而這些女郎沒有一定的購物地點，也不是特別注意某些媒體，這時候就很難接觸到這類消費者。

(三) 足量性

足量性（substantiality）是指市場區隔的容量夠大，或獲利性夠高，值得去開發的程度。一個市場區隔必須是有足夠的購買人數，以便能設計特殊行銷方案，否則是不經濟的。需知區隔化，本是一種頗爲耗費成本的行銷。例如，一家汽車公司只爲身高低於四呎的人特別設計車子，是很不划算的事。

(四) 可行動性

可行動性（actionability）是指可以有效地擬訂行銷方案，以吸引並服務市場區隔的程度。例如，一家小航空公司找出七個市場區隔，但因爲人手不足，則無法爲每一區隔市場實施特別行銷方案是。

總之，市場區隔必須有效，才有劃分的價值；否則空有市場區隔，其成本耗費必大。再者，市場區隔得太細或太粗略，都將失去意義。當然，市場區隔必須考量各項因素，才能給予消費群體帶來便利性，並能有利於貨品的促銷。因此，廠商必須注意市場區隔的有效條件，從而善加運用。

討論問題

1.何謂人格？心理學上的人格與道德上的人格是否相同？試述之。

2.就體型特徵而論，人格可分為哪些類型？特徵為何？

3.何謂氣質？以氣質來談論人格類型，可分為哪些？

4.何謂能力？其與性向、成就是否有關？

5.個人人格是如何形成的？試就遺傳、環境、成熟、學習等因素說明之。

6.個人人格的成長階段與環境因素有何關係？試申論之。

7.何謂自陳法人格測驗？它最主要包括哪些量表？

8.何謂投射法人格測驗？它具有哪些優、劣點？

9.何謂市場區隔？其有效條件為何？

10.一般市場可採用哪些變數作為區隔的標準？試述之。

個案研究

開拓行銷新領域

格格是一家頗具規模的服裝設計公司，不只走設計路線，還兼營業銷售，成立於五年前。在剛成立時，只是一家單純的少女服飾店。該公司憑藉著堅強的毅力與不屈不撓的精神，充分掌握顧客的動態，而能與眾多對手競爭，以至於屹立不搖。如今已成立了研究開發部門，成爲一家有系統、有組織的機構。

該公司一向強調輕快爽朗的格調，且受到絕對的肯定，在業績方面不斷地成長。最近憑其雄厚的財力，又決定另闢一條生財之路，就是開發高級服飾，訴求對象爲淑女、仕女。然而，高級服飾的消費者有限，公司乃與各大百貨公司和知名服飾店洽置專櫃，舉辦折扣活動，並致贈贈品。公司內部更安置電腦，提供國內外服飾走向資訊；並設置試衣間，訓練態度和藹、服務親切的銷售員等，以吸引消費者的注意，引發其購買慾望，滿足消費者的需求。

由於企劃部門的策劃，該公司採取了一些促銷手法，印製大量的宣傳海報，請工讀生到各大百貨公司去散發；舉辦服裝展示會，請國內知名模特兒展現公司設計服飾的風格。同時，更在電視上大作廣告。在一連串緊鑼密鼓的促銷下，該公司的仕女服飾竟一炮而紅，在服裝界享譽盛名。

個案問題

1.少女服飾與仕女服飾是否爲一種市場區隔？

2.少女服飾與仕女服飾的區隔標準何在？試一一列舉。

3.你認爲少女服飾與仕女服飾在設計上應有什麼分別？

態度——商業行爲的心理基礎之五

第7章

本章重點

第一節 態度的性質

第二節 態度的結構

第三節 態度的功能

第四節 態度的測量

第五節 態度與訊息傳達

討論問題

個案研究：提供熱忱的服務

個人行爲有取決於其態度者，欲改變個人行爲常需改變其態度。換言之，個人態度常決定其行爲。固然，行爲可能爲個人知覺、動機、情緒、人格所左右，但行爲是會改變的，行爲的改變有賴學習與態度的改變。在商業行爲上，消費者購買動機與行爲，常因新的學習經驗與新態度的養成，而有了新的購買習慣。有關學習的心理基礎，已於第五章研討過；本章將繼續分析態度對消費行爲的影響。

第一節 態度的性質

態度係屬一種心理狀態，它是個人對一切事物的主觀觀點，其形成多受學習及經驗的影響。一個人的態度一旦形成，很難改變；個人亦習以爲常，很難自我察覺到。無論態度是基於理性的與事實的，抑或基於個人的情緒與偏見，都同樣地影響個人行爲。個人行爲反應的指向，平時多取決於固定的態度，甚少基於健全理智的思考。由是態度常因人而異，以致形成對同一事物的看法，亦因人而有所不同。

根據梅義耳的看法，態度是一種引起個人某種意見的先前傾向（predisposition）之心理狀態，亦即是一種影響個人意見、立場及行爲的參考架構（framework of reference）。由是態度爲意見的先決條件，欲改變一個人的意見，必先改變他的態度。態度必然影響意見，而意見則不一定會影響態度。

然則，態度與意見有何不同呢？意見是指個人對某項論題及人物所下的判斷與觀點的表現。態度既爲一種心理狀態，乃屬於一種概括性的主觀觀點，比較具有普遍性，如喜歡或厭惡某項事物是。而意見則爲對於某項特殊事件所持主觀的特殊解釋，比較具有特定性，如上級對獎勵的不公是。

就基本行爲的序列言，意見是受態度的影響。蓋個人是依據一己的態度，對外在事物加以不同的解釋。例如，公司加強工廠安全規則的執行，在抱持不友善態度的員工看來，可能認爲是廠方故意找麻煩；而在抱持友善態度的員工看來，則認為這完全是為員工安全著想，而全力支持。因此，欲改變個人的意見，必先改變其態度。

意見既為對於目睹事物的主觀解釋，則影響意見者，不僅為主觀的態度，同時亦受客觀事實的影響。只是對客觀事實的解釋，尚有賴於態度的決定而已。因此，意見雖不能直接形成態度，但有時可反應出態度，從而可從意見中探知態度。

此外，有人認為態度和價值有某種程度的一致性。有人則持相反的看法，認為價值和態度的型式往往不合於邏輯。事實上，態度和價值都是對事物的認知。一般而言，價值是基本的、廣泛的認知；態度則比較直接，為對特定事物的好惡。態度屬於意識的範圍，是可以表達出來的。價值所涉及的範圍比較廣泛，也比較深入，而且包括較多潛意識的因素。如對公正、貞操……等問題的深入認知，通常都視為價值觀點。吾人可以把價值視為一組普遍的、基本的態度，這些態度不一定存在於意識界。個人原始的普遍信念，就是價值。因此，價值是一組不變的信念，也是深入的科學信仰。

態度雖然很難改變，但亦非一成不變的。例如，抽煙行為源於對吸煙的喜好態度，但根據科學研究結果顯示：抽煙可能造成癌症，則個人可能減少抽煙，甚或禁絕，以求合乎身體健康的原則。換言之，改變個人行為也可以改變態度，行為固然會漸漸符合態度，而態度也逐漸符合行為。此即說明了態度與行為之間，有重大的關係。在商業行為上，消費者對商品的態度即影響其購買行為。凡是他喜歡的商品，購買的可能性就提高；反之，他不喜歡的商品，其購買的可能性會降低。

第二節 態度的結構

態度既是個人對事物主觀的觀點，也是一種對某事物的持續特殊感受或行為傾向，其主要源自於學習與經驗。當個人從經驗中獲得態度，如果此種態度受到增強，則會繼續維持下去。態度的獲得，不外乎：第一、對事物的直接經驗，即態度的發展可能是由個人對事物的獎懲經驗而來。第二、由於對事物的聯想，即個人對某事物的態度，可能是由對另一事物的態度聯想而來：第三、學習自於他人，亦即態度的發展可能由他人對事物的描述而來。一般而言，態度的獲得來自親身體驗者，比得自聯想或別人者更不易改變。不過，來自親身體驗以外的態度，如果是相互增強態度或價值的一部分時，也是相當穩定而不容易改變的。

當個人的態度一旦形成，很不容易改變，而形成個人習慣，以致常影響其對任何事物的決策。因此，商業心理學家很重視態度的研究，認爲消費態度決定消費決策，進而影響購買行爲。然則，態度是如何組成的？一般心理學家都認爲態度具有三種成份，這三種成份具有三種不同而有關的心理傾向，此三種傾向即爲情感的、認知的以及行爲的成份。

一、情感成份

是指個人對某種事物情緒上的感受，包括喜歡或不喜歡該事物。情感在強度上有所不同，可以由弱至強。情感成份可從生理指標上測量，如瞳孔的放大、眨眼、心跳快慢、血壓高低……等，都可測量出情緒的好壞；當然，情感成份也可以從個人的語文陳述上看出，如喜歡或不喜歡、愉快或不愉快等是。

二、認知成份

是指個人對事物或情境的知識、信念、價值觀、意象或訊息。不管個人的信念、價值觀或訊息是否正確，這些認知都是個人態度的一部分。

三、行為成份

是指個人對某種事物產生的特定行爲傾向，這可由個人直接面臨情境或事物時，所採取的反應推測之；亦可由個人語文陳述或談話中得知。

當然，以上三種態度成份，只有態度的行爲成份，比較容易爲觀察者所能直接察覺到。至於別人好惡的感覺，只能從面部表情、語文陳述與進退舉止之中去推測。個人的認知也不能直接觀察到，只能用談話或問卷來推測。不過，嚴格地說來，個人的情感與認知成份是可以由態度的行爲表現來推測的。因爲，這三種成份之間有一致性的存在，尤其是在情感與認知元素之間，更是如此。通常個人對事物具有良好情感，連帶地會相信該事物對自己有好處，使自己得到想要的或珍貴的事物，以及避開不想要的事物。相反地，個人對某事物有不良的情感，常連帶地相信該事物會阻撓其想得到的事物。

此外，當個人態度的三種成份頗爲一致時，則態度較爲穩定而不易改變。更有進者，態度常會和其他態度或價值觀聯結在一起，成爲一種複雜且彼此相互增強的組合。例如，個人對某商品的不良態度，可能聯想到該公司的不良信譽、生產品質不良、不喜歡該公司的其他產品，或產生對廣告的厭惡，甚而對其他品牌的相同產品也有不信任感。此種態度無形中變成相互關聯系統中的一部分；而且非常穩固，難以改變。

再者，態度與態度間是相互獨立的，但構成態度的每個成份間卻是相互關聯的。例如，個人對音樂的認知，都與個人對娛樂或放鬆心情的認知有關，所以在個人的整個態度系統裡，同種態度間會形成一個態度群。依據態度結構論的說法，認爲：第一、態度成份的各個單元之間是相互調和的，而不是相互衝突的；第二、各個態度成份間，如情感、認知和行動傾向，是相互調和的；第三、同一個態度群內的各個態度，是相互協調一致的。

當然，要態度成份的各個單元之間，百分之百的和諧一致是不太可能的；但至少構成認知因素的各個單元之間，必須相互調和。基於這種想法，一個抽煙的人不太可能相信抽煙會得癌症。因爲「我抽煙」與「抽煙會得癌症」兩個認知單元，是互不相容的。另外，個人的情感、認知、行動傾向等三個成份之間，也是要一致的。假如個人喜歡新產品，且認爲新產品優於舊產品，但卻同時對舊產品保持高度的品牌忠實性，是不太可能的。最後，組成態度群的每個態度之間也要相互調和。例如，一位教授絕不會投票給工人團體推舉出來的候選人，除非那位教授是勞工問題專家、勞工的同情者或與那位候選人是好朋友。

雖然各種態度間必須是協調一致的，但有時也會不一致。其原因甚多：第一、人性是反覆無常的，且人類的心思有其極限，由於個人常面對決策情境，且利用殘缺不全的證據去求取結論，以致常作出片面的決策，並產生不一致的行爲。第二、態度強度的不同，而造成態度的不一致。第三、人類有時受情緒的影響，而難免有相互矛盾的現象。第四、人們有尋求變異及追求新經驗的傾向，在學習時喜歡翻新，以滿足新奇性。是故，態度的不一致乃爲理所當然的現象。

第三節 態度的功能

個人之所以會保持某種態度，是有原因的，即態度對他有某些功能。根據態度功能論的說法，態度具有四種功能：

一、知識功能

態度可以幫助個人將個人的知識、經驗與信念組織起來，而提供一種確切穩定的標準或參考架構，使個人將雜亂無章的所見所聞，變得確切而穩當。例如，刻板印象就是一種態度，它賦予各種團體不同的特性或特質，而將紛亂的經驗組織起來。

當個人發現原來具有知識功能的態度，不能說明其所接觸到的現象，或無法賦予該現象以意義時，則態度會發生改變。其實，當環境改變或新訊息輸入，以致個人無法運用現有知識來解釋時，個人的態度也會發生改變，以便能夠說明更多的訊息。當然，個人也許會儘量避免接觸到新的訊息，以避免產生衝突。

二、工具功能

態度的形成，可能是因爲態度本身，或是態度所針對的事物，可以幫助個人得到獎賞或逃避懲罰，此即爲態度的工具性功能。在某些情況下，態度是達成目的的手段。例如，一個人對老闆採取不好的態度時，他的工作伙伴會支持他、讚美他、同情他；但他對老闆的態度很好時，則工作伙伴會排斥他。於是，他對老闆會採取不好的態度。因爲此種態度使他爲人所接受，得到讚賞，而避免被排斥。此外，在別的情況下，事物本身是達成目的的手段，此時態度就是由該事物及其後果之聯想而來。例如，汽車推銷員對藍領工人產生良好的態度，因爲他很容易把汽車推銷給他們；但對醫生則沒有好感，因爲後者總喜歡討價還價，不易推銷。因此，他將成功、利潤和藍領工人聯想在一起；而把失敗、困難和醫生聯想在一起，自然對他們產生了不同的態度。

通常工具性態度的改變，是由於它無法滿足個人的需求，或其他態度能滿足個人的需求，或由於個人的抱負水準改變了。例如，當目前的品牌無法完全滿足消費者的需求時，他將改採用其他品牌的產品。因此，新的品牌可以強調「完全滿足消費者的需求」，以便增加產品的銷路，來開拓市場。當然，有時消費者也會主動去尋找不同品牌的產品，來滿足自己的需求，並發生態度的改變。尤其是當一家之主晉升，家庭生活方式改變之際，個人態度的改變更容易發生。

三、價值顯示功能

態度也可以直接顯示個人的中心價值和自我意象。例如，一個具有自由觀念的人，對組織的分權、彈性工作時間、以及放寬衣著標準等，會表現出良好的態度。又如一個女權運動者，可能對傳統家庭婦女角色、服從男性、以及黃色笑話等，表示出厭惡的態度。凡此都分別顯示出個人的中心價值感來。因此，態度實具有顯示價值的功能。

在商業行爲上，具有價值顯示功能的態度也會發生改變。 一般而言，產品的消費或品牌的選擇，可說是自我表現的重要部分。因此，廣告代理商必須把產品態度，直接和價值顯示功能配合起來，廣告才會發揮最大效果。蓋當個人對自己的自我概念不滿意或想追求更佳的自我概念時，則這種價值顯示的態度會發生改變。是故，產品必須能夠滿足消費者的自我概念，且符合個人的自我看法，個人才會對產品的態度變佳。例如，有一種品牌的香煙強調「抽此香煙使女人更女性化」，效果奇佳。易言之，強調抽此香煙是女性的代表，因此女性消費者大增。此外，「早安！養樂多」也具功能顯示性，而使早起的人對養樂多有良好的印象。

四、自我防衛功能

態度可以保護個人的自我，以免受到不愉快或威脅性的刺激所傷害。當個人收受到威脅性的訊息，會產生焦慮感；而培養某種態度可以曲解或避免收受這種訊息，則焦慮感自無從產生。一個沒有能力的醫生，可能會發展出一種態度，認爲護士訓練太差、缺乏工作動機、漠視病人利益，以求保護自己，滿足自己的優越感。一位主管可能視工作爲一種精神寄託，而企圖避開個人的負債累累，家庭負擔太重等壓力，以保持完整的自尊。凡此都是自我防衛的態度。

具有自我防衛功能的態度，通常比較不易改變。此種功能態度的改變，一般需由臨床心理學家來進行，廣告企劃部門或銷售部門幾乎沒有能力參與。蓋此種態度是自我防衛作用的結果。對廠商來說，自我防衛態度的重要性，並不在於態度的改變；而是應避免利用廣告或其他手法引發這種防衛功能，以免使廣告喪失效力。

總之，態度是具有多重功能的。行銷人員必須瞭解它的功能，從而運用其功能，以改變消費者的態度，進而達成促銷商品的目的。

第四節 態度的測量

態度是消費者對產品滿足程度的一種指標，廠商欲瞭解消費者對產品的滿足感或購買產品的意願，惟有實施態度的測量。態度雖然不能用秤或用尺去量，但可用心理科學方法去調查分析，然後加以測量。桑代克曾說：任何存在的東西都有數量，有數量就可測量。祇不過態度比較抽象而已。惟科學方法即在找出適當的、直接的測量方法，以統計分析力求數量化、客觀化。態度測量的目的，即在瞭解消費者對產品與公司的態度，並比較消費者與消費者之間對產品態度的差異，以提供生產者與行銷者的參考。通常測量態度的方法很多，最主要有下列幾種：

一、態度量表法

態度量表法（attitude scale）典型的態度量表是擬訂若干陳述語句組成問題，徵詢消費者個別意見，然後集合多數人的意見，可以反映一般消費者的態度。一個母體或消費者態度分數的平均值，即代表消費者對產品所持態度的強弱。儘管態度量表編製的方法不一，然其所要完成的目標並無二致，該量表大致上可分為三種：

(一) 薩斯東量表

薩斯東量表（Thurstone Type of Scale）是在1929年由薩斯東等（L. L. Thurstone & E. J. Chave）所發展出來的，先由主事者撰寫有關事物的若干題目，這些題目代表消費者對某種事物的不同觀點，從最好的到最壞的觀點依次排列，並以量價（scale value）表示之，此種量價事先加以評審訂定。在實際進行態度調查時，不要將已選定的句子依一定次序排列，而將好壞摻雜；且不可註上量價，由消費者自行圈定個人自認為最適當的句子，以表達他對某事物的態度。最後由主事者將全體消費者所圈定的句子，計算出量價的平均數，即為消費者的一般態度。

今以行銷學家烏狄爾（J. F. Udell）所編消費者對贈品卷的態度量表為例：

陳述語句	量價
贈品卷是偉大的	9
我希望每個商店都附贈贈品卷	8
贈品卷是購買者的福利	7
贈品卷還不錯	6
贈品卷有好處，也有壞處	5
贈品卷是羊毛出在羊身上，能省則省	4
贈品卷抬高了價格	3
贈品卷是令人討厭的	2
我痛恨贈品卷	1

很顯然地，一般消費者圈選前面幾題句子的量價平均值，要高於圈選後面幾題句子的平均值量價，則表示前者的態度要優於後者。因此，廠商可根據該量表所測得的結果，作為瞭解一般消費者態度與

改進產品的參考。

(二) 李克量表

李克量表(Likert Type of Scale)是由李克(R. A. Likert)所發展出來的,在消費者態度的調查上,使用的機會也很多。該量表和薩斯東量表一樣,也蒐集許多陳述句,但每個陳述句沒有量表值,而是以積極性句子表示良好的態度,以消極性句子表示個人對事物的不佳態度。

下表即為李克量表之一例,用來測量消費者對廣告的態度:

1.這廣告很合我的口味。
2.假使這廣告刊登在雜誌上的話,我會跳頁翻過去。
3.這是一個誠摯感人的廣告。
4.這種廣告激起了我購買此種品牌產品的決心。
5.對這種廣告,我不太感興趣。
6.我不喜歡這個廣告。
7.這個廣告使我覺得很舒適。
8.這是一個美妙的廣告。
9.這是一個令人健忘的廣告。
10.這是一個迷人的廣告。
11.這種廣告,我早就厭倦了。
12.這種廣告,讓我感到冷冰冰的。

其中1、3、4、7、8、10題是積極性字眼的題目,2、5、6、9、11、12題為消極性字眼的題目。計分時,將個人同意積極性字眼的題目數,與不同意消極性字眼的題目數相加,再除以12,乘以100,即為個人在這個量表上得分,亦即表示個人對廣告的態度;主事者若將所有消費者的分數加以平均,即可看出一般消費者對廣告的態度。

一般而言,李克量表比薩斯東量表為:第一、可靠,信度較高;第二、作答速度快,計分快;第三、效度與薩斯東量表相等,或較高；第四、不含「態度差」的句子，但可看出個人的不良態度。

(三) 語意差別量表

語意差別量表（semantic difference scale），通常是由許多意義相反的形容詞組合起來，且賦予不同程度的幾個數值，這些數值可顯示消費者的態度。例如：

> 這項產品的包裝如何？
> 美妙的____：____：____：____：____醜陋的

在使用這種量表時，每個消費者依照個人對事物的看法，在量表上打勾；量表值由5至1，表示個人態度的不同，然後將這些量表值加起來，即爲消費者的態度分數。由於此種量表測量結果，和前面兩種量表相關性高，且較爲簡單。目前許多專家均採用這種方法來測量消費者的態度。

二、問卷調查法

態度量表可以測量消費者對產品的態度，但無法找出造成不良態度的具體原因。因此，問卷調查法（questionnaires）列出有關產品性能、產品宣傳、產品服務等特殊問題，可徵詢消費者的意見，此種方法稱之爲意見調查（opinion survey）或問卷調查，其例如下：

(一) 對產品性能的態度

1.你對於本公司生產的汽車性能是否瞭解？
是（ ）否（ ）
2.你認為本公司生產的汽車性能是否優越？
是（ ）否（ ）不知道（ ）
3.你認為本公司生產的汽車裝配是否完備？
是（ ）否（ ）不知道（ ）

4.你認為本公司生產的汽車照明度是否足夠？
是（　）否（　）還要加強（　）
5.你認為本公司生產的汽車馬力是否過強？
是（　）否（　）無法說（　）
6.你對本公司生產的汽車整體印象如何？
很好（　）平常（　）不好（　）不知道（　）

（二）對產品宣傳的態度

1.你是否看過本公司的汽車廣告？
是（　）否（　）
2.你覺得本公司的汽車廣告是否夠多？
很多（　）很少（　）沒有印象（　）
3.你對本公司汽車的印象來自何處？
電視廣告（　）招牌廣告（　）雜誌報紙（　）親友（　）
其他（　）
4.你覺得本公司的汽車廣告應在何處刊登較妥？
電視（　）報紙雜誌（　）無線電台（　）其他（　）
5.你看過本公司的汽車廣告後，印象是否深刻？
是（　）否（　）不清楚（　）

（三）對產品服務的態度

1.你覺得本公司的服務與其他公司比較，如何？
非常好（　）不相上下（　）不太好（　）無從比較（　）
2.當你車子需要保養，我們服務員的態度如何？
非常友善（　）友善（　）不友善（　）不知道（　）
3.當你有任何疑問，我們公司服務員是否詳作解答？
很詳細（　）尚詳細（　）不詳細（　）置之不理（　）

此外，尚可在問卷備註說明：「如果你有其他寶貴意見，請寫在以下各欄內」等字樣。這些建議常可反映一些態度，提供廠商參考。

三、主題分析法

主題分析法（theme analysis）爲美國通用汽車公司（General Motors Corporation）員工研究組（Employee Research Section）所倡導。該公司以「我的工作——爲何我喜歡它」爲題，向全體員工徵集論文，除了審查作品給予優良作品獎金外，並從應徵作品中依據幾項主題分類整理出員工意見。此種方法，也可用來徵集、分析、整理消費者的意見。例如，主題可以選用「我的汽車——爲何我喜歡它」爲題，來進行消費者的意見調查。在此，吾人僅以通用汽車公司研究員工態度爲例，提供參考。

在通用汽車公司徵集函件中，雖然反映的多爲對公司的積極建議，但對函件中普遍未提及的事項亦加以注意。經過嚴密的統計分析，將第四十八工作單位的員工對各項主題反應的態度，與公司全體員工平均態度加以比較，其所得結果如表7-1：

表7-1中之數字表示員工對各主題滿意程度的等第。由表7-1可看出 第四十八單位員工對前六項主題的態度，與全體員工的看法完全一致；而對以後各項的看法，則稍有差異。例如，晉升機會在全體員工中列十四等第，而在第四十八單位員工的態度中則列爲第八等，此表示第四十八單位員工升遷的機會比其他單位爲佳。相反地，醫療服務在全體員工中列第十五等，而第四十八單位中卻列爲第二十三等，此即表示該單位所受醫療服務較其他單位爲差。

一般廠商在使用主題分析法時，除了可依上述例子選擇一定主題，或按地理區分，或按年齡區分，或依性別區分……，而採用各種區隔標準，來徵詢各類消費者對產品的態度。

主題分析法是由受測者自行陳述，故可從受測者中獲得較多的

表7-1 美國通用公司我的工作主題分析表

主題	全體員工對各主題滿意度	第四十八單位員工對各主題滿意度
(1) 監督	1	1
(2) 助理	2	2
(3) 工資	3	3
(4) 工作方式	4	4
(5) 公司榮譽	5	5
(6) 管理	6	6
(7) 保險	7	9
(8) 產品榮譽	8	11
(9) 工資利益	9	13
(10) 公司穩定	10	12
(11) 安定	11	16
(12) 安全	12	10
(13) 教育訓練	13	7
(14) 升級機會	14	8
(15) 醫療服務	15	23
(16) 合作工作	16	14
(17) 工具設備	17	17
(18) 假期獎金	18	20
(19) 清潔	19	24
(20) 職位榮譽	20	15

情報資料，其與前述兩種方法由主測者編撰題目比較，在範圍上較不受限制。同時，主題分析法將某區隔消費者對各項主題的態度，與全體消費者的態度加以比較，也可看出區隔消費群體的態度，以作爲改善生產或行銷產品的依據。唯該法結果的整理較爲複雜困難，一般較少採用。

四、晤談法

晤談法（interview）是面對面地查詢消費者態度的方法。該項面談最好請專家或受過訓練的行銷人員來主持，並以贈品來鼓勵消費者接受訪談。通常晤談可分爲有組織的晤談與無組織的晤談。

有組織的晤談是事前擬定所要徵詢的問題，以「是」或「否」的方式來回答，有時可稍加言語補充，也可說是一種口頭的問卷調查。無組織的晤談則不擇定任何形式的問題，只就一般性問題，誘導消費者儘量表達個人意見。有組織的晤談可即時得到反應，統計結果較容易；而無組織的晤談可迅速掌握消費者態度的一般傾向。惟兩者的花費太大，不如一般問卷的經濟；且無組織的晤談易使主事者加入主觀的評等，很難得到適中公允的標準。

第五節 態度與訊息傳達

個人的態度一旦形成，很難加以改變。此乃因態度是由個人情感、認知與行動等因素所構成，尤其是個人的情感與認知極易形成固定的習慣。惟態度也不是一成不變的，它可能隨著個人情感的轉移與認知的改變而改變。就廠商而言，培養消費者的良好態度，無非要有效地利用傳播媒體，以傳達動人的訊息，力求增強消費者的認知與知覺，甚而帶動其情感，並能促發其購買動機，引起購買行動。

從訊息處理的角度來看，消費者的購買行動是一連串行爲的連鎖反應。因此，廠商想要說服消費者購買時，必須按部就班地進行，每個具體的階段，都必須下過功夫，才能影響消費者的購買行動。處於今日資訊爆炸的時代，各行各業的訊息種類繁多而複雜，尤其是商業訊息若欲引起消費者的注意，並進而吸收，就必須注意個人的態度。蓋消費者的態度常對訊息加以處理或過濾，而保留其所需要的訊息。這就牽涉到訊息傳遞的有效性問題；而要討論訊息的有效傳遞，就應注意傳播媒體與傳遞過程。

一般訊息的傳遞，包括傳達者利用可行的通路，將訊息傳給特定的收受者。在傳達訊息的過程裡，傳達者、訊息、通路及收受者的特性，都會影響訊息的傳達。因此，消費者是否對產品產生良好態度，或是採取購買行動，都與上述因素的交互作用頗有關係。一般而言，上述各個步驟被消費者接受的可能性，可以百分比來代表，由此可算出消費者產生良好態度，及實際採取購買行動的可能性。

在整個訊息（information）傳達的過程中，傳達者是整個過程的開端。所謂傳達者是指想把訊息傳送給他人的人。他必須把訊息入碼，即利用文字、符號及記號把訊息表示出來，成爲信息（message）。所謂信息乃爲可觀察到的一些表示訊息的手段，包括：講話、書寫文字、肢體語言、眨眼、手勢、電波等，透過傳遞通路，將之傳達給收受者。通路是指面對面的談話，或是收音機、電視機、電話機、音響、錄音機、錄影帶……等等。收受者是指傳達者所要傳達訊息的對象，他把信息譯碼，並將信息收受後，加以解釋，以瞭解訊息的內涵及意義。

當然，在整個傳達過程中，有時會有回饋通路存在，有時則沒有。回饋通路的目的，是傳達者用來檢視收受者是否收到訊息用的。由此，傳達者可以瞭解收受者是否已收到其想傳達的訊息。由上述過程，吾人可以說傳達者、信息、通路以及收受者，是決定訊息傳達是否成功的重要因素。

一、傳達者的影響

訊息的傳達是否成功，主要要看傳達者的名氣是否夠大或較受人尊敬。通常名氣較大或比較受人尊敬的傳達者所傳達的訊息，較易爲人所接受。同樣地，一個受人尊重的推銷員比較能影響消費者的態度。一家比較有名氣的公司，其宣傳廣告也比較能引起消費者的注意，且該公司的新產品也較早受到採用。

傳達者有效傳達訊息的重要因素，是傳達者的可信性（credibility）。根據研究顯示：雖然訊息內容一樣，但收受者較爲接受可信性大的傳達者的看法，而比較不接受可信性小的傳達者的看法。當然，可信性並非單一的現象，可信性也不見得完全是好的。蓋可信性可區分爲情感的與認知的兩種成份。所謂認知成份是指傳達者的權力、榮譽與勝任感等；而情感成份則指傳達者可信賴性與投合個人胃口的程度。態度的改變和認知與情感成份有正相關，而訊息的學習卻與情感成份產生負相關。是故，假使個人的情感成份很重，則對訊息的記憶或保留，會相對地降低。

此外，消費者在購買產品時，會主動地蒐集訊息並加以評價，以選擇最佳的購買方案。同時，個人在作決策時，會以同儕團體或參考團體的標準爲主，以求能獲得最大的酬賞。因此，勝任能力與自信和問題解決歷程有關，這涉及個人是否有主見的問題。至於權力與喜好則和心理歷程有關，這隱含著：只有某特定的反應才能夠取悅別人，或能爲團體所接受。

假如態度的改變是以問題解決爲基礎的，則稱之爲內化作用（internalization）；亦即態度之所以改變，乃因爲新態度較合乎個人價值體系之故。至於態度的改變是以心理歷程爲基礎的，則稱之爲服從或認同，因爲個人接受新意見，可取悅他人，或建立與維持良好的人際關係。

社會心理學家卡爾曼（Herbert C. Kelman）研究態度改變的形式和訊息來源間的關係後，發現：假如訊息來自具有勝任能力的專家或可信賴的人，則個人會產生內化作用；如果訊息是來自有權力的控制者，則個人產生服從的現象；而認同則在訊息來源對個人具有吸引力時發生的。他並認爲：只有在受監視之下，個人才會表現以服從爲主的態度改變；而在個人與他人關係密切時，個人的認同才會導致態度的改變；在符合個人價值觀的情況下，內化作用才會導致行動的改變。

二、信息的影響

所謂信息，是指文字、圖形、聲音等元素的綜合體，它能傳達某些意義；且由於這些元素的交互作用，可傳達完整訊息的意義。根據研究結果顯示，信息具有眞實性，並不一定能完全產生傳達的效果。因爲在不同的情況下，不同程度的眞實性具有不同的效果；某種程度的眞實性是否能產生最大效果，端視情況而定。但將廣告的威脅性減到最低，則可保持長期的廣告效力。另外，根據調查發現，信息的性質並不是決定信息是否有效的因素，信息的強度才是決定要素。至於具有高度趣味性或煽動性的信息，比中性者要有效得多。

大部分的研究指出，如果訊息能夠清楚地說出結論，效果似乎比較好，但也不是絕對的。在某些情況下，由於消費者是聰明的，或廣告的主題非常簡單淺顯，如果說出結論反而不受歡迎。例如，福特公司對野馬牌汽車採取的促銷原則，往往是讓消費者自己去發掘車子的用途，而不提供任何意見。

至於信息的傳達究竟應採單面論證，還是採雙面論點，亦宜因情況而定。這些情況包括：第一、消費者的態度；第二、消費者的教育程度；第三、消費者是否接觸到競爭廠商的信息。當消費者對傳達者的態度良好時，採用單面論證，亦即強調正面看法即可；反之，假如消費者態度不佳，則必須採取雙面論證，把正面與反面的信息都說明清楚，使消費者折服。又對於教育程度較高的消費者，採用雙面論證效果較好；但對教育程度較低者，採取單面論證即可。假如消費者接觸到競爭廠牌的消息，則採用雙面論證效果較佳。

最後，信息的傳達究竟要採高潮法呢？還是採用低潮法呢？這也依情況而定。當消費者對產品沒有多大興趣，或公司行銷新產品時，必須利用強烈的語調，造成高潮，其效果較佳；相反地，當消費者對產品興趣很高時，則採用平實的語調，亦即低潮法，其效果較佳。

三、通路的影響

溝通通路可說是訊息傳播的神經。通路若依是否能爲廠商控制的觀點言，可分爲廠商控制的通路與非廠商控制的通路。廠商控制的通路，包括：廣告、人員推銷與促銷活動；而非廠商控制的通路，則包括：雜誌、新聞資料、消費者刊物以及人際間的意見交流、口頭傳告等。廠商必須設法影響非廠商控制的通路，以使其對廠商有利。

然而，有效的通路爲何？根據研究顯示，在購買決策過程的各個階段裏，不同的通路有不同的效果。廠商控制的通路，尤其是廣告，通常是消費者獲得產品消息的起源；但非廠商控制的通路，如人際間的口頭傳達，往往是決定態度的因素，且爲購買前最後的訊息來源。由此可知，隨著購買階段的不同，廠商必須利用不同的溝通通路，才會產生最大的效果。

一般而言，由於結構與運作方式的不同，不同的溝通通路具有不同的功能，並提洪消費者不同種類的訊息，且各種通路互有利弊。例如，廣告是消費者時常接觸的通路，可提供一些眞實的消息給消費者；但由於採用單向說服的方法，很容易引起消費者的懷疑，並對訊息內容加以評判。

不過，廠商能提供消費者愈多的溝通通路，如電視、雜誌 、產品發表會……等，則由於累積的效果，很容易促發消費者產生購買行動，此即爲通路的互補性增強作用所致。因此，不同的通路間，彼此是互補的，而不是相互競爭的，廠商可有計畫地同時推展許多不同的溝通通路。

此外，消費者在購買產品時，不同的溝通通路所引起的態度或行爲的改變也不同。例如，廠商控制的通路，如廣告，往往引不起消費者的注意，以致對態度改變的影響不大；但私人的溝通通路，則具有很大的決定性作用，尤其是口頭廣告或人員的推銷。

總之，非廠商所能控制的通路，一般較有影響作用，行銷效果較好。且溝通通路之間具有累積效果，故而利用各種通路來激發購買動機和行為，是明智的。當然，單憑私人的溝通通路，效果不見得最好，況且廠商很難控制私人溝通通路，而且私人溝通通路耗費甚大。是故，廠商必須善用各種通路，而不能只注重某種通路。

四、收受者的影響

誠如前面各章所言，消費者收受訊息常受個人知覺、過去經驗、習慣、人格、動機……等因素的影響。因此，消費者對訊息的收受是相當複雜的。在收受溝通過程中，個人必須付出成本，以求能得到酬賞。當個人接受大眾傳播的廣告時，必然花費相當時間，且可能服從廣告的影響，才能從中獲得有意義或有價值的訊息，以作最佳的消費決策。同時，對訊息的傳達者而言，他可以肯定自己的地位，透過對別人的幫助，來滿足自己。

在訊息傳達的過程中，消費者接受訊息的個別差異很大。當個人處於一個完全沒有訊息的環境裡，其工具性反應增多，以求能增加環境中的訊息與刺激。亦即訊息的剝奪反而增強了個人的動機。然而，當訊息太多時，往往使人產生混淆的現象，反而不受個人歡迎。例如，有時太多家汽車的廣告，使消費者無從取捨，反而冒冒失失地作購買決策，以減輕挫折感。

當然，由於個人知識程度與決策時自信心的不同，對產品感興趣的程度和購買對個人的重要性也不一樣；有些人需要有較多的訊息，但有些人則只要少許消息就足夠了。另外，個人對訊息來源的偏好也大異其趣；有的人喜歡閱讀雜誌，有的人則喜歡找朋友商談。凡此都是收受者個別差異而形成不同的消費態度。

總之，態度的形成與訊息傳達過程和傳播媒體的選擇有密切的關係。當訊息出現時，會引起消費者的選擇與注意，然後經過個人思考過程，若同意時加以記憶，然後產生購買動機和行為。因此，廠商必須設計各項訊息傳達過程，並審慎選擇傳播通路與媒體，來影響消費者行為；其終極目的，則在使消費者對產品產生好感，而採取購買行動。

討論問題

1.何謂態度？它與意見、價值有何不同？

2.態度是否影響購買行為？兩者有何關係？試抒己見。

3.態度是如何形成的？它是由哪些成份所構成的？

4.態度具有哪些功能？試分述之。

5.態度是否可以測量？試述李克量表的編製方法。

6.何謂晤談法？吾人如何運用晤談法來測知消費者的態度？

7.廠商應如何運用訊息傳達方法，來改變消費者的態度？

8.在訊息傳達過程中，傳遞者的名氣較大，是否保證訊息傳播都比較成功？試申論之。

9.廠商應如何運用溝通通路來達成傳播訊息的目的？

10.在信息傳達過程中，單面論證或雙面論證，孰優？又何時採用高潮法？何時採用低潮法？其效果較佳。

個案研究

提供熱忱的服務

倪懷容是七海汽車公司的銷售員，在公司服務已一年多了。該公司爲總代理永業的高屏區經銷商。

倪懷容負責Audi車系的銷售，平日爲人謙和，與公司的業務部門和服務部門建立了良好的人際關係。爲了自己能在所負責的銷售業務中獲得良好的進展，閒暇時她都會到服務部門，請教工廠技師，以增進銷售車種的認識與瞭解，並學得一些保養常識，供做日後服務顧客之用。

此外，她經常參加檢討會，電話追蹤和計畫性地拜訪客戶，詢問使用後的問題，並提供售後服務。同時，她也常與客戶交換意見，一方面蒐集商情與資料，另一方面對資料加以整理分析，以備日後向客戶推銷產品時，能提出強有力的銷售數據。

由於她的勤奮努力，一般客戶對產品和服務感到相當滿意，也樂於爲倪懷容介紹新的買主。因此，倪懷容總是忙得不可開交，其業績也是同僚中的佼佼者。

個案問題

1.你認爲銷售員的工作態度是否會影響其業績？

2.銷售工作是否只負責推銷即可？是否尚需掌握其他資料與訊息？

3.你認爲一個銷售員最需具備哪些條件？請說明你的看法。

商業行爲的其他心理基礎

第8章

本章重點

第一節 價值觀

第二節 習慣與嗜好

第三節 興趣與慾望

第四節 思維

第五節 其他特質

討論問題

個案研究：忠實的消費者

個人行爲不但會受到動機、知覺、學習、人格、態度等的影響，而且也受到個人價值觀、偏好、情感、興趣、思維、能力、習慣、聯想、注意力等特性的左右。這些特性對消費行爲的影響，並不亞於個人的動機、知覺、態度、人格等，甚至有過之而無不及。當然，消費行爲實是所有因素的綜合結果。本章所要探討的包括：價值觀、習慣與嗜好、興趣與慾望、思維、年齡、性別、教育程度、購買能力、所得水準等。至於其他則非本書所能敘及。

第一節 價值觀

價值觀（value）爲決定個人是否購買貨品的主要因素之一。凡是個人認爲有價值的東西，其購買意願較高；反之，則較低。所謂價值觀乃代表個人的基本信念，是個人所偏愛或反對的行爲作風或結果的最終狀態。價值帶有較多道德的色彩，較含有社會規範的成份，隱含著「什麼是對的，什麼是錯的」、「什麼是好的，什麼是壞的」或「什麼是值得的，什麼是不值得的」等想法。當個人認爲某些商品是好的、值得買的或購買得對，他就比較願意購買；相反地，若認爲是壞的、不值得購買或可能買錯了，他就不會去購買該商品。因此，價值觀乃爲構成個人購買行爲的基礎之一。

當然，完整地表現個人價值的是一套價值系統（value system），這套價值系統可包括：自由、平等、快樂、尊重、誠實、服從、公平、公正等，這些元素可能直接或間接地影響到個人的動機、知覺、學習、性格、態度和行爲；且常隨著環境的變化與個人的成長過程而有所不同，以致在不同的成長階段而有了不同的購買行爲。例如，在兒童階段個人所購買的東西大多屬於實體物質，而到了成年階段就傾向於涵蓋精神層面的物品。此即爲不同人生階段的價值觀影響其購買行爲的結果。

價值隱含著對某些特定行為或行為結果的偏好，是瞭解個人態度、知覺、性格和動機的基礎。價值往往蒙蔽了客觀性和理性，以致在個人購買商品時，受到一時的興致所左右。因為個人會以價值來認定是否購買某項商品。當然，此種價值觀是具有穩定與持久性特色的，它是個人自幼年時代由父母教養所逐漸形成的，且經過不斷成長與經驗累積，終至形成各個階段的價值觀。此種價值觀是絕對性的，然而隨著歲月的累積與經驗的增長，可能導致價值觀的改變，有些會更增強，有些則會消弱。因此，價值觀是有層次性的，此將影響個人的購買行為。

例如，一個較偏向於生理需求價值的個人，必較重視實體物質的購買，因為有了實質的物品能讓他滿足於掌控的慾望；而一個具有精神價值層面的個人，則不限於實體物質的購買，他可能轉向精神慰藉的消費。前者如購買一項食品、玩具、汽車、房屋……等等，後者如看一場電影、參加一趟旅遊……等等。再者，一個具有自我中心（ego centric）者的價值觀，顯然會不同於具有社會中心（socio centric）者的價值觀。通常自我中心者是徹底的個人主義者，較崇尚自私又富攻擊性，只對權力有興趣；而社會中心者認為人群間的友愛和和睦，是超越個人需求的。因此，該兩種價值類型的人顯然會有不同的消費觀念與購買行為。

總之，價值觀會影響個人的消費態度與購買偏好。凡是個人認為具有價值的物品，將傾向於購買；而認為不具價值的，個人將不會去購買。當然，這是指個人的價值信念而已。然而，有時價值常與物品的價格、品質與耐用等具有相關性，這是另一個層面的問題，已於第四章討論過，不再贅述。

第二節 習慣與嗜好

個人的消費習慣與嗜好，常是決定其購買行爲的因素。當個人習慣於某些物品及其品牌，常趨之若鶩；否則必退避三舍。此則涉及個人的嗜好與習慣。通常個人的嗜好或習慣，乃是在日常生活中逐漸形成的。它是經過學習的，而不是天生的。個人一旦養成固定的消費習慣，將會持久地購買某項商品，此即爲高度忠實性（high loyalty）的消費者。

至於，決定或影響個人忠實性和消費習慣的因素甚多，如個人的個性或性格、生活習慣、他人的影響、商品本身的特性等是。就個人個性來說，有些人習於慣用某種產品或慣於向某些商店購買，前者爲忠於某項產品，後者則忠於某些廠商或商店。相反地，有些人的個性常是游移不定的，很少表現商品忠實性或廠商或商店忠實性。再者，個人的生活習性常會左右他的忠實性。例如，生活穩定性或規律性較高的人比穩定性或規律性較低的人，具有更高的產品或商店忠實性。一個不斷遷居的個人也許有高度的產品忠實性，但卻難有高度的商店忠實性，這是確切不移的道理。不過，商品忠實性除非生活習慣的改變，否則一般人都不會輕易改變其使用習慣。

此外，他人的影響有時也會改變個人的購物習慣。例如，當有人告訴你某種品牌商品的價格較便宜、用途較多、比較耐用時，你必然會嘗試購買該商品；而一旦發現該商品確具有這些特色時，則你對該商品自然產生了忠實性購買。同樣地，有人說某項商品在某家商店促銷較便宜時，你將會試圖去該商店購買商品，而一旦持續下去，此時就產生了商店忠實性。相反地，若有人批評某項商品或某家商店有很多缺點時，個人將絕少去購買該項商品或不再到某家商店去購買，此將無法產生任何忠實性。當然，此種情況尚受到其他因素的影響。不過這也顯示出他人對個人忠實性購買的影響。

最後，商品本身的特性對個人消費習慣與嗜好的影響甚大，它往往是決定個人消費習慣和嗜好的最大因素。此乃因商品特性是否符合消費者需求之故。當消費者對某項商品感受到合乎自己的胃口，如好用、有效、價格低廉、品質良好、採購方便、數量很多、可供選擇的機會多、酷炫等特性，則消費者購買的機會較多，其忠實性購買也必高；相反地，若上述條件較少時，其購買機會和忠實性必較低。

總之，消費者的習慣與嗜好，是決定其消費行為的因素之一，廠商必須重視與研究此一問題，用以製造和生產比較合乎大多數消費者習慣和嗜好的商品。當然，要想生產合乎所有消費者商品的可能性不高，但若能做好市場區隔，生產各類型的產品，掌握不同消費者的消費習慣與嗜好，必能在競爭激烈的市場中立於不敗之地。

第三節 興趣與慾望

個人的興趣與慾望常影響個人對物品的選購。此乃因個人對某些物品常抱著喜歡或不喜歡的態度之故。當某項商品能引發個人的興趣，則個人購買的可能性較高；若個人對某項商品興趣不高，則其購買的意願必不高。因此，廠商必須製造能引發消費者興趣的商品，才有促銷的可能。一般引發消費者興趣的銷售過程，可稱之為AIDAS理論。該理論乃包括五項連續的過程，即：注意（attention），興趣（interest），慾望（desire），行動（action），滿足（satisfaction）。

一、注意

引起消費者注意是銷售過程的首要步驟，蓋惟有個人能注意到某項商品才能引發他的興趣。若個人無從知悉或瞭解某項商品，當不致引發其注意，進而難以產生興趣。因此，廠商要想推銷商品，首先必須能引發消費者的注意，其可透過廣告、直接展示、直銷或以推銷員解說等方式行之。通常人們都會注意與自己有關的事物。以心理學的觀點來說，個體對環境中刺激的反應是有選擇性的，此種對環境中部分刺激作反應的現象，即稱爲注意。引起注意的兩大因素，一爲刺激的客觀特徵，一爲個人主觀的動機與期待。成功的廣告設計與推銷術，必須考慮此二大因素，用以引起消費者的注意。此已於第四章中有過討論。

二、興趣

銷售過程的第二項步驟，就是激發消費者的潛在動機。爲引發消費者的興趣，廠商可運用的技術很多，如不斷地強調商品的優點，並作現場的示範表演，使消費者親身感受或認識其特色；或可利用消費者的好奇心，以引起其興趣。如果是屬於機械類或有關工程方面的貨品，應附具印就的說明書。如果消費者在言詞上或態度上顯露出接受的意願，更應把握良機，以作更進一步的努力，引發其興趣。有時廠商可採取問答的方式，以引發消費者的內在興趣；有時可詢問消費者對商品的意見，以瞭解他們的好惡情感。不過，在引發興趣的過程中，最重要的是要注意購買訴求，才能使消費者有需要的感覺。

三、慾望

銷售過程的第三項步驟，是燃起消費者對商品的慾望，使其達到準備購買的程度。在引發慾望的過程中，必須注意銷售阻礙的發生、消費者潛在的反對意見、外界事物的干擾等，而應以耐心面對消費者，作簡明扼要的解說，避免冗長的談論；對於一些枝節性的意見，宜予技巧地避開，儘量避免和消費者發生爭議，如此才能引發消費者的消費慾望，卒能採取購買行動。

四、行動

廠商在引發消費者的潛在慾望後，下一步驟就是引導他的訂貨或購買行動。一般而言，廠商除非發現消費者已完全信賴他的建議，否則不宜採取貿然的行動。廠商必須隨時掌握機會，勸誘消費者採取購買行動，才能使潛在慾望化爲眞正的需要，卒能促發購買行動。

五、滿足

銷售的目的不僅僅是引起一次的銷售行爲而已，更是在求得獲致長久的惠顧動機；因此，廠商應設法建立消費者的滿足情緒。當消費者採取購買行動時，廠商留給消費者的印象，應是使他覺得他的決定是對的。廠商應使消費者懷有一種感謝的心理，且承諾以後的來往，則消費者才能達到滿足的情緒，且有希望成爲永久的消費者。蓋情緒的滿足往往是興趣與慾望的來源。

總之，銷售技巧的運用，必須能瞭解消費者的心理，尤其是要引發消費者的興趣與慾望，才能達到銷售的目的。廠商要充分使用銷售技巧，做好銷售工作，必須能使消費者注意其商品，以引發他的興趣與慾望，才能使消費者採取購買行動。同時，商品須使消費者能得到滿足，才能持續其興趣與慾望，這些都是行銷工作所必須重視的。

第四節 思維

個人在選購商品時，有時會受到思維的影響，此乃因個人會思索何種商品是個人所需要的，包括：商品的品牌、種類、大小、格式、品質、價格等等。當個人對商品的這些特質加以思索妥當後，個人會順應自我的需求而選購其所需要的商品，此即爲個人的思維過程。換言之，思維的產生乃係在購買商品時，有了待決的問題發生之故。個人爲了解決採購上的問題，乃運用其過去的經驗與概念針對購買問題及其各項關係，以探索可能採取途徑的心理歷程，即爲購物行爲的思維。這整個的思維歷程，將決定是否購買某種商品和購買何種商品。

一般而言，思維是較爲理性的心理過程。它可能透過個人對外在事物的感覺和知覺，而認眞地加以思考，然後採取抉擇性的行動。因此，思維是一種人類理性認知的活動。例如，消費者在選購某項商品時，即透過個人的感覺和知覺去感受商品的不同特色和品質；同時，依其過去的經驗去思考，最後才選定該項商品。當然，消費者在採購商品時，不見得都會透過理性的思維，有時也會採取情緒性的購買行動；然而，若有選擇的必要時，思維往往是決定購買行動的最主要因素。因此，吾人絕不能忽視思維歷程對商業行爲的影響。

至於，思維對個人購買行爲的影響，至少包括下列歷程：

一、分析

當個人對某項商品有了需求之後，他會去搜尋該項或類似商品的相關資訊，然後分析其實用性、品質、壽命、價格等等是否合乎自己的期望和需求。在個人分析過商品的各項特性之後，若該商品的所有特性或一些比較突出的特性能合乎個人期望時，則個人選購該項商品的可能性較高；否則，個人只有放棄選購該項商品。因此，分析商品的特性是個人思維歷程的第一步驟。

二、比較

消費者在選購商品時，不但會分析該項商品的特性，而且也會分析類似的商品或同類商品的不同品牌之特性，然後再加以比較。在比較過各項商品的特性之後，個人將選購較合乎自己期望的商品。例如，個人會比較商品的價格、實用性、耐久性，甚至於可用來作爲炫耀的品牌等，若這些要件能滿足消費者的需求，則被選購的可能性就大大地提高。此即爲購物時思維的第二個歷程。

三、綜合

當消費者在分析、比較各項商品的各種特性之後，他會加以綜合。所謂綜合，就是個人對事物的各項本質與特性作有系統的思維之歷程。其目的乃在找出各項商品的共同性和差異性，然後形成有系統的概念，以致能歸納出一定的結論來，資供作判斷或選購的基礎。因此，綜合乃是商品選購思維的第三步驟歷程。

四、具體化

思維歷程的最後步驟，乃是將採購的構想具體化，以便能形成採購的行動。所謂具體化，就是將購買商品的概念化爲實際行動的聯繫過程。在個人分析、比較、綜合某項商品的各種特性之後，必須能形成一定的概念，此時消費者才會有具體化的思維，以致能產生購買行爲。因此，概念的具體化乃是購買思維的最後步驟。

總之，購買行為若透過思維的歷程必包括上述各項步驟。這些步驟在思維歷程中是環節相扣的，整個購買思維歷程的各個步驟若無以為繼，則購買行為必然中止。當然，此種情況只限於理性購買行為。因此，購買行動若透過思維的歷程，必須經過分析、比較、綜合和具體化等步驟，才能形成一定的概念，卒而產生購買行動。

第五節 其他特質

影響個人消費行爲的因素尙多，這些可包括：年齡、性別、教育程度、購買能力、選擇能力等。就年齡來說，不同的年齡顯然有不同的消費行爲，年長者有年長者的需求，年輕人有年輕人的需求，年幼者有年幼者的需求；再加上不同的消費習慣、嗜好、態度……等，以致在每個人之間有了不同的消費行爲。不過，純就年齡來說，不同的年齡階層顯然在消費行爲上自有差異。例如，年輕人的消費行爲可能跟隨著時尙趨勢，而老年人的消費卻拘於傳統的習俗；此乃因年輕人較傾向於追求新奇變化，而老年人則較拘泥於保守固定或長久的習慣之故。由此可知，年齡顯然影響到購買行爲。

再就性別而言，不同的性別有不同的需求，以致產生不同的消費習慣與行爲。最明顯的例子是，男女的服飾、化妝品，甚至於汽車、香煙等，常強調男女性別的差異。此乃基於男女在生理上、文化上、心理上以及社會要求上的差異之故。例如，男性常被要求穿著西裝，女性被要求穿著裙子、旗袍；男性常使用刮鬍刀，女性常用化妝品；甚至汽車公司常製造男性化和女性化區隔的汽車等，都是男女不同性別所形成的消費差異。

若以教育程度而言，不同的教育程度也可能形成不同的消費習慣。例如，教育程度較低的人易受廣告的影響而採取購買行動，教育程度較高者往往會多方蒐集資訊再行決定是否購買。當然，上述情況也常因人而異。然而，教育程度的高低顯然會影響個人對商品的判斷，甚而左右其消費習性。蓋教育訓練常賦予個人獨立思考的能力，較不易受到他人或環境的控制；對於購買行爲而言，亦是如此。再者，教育程度較高或經濟條件較佳者較重視品味，其亦影響個人對商品的選擇。

至於購買能力常與個人的資產和所得水準有關。當個人的資產較富有或所得愈高，則其購買商品的意願較高；當然，這仍得視其他條件而定。然而，擁有較高的財富或所得愈高的個人，較有餘力購買商品乃是不容置疑的事實。至於，個人選購物品的能力則牽涉到個人的敏銳性、知覺、感受、情緒等能力，這些同樣會影響個人的購買動機與消費行為。

總之，影響商業行為的個人心理因素甚多，可謂錯綜複雜，不一而足。廠商若想要永續經營，必須重視行銷工作，而行銷工作必須針對影響消費者的各項因素作多方面的探討，尤其是對消費者心理因素的探求，更可能決定公司營銷的成敗。因此，廠商必須隨時注意消費者的需求，用以滿足消費者的慾望，如此才能做好行銷工作。

討論問題

1.何謂價值觀？價值觀如何影響個人的消費行爲？
2.個人的習慣與嗜好如何影響其購買行爲？
3.影響個人忠實性購買行爲的因素有哪些？試舉例說明之。
4.何謂AIDAS理論？廠商應如何依此理論引發消費者的行爲？
5.個人的購物行爲都是理性的嗎？若一旦採用思維購買，其過程如何？
6.試分別就年齡和性別探討消費者行爲。
7.教育程度會影響購買行爲嗎？試述之。
8.購買能力和哪些因素有關？其又如何影響消費者行爲？

個案研究

忠實的消費者

林利得長期以來一直是豐田汽車的愛用者，十多年來他始終在一家保養廠保養他的愛車。因為每次保養過後兩三天內，該公司的專員就會來電詢問維修是否有問題？此種服務態度很能得到林利得的讚賞。雖然貴了些，但每次故障或需要保養時，林利得仍樂意到該保養廠保養或維修。

其實，最令林利得感到滿意與信賴的，是該公司的制度化。每當林利得開車進入保養廠時，該公司的五、六位專員會輪流到每部車旁詢問情況，然後請客戶確認所要保養或維修的項目；且詳細說明維修項目及費用，並取得客戶的同意，然後由專員開往各保養或維修部門，交車給各單位組長或班長進行維修工作。同時，若只是簡單的保養或維修而客戶願意等待，則請其進入貴賓室，其中有書報雜誌、茶葉和咖啡等提供免費享用。若客戶有需要離開，則有專員開專車免費接送。在維修完畢後，還仔細告知客戶維修的項目，並請客戶確認。此外，該公司還實施維修一年兩萬公里保固期。該公司服務週到，很能得到客戶的信賴。雖然有些保養廠的維修費用較為便宜，但林利得仍願意送車到該保養廠維修。林利得眞可謂為該公司的忠實客戶。

個案問題

1.你認為林利得一直在該公司保養廠維修的主要原因何在？
2.林利得為該保養廠的忠實客戶，有其個人原因嗎？
3.該保養廠制度化和服務精神，有激起林利得的消費慾望嗎？

人際影響

第9章

本章重點

根據前面各章所言，每個消費者的購買行爲固然受到其知覺、經驗、動機、人格與態度等所左右，但這些心理基礎，多少是在人與人交往的過程中所形成的。一般而言，消費者往往經由推銷員、專家、親友、鄰居、大眾媒體等等，來蒐集商品的訊息。因此，人際影響力乃是傳佈或蒐集產品訊息的重要部分；透過這種影響，個人乃產生了購買行動。同時，個人購買某些商品，多少也有種贏得他人尊重與讚賞的味道，甚而可以炫耀於他人。是故，消費者的某些消費行爲，常會與他人的期望、想法相配合。準此，人際影響力乃得以對個人的購買行爲發生作用。

第一節 人際影響的性質

當兩個人做溝通時，人際影響力就發生了。溝通可能始於傳播者，也可能始於收受者。不管溝通來自何者，個人都想藉著訊息的傳達或收受，而得到酬賞。例如，當個人購買一部新車，總想將消息告訴別人，並影響別人的購買，其原因乃爲個人想肯定自己購買新車是明智的，或用以炫耀自己。就收受者而言，他可藉此搜尋購買車子的資料，以作最佳的決策，並降低模糊感與不確定感。人際影響就是由此而產生的。

所謂人際影響，是指個人因他人所期欲的反應而發生行爲的變化而言。亦即指一個人受到他人的勸誘，而順從勸誘者的價值觀、規範或標準，而從事勸誘者所期欲的目標之追求。因此，影響系統包含著影響者與被影響者的所有角色及其情境因素。這意味著雙方直接或間接的交互行爲因素。

「影響」一詞有時常與其他相關名詞，如控制、權力、權威等，在概念上相互爲用，以致被視爲同義詞或具有重疊的涵義；但有時卻是不相似的。蓋控制意味著企使成功的影響，含有相當強迫的成份，此爲影響者所希冀的結果；而權力則隱含著強迫服從的影響；至於權威則是合法的權力，是由某人依其在組織化的社會結構中之地位、角色而得來的權力。「影響」則可涵蓋所有足以改變他人行爲的形態，包括直接的與間接的，或正式的與非正式的，或隱示性的與明示性的行爲。它概括任何個人間具有心理上或行爲上結果的交往。

因此，人際影響力的產生，可以經由語文溝通的方式，也可經由視覺溝通的方式。例如，當個人購買一部汽車，固可由口頭傳告；但有時別人看到他買了某品牌的汽車，也可能跟著購買。是故，個人不見得必須與別人交談，其行爲才會受到影響。由此觀之，視覺溝通和語文溝通方式，都同樣具有影響力。

此外，有許多人在傳統上，常把人際影響力視爲單向的，亦即訊息的傳達是單向的。事實上，人際影響應是雙向的。個人不僅受到別人的影響，同時也影響著別人。只有收受者有了行爲反應，傳達者才能瞭解對方是否眞正收受了訊息。此在溝通或影響過程中，稱之爲「回饋」（feedback）。當傳達者把訊息傳送給收受者，再由收受者產生反應給傳達者，此即爲雙向溝通。而人際影響正是一種雙向溝通的形式。

第二節 人際影響的產生

人際影響既是指個人會受他人的影響，同時也會影響他人。是故，人際影響的產生，一方面乃爲來自於個人特性，另一方面則來自於他人的特性。易言之，個人與他人特性的交互作用，即爲人際影響力的來源。就商業行爲而言，人際影響力是如何發生的呢？人際影響對消費行爲的發生，主要來自於產品特性與消費者個人特質。

一、產品特性

產品特性常對人際影響具有某些決定性的作用，其主要來自兩方面：

（一）產品的顯眼性

根據研究顯示：凡事物具有與眾不同的特性，很容易引起人們的注意。同樣地，產品的顯眼性是決定人際影響力的一個因素。在眾多產品當中，某品牌的產品具有與眾不同的特性，本就已引發人們的好奇；若再經過別人的解說，當更能影響消費者的購買決策。此外，某些物品的顯眼性高於其他物品，亦容易受到人際影響的影響，例如：衣服比洗衣肥皂更具有顯眼性。又可看性高的產品，如冷氣機的擴散過程與人際影響力有較大的關係。自用轎車的購買，不是一個人一個人隨機性的購買，而是一群人一群人的去登記，即是一種人際影響作用的結果。

（二）產品的可試用性

產品的可試用性，也是決定人際影響的因素之一。某些產品的好處，即爲可以讓消費者去品嚐或試用。凡是可以品嚐或試用的產品，一般都比不能品嚐或試用的產品，具有更高的人際影響力。例如，食用性的產品，經過品嚐或試用，則可以作比較，而決定購買與否；而機器由於沒有經過一段時間的試用，則個人無法判斷它的好壞，而影響其購買意願。

不過，有時可試用的產品，由於個人有機會去體驗產品的好壞，所以比較不受他人意見的左右；反之，假使個人不能試用，則個人可從別人身上去打探訊息；在此種情況下，消費者反而容易受人際影響所左右。易言之，個人對產品沒有試用機會，則可能去找別人，向別人討教。

當然，人際影響力與消費者對風險的看法，也有相當程度的關聯。例如，消費者認爲購買頭痛藥品所冒的風險比購買布料爲大。因此，個人在購買藥品時，會與他人進行討論，以作爲購買時的參考。行銷學家韋伯斯德（Frederick E. Webster, Jr.）則指出，人際影響的作用在工業市場比較小，而在消費市場則較大。其原因乃爲在工業市場上，產品的供應廠商會提供許多資料給購買者，個人不需要再去詢問他人，故受他人的個別影響較小，消費市場則無足夠的資料，惟有依靠他人的意見，以致常受他人的影響。

二、消費者特質

由於每個消費者的個別差異很大，故而受他人影響的程度也有所不同。有些人比較具有品牌忠實性或個人的定見，很少受到人際的影響；有些人則無特定的固有習慣，而常常參考別人的意見，以致常常受到他人的影響。易言之，每個人的人際交互作用程度不一樣，所受到他人的影響也不一樣。一個喜好交際的人，幾乎是無所不談，對商品談話的內容包括：產品屬性、品質、性能與品牌等，故一旦購買時較易受他人的影響。但有些人，則否。當然，這也常因情況而定，例如，固執己見的人即使喜歡與他人交談也不見得能受他人的影響。

顯然地，一個容易人云亦云，且易於接受他人暗示或指引的具有「他人導航」性格的人，較易受到他人的影響。而一個具有主見「自我導航」的人，因為自己有一套根深蒂固的價值觀，比較不為他人看法所左右。因此，廠商對這些差異性格的人，必須採用不同的行銷策略。

此外，當個人面對新的生活經驗時，比較容易受到人際影響力、廣告，及其他訊息來源的影響。此乃因個人處在新的狀態下，舊有的習慣會慢慢消失，其心胸會變得更為開闊，容易接受各項訊息。

又當個人想成為某團體的一份子時，他會模仿該團體成員的行為，此稱為預期社會化（anticipatory socialization）。易言之，個人預想為某團體的成員，便會認同該團體原有成員的行為屬性與態度特性，以便能為團體所接納。即使個人不是該團體的成員，但在他的心目中卻自認為是團體的一份子時，他會表現出與該團體成員一致的行為特性。再者，個人接受他人影響的另一因素乃為說服性。根據研究指出，有些人耳根較軟，在各方面都容易被說服；有些人只有在某方面被說服，在其他方面則堅持己見。

消費者的智力與人際影響也有很大的關係。一個智力較高的人，比其他人接受到較多的訊息，且其自尊心較強，故較不容易受到人際影響。根據大部分的心理學研究指出，個人智力的高低與從眾行為呈現負性相關，智力愈高者，其從眾性愈低，愈不容易受他人的影響；而智力愈低者，其從眾行為愈高，愈容易人云亦云。

其他個人特質與人際影響也頗有關係。根據研究發現，當個人的親和需求很高時，較容易接受人際影響。又個人較無法忍受模糊的事物，或焦慮感較高時，比較容易受別人的影響。又個人需求的滿足是來自於別人時，比較容易接受他人的影響；反之則否。

一般而言，當個人處於與他人溝通的情境下，個人若懷有蒐集訊息的目的，就會主動參與討論；若只是適逢其會則就表現虛應故事的態度。亦即個人若能從人際影響中得到酬賞，個人比較容易接受他人的想法；其目的則想從別人身上獲得訊息，以便瞭解環境，作出最佳決策。

綜上觀之，廠商應該利用團體的作用，使團體規範與團體決策有利於廠商，以說服消費者購買產品。由此，消費者可獲得團體的接受，並得到社會性酬賞；同時廠商也可提供大量消息給消費者，使消費者造成特異印象，並增加個人對產品屬性、優點的瞭解，以提高產品的銷售量。

再者，個人處於一種曖昧不明的情境下，會主動去追尋外界的訊息，以便評估自己的意見與判斷能力。假使外界存有非社會性的訊息，如廣告，則個人會以此消息來評價自己的意見或判斷；否則他只有去和別人接觸，並從其身上獲得訊息。

總之，個人接受他人的影響，是受到產品特性與消費者個人特質所決定。而產品特性與消費者特質都是相互作用、相激相盪的。廠商必須建立適當人際影響的過程，以引起消費者的注意，促成其購買行為。

第三節　人際影響的過程

站在行銷心理的立場言，人際影響是透過產品特性與消費者特質而形成；然而整個人際影響的過程如何？其大致可分為三個階段：第一、人際知覺；第二、人際吸引；第三、人際溝通。今分述如下：

一、人際知覺

人際影響的第一個階段乃決定於人際知覺。所謂人際知覺（interpersonal perception），係指個人對他人的看法，與他人對自己的看法。人際知覺可說是人際影響與人際交互行為的基礎。人際知覺，可能影響日後的交往程度。若人際知覺良好，可使個人間的交往密切；反之，將使個人間的交互行為減弱。

通常人際知覺以第一印象為基礎。在兩個陌生人初次晤面時，對方的表情與情緒表達的特徵，對於彼此的第一印象影響頗大，而首次見面時所形成的印象又是日後交往時反應的依據。一般而言，先出現的線索或資料對總印象的形成具有較大的決定力。因此，若欲在他人心目中留下較好的印象，應在愼始方面下工夫。

當然，由於個人的人格特質或所處狀況不同，以致對任何事件往往會有不同的解釋或知覺，此已如第二章所言。然而，有效的人際影響不但有賴於個人對他人的準確知覺，而且要依靠個人對各種角色的準確知覺。因此，廠商在建立人際影響的過程中，除了應注意提供大量訊息，增加個人對產品屬性的瞭解外，亦應強調產品的品質與對社會的道德觀，進行印象整飾，才能贏得消費者的良好印象，以建立市場的領導地位，並促進大量的銷售。

二、人際吸引

在個人之間有了良好的知覺後，彼此才有可能形成相互的吸引力。這就是所謂的人際吸引（interpersonal attraction）。人際吸引的理論基礎，主要爲同質性（homogeneity）與異質性（hetrogeneity）。所謂同質性，是指個人之間具有相同一致的特質，而相互吸引之謂；至於異質性，是指個人之間雖具有不同的特質，但基於相互預補的作用，而仍然會相互吸引。

至於決定人際吸引的因素，則有：交往的機會、身分地位、背景相似、態度相同、人格特性、成就、外表、才幹等是。今分述如下：

（一）交往的機會

很明顯的，交往機會乃是人際吸引與團體形成的最重要基礎。彼此沒有任何交往，是不可能相互吸引的。同時，提供交往機會的環境因素，也影響到人際吸引與團體的形成。在其他條件相同的情況下，住得較近或工作較近的人，交互作用的機會較多，關係也較密切；而距離較遠的人，交往的機會較少；關係也較疏遠，易言之，物理距離交互作用與吸引力間呈正的鏈鎖關係。此外，建築上的安排也會透過交互作用的機會，而影響到人際吸引。如住家或辦公室門口相向能促進人員間的交互作用與吸引力；相背則減少交互作用，造成物理或心理的隔閡。

（二）身分地位

一旦個人有了交互作用的機會，身分地位常是決定某人吸引他人的主要因素。一般身分地位的吸引力有兩種傾向：一是身分地位相似的人會相互吸引，一是如果有機會的話，個人喜歡和身分地位高的人交往。前者乃是相互認同的關係；後者則爲身分地位低的人希求向身分地位高的人認同以求提高自己地位，因此相互吸引的程度較少。

（三）背景相似

一般而言，背景相似的人會相互吸引，此乃是基於「物以類聚」的道理。根據研究顯示：年齡、性別、宗教、教育程度、種族、國籍、以及社經地位等人口統計特性相似性，與吸引力間具有相當的關係。不過，吸引力卻不完全受相似性所影響，也不一定必然受相似性所影響。決定人際吸引力的個人因素，可能隨著情境而變。例如，個人在工作時，可能爲工作年資相似的人所吸引；但在工作外，則受宗教信仰相同的人所吸引。

（四）態度相同

凡態度相同的人，比較容易相互吸引。個人的經驗，以及別人對個人的經驗，是個人態度的主要來源。背景相似的人，經驗相似和接觸的可能性較大；而背景不相似的人，可能性較少。因此，背景相似可能意味著態度也相似，彼此間也比較具有相互吸引力。此種態度相似可能越過其他社經因素的差異，而相互吸引。其原因乃爲個人認爲支持自己的態度，就是一種最大的增強，尤其是當個人態度具有價值顯示，或自我防衛功能的本質時，更是如此。

（五）人格特性

人格特性之所以形成人際間吸引力的因素，主要來自兩方面：一爲人格的相似性，一爲人格的互補性。根據研究顯示：人格的共容性（compatibility）是決定人際關係強度與持久性的重要因素。共容性可能來自相似的人格，如兩個獨斷性高的人之間具有吸引力。此外，人際吸引也可能來自補償性格（complementary personality），如支配性高與服從性高的個人之間的相互吸引。此即受到對方人格能肯定個人自我概念的作用所吸引，這就是人格因素的作用。基此，一個有受人支配需求的人，會被支配性高的人所吸引。

（六）成就

成就是單方面吸引的基礎，一個比較有成就的人會吸引他人。成功的團體比成就不大的團體，容易吸引新成員，更能留住舊成員。此外，人們喜歡和有成就的人交往，而不喜歡和沒成就的人交往。其他，如外表、才幹、熟悉與相悅都能構成人際吸引力。

總之，人際吸引的基礎，大都可用簡單的增強論或期望論來解釋。身分與成就之所以具有吸引力，乃是身分高、有成就的人，能提供金錢或社會性酬賞。至於態度與背景相似的人之所以相互吸引，乃是因為這些相似性可以增強個人現存的態度與價值觀。當然，這些條件都必須建立在有相互交往的機會上，否則人際吸引必不存在。基於人際吸引，人際溝通才能進行，卒而完成人際影響力。

三、人際溝通

當個人之間有了人際吸引力之後，才可能進行人際溝通。所謂人際溝通，就是一個人把意思傳遞給另一個人。在溝通程序中有一位傳達者和一位收受者；傳達者作成一項訊息，傳遞給收受者。收受者在收到訊息後，將訊息加以譯解，再依傳達者所期望的方式行動。由此可知，有效的人際溝通有賴於訊息和瞭解並重。只有收受者能眞正的瞭解與接受，溝通才是有效的。有效的人際溝通含有四大步驟：即注意（attention）、瞭解（understanding）、接受（acceptance）與行動（action）。

（一）注意

注意是指收受者能眞正聽取溝通的訊息。要做到「注意」，首先要克服「訊息競爭」（message competition）。所謂訊息競爭，是訊息過多使收受者分心的現象。在溝通時，如果訊息得不到收受者的注意，則溝通程序必無法進行。

（二）瞭解

瞭解是指收受者能掌握訊息中的要義而言。在眞正溝通時，往往因收受者沒有眞正瞭解訊息，而形成誤解，使溝通受到了阻礙。因此，最好的辦法，乃在溝通過程中，收受者能隨時複誦對方的言詞，以免形成溝通障礙。

（三）接受

接受是指收受者願意遵循訊息的要求而言。在溝通的此一階段中，傳達者常需將他們的概念向對方「推銷」。

（四）行動

行動是指溝通事項的執行。有時溝通會使收受者按傳達者的意旨作反應；有時則否。前者乃是溝通良好而有效之故，後者可能做出錯誤的反應，乃因溝通障礙之故。

當然，溝通是否有效常牽涉有許多因素，尤其是個人知覺不同可能形成知覺障礙、語言障礙、地位障礙、地理障礙，甚至對環境的抗拒等，都會影響人際溝通。這是研究人際溝通者所應注意的。惟有效的溝通能促進人際間的更進一步交往。因此，人際知覺、人際吸引與人際溝通是相輔相成的。人際影響歷程，就是在這三種過程中相互作用而完成的。

第四節　意見領袖的影響

根據前節所述，個人基於動機期望論的觀點，可從高地位、高成就者獲得財物或社會性酬賞，以致高地位或高成就者具有吸引他人的特性。顯然地，這種具有影響他人的人，即爲意見領袖（opinion leader）。在人際影響中，每個人對他人的影響力並不一樣。一般而言，他人都會以意見領袖的消息爲準，並且聽從其忠告。不過，此處所指意見領袖，是一種相對性的概念，只要個人影響力比從屬份子的影響力大，就是意見領袖，而不是指具有權威象徵的人物。

更嚴謹地說，意見領袖行爲是指個人能夠非正式地影響他人，使他人的行爲朝向某一方向進行的程度；而意見領袖則指具有此種能力的人物，他們是非正式的領導者。他們能夠影響其他人對產品的態度與購買行爲。簡言之，意見領導行爲是非正式的領導行爲。意見領袖很少處心積慮的去控制別人的行動，而只是提供意見而已，但能夠影響其他人的行動。不管是影響者或被影響者，他們都無法察覺到這種影響力。

此外，當意見領袖影響他人時，也不一定要透過談話；有時其行動也能爲他人所模仿。因此，在人際影響過程中，語文式的談話及可觀察到的行爲，都可使意見領袖的行爲發生作用。當然，此種意見領袖的存在，並不限於地位高或身分特殊的人。每個人都具有影響別人的能力，同時也接受別人的影響，此種影響力可能來自經常見面的鄰居，也可能來自同階層的朋友。是故，幾乎在每個階層，或任何團體中，都有意見領袖的存在。本節將從意見領袖的特徵、意見領袖和環境因素以及意見領袖行爲的普遍性等三方面，來探討意見領袖行爲。

一、意見領袖的特徵

意見領袖到底具有哪些特徵？所得研究結論頗不一致。根據社會心理學家凱茲（E. Katz & Paul Lazarsfeld）等分析影響力傳播過程，包括：食品購買、時裝、公共事務與電影等四方面意見領袖的影響力，而得出一些意見領袖的特徵。在這四方面意見領袖的特性，是不太一致的。通常，食品方面的意見領袖是已婚的婦女，大家庭，具有群居性與外向的性格。這種領袖較容易指認，但影響力較小，只限於同一階層的人。至於時裝領袖則較年輕，社交手腕高，社會地位也較高。而公共事務領袖則喜歡交際，社會地位高，其影響力較大，常超越階層的限制，且高階層者會影響低階層者。最後，電影領袖多爲年輕的少女，未婚；但社交性與社會地位較不重要。

另一位社會心理學家雷格斯（E. M. Rogers）則認爲：意見領袖具有三種重要的特質，即社會參與性、社會地位、世界主義者。一般而言，意見領袖的社會地位較高，社會參與性較為頻繁，生活圈子較大，朋友多，且參加各種社團活動。雖然他們不一定是正式團體的領導者，或擁有一定的權力；但能構成對他人的影響力。

此外，意見領袖的行為往往較符合團體規範。意見領袖常是團體中最守規矩的人，因為他想建立一些標準以為他人遵行；尤其是當他熟知團體標準與價值觀時，更是忠心耿耿地遵行。再者，意見領袖也是新產品的創新者，對產品的廣告媒體特別感興趣。例如，時裝領袖閱讀時裝雜誌的機會，通常比非領袖份子為高。

其次，意見領袖的專業知識較豐富，社交性高，外向，具有支配性格。還有，不同領域內，意見領袖的特徵亦有所不同。同時，有些消費心理學家認為：意見領袖具下列特性，此為非意見領袖所沒有的：

（一）意見領袖接觸大眾媒體的機會與時間，較非意見領袖為多。此種意見領袖之所以具有影響力，主要為來自於個人對產品的豐富知識與經驗，以致人們願意聽從他們的意見。

（二）意見領袖之間較非意見領袖常聚集在一起。意見領袖之間接觸機會較多，其理由乃為意見領袖較積極活躍，喜歡參加各種活動，並找尋談話對象，以交換意見。

（三）意見領袖並不是真正對領導行為感興趣，而是對所專精的知識感興趣。因此，他會花費較多的時間去接觸媒體，看電視廣告，閱讀專門性讀物；且喜歡和內行人聊天，藉以蒐集相關知識和訊息。

（四）意見領袖常與相近的人接觸，較少和低一階層的人交在，所謂「物以類聚」，就是這個道理。意見領袖固然會影響下一階層的人，但這是透過視覺上的模仿，而非來自於口頭上的溝通。

總之，意見領袖的特性是：年齡隨著產品種類而有所不同；社經地位與從屬份子相當；比較喜歡交際；具有世界主義傾向，交遊廣闊；知識較廣博；沒有特殊性格屬性；比較會遵守團體規章；創新性高；接觸大眾媒體的時間較多；各意見領袖間常聚在一起；對具有影響力範圍內的知識較感興趣；常與相近的人接觸。

二、意見領袖與環境因素

意見領袖並不具有超乎常人的性格屬性，而且每個研究顯示領袖人格特性也不太一致。因此，組織行為學家卡特萊特與山德（D. Cartwright & A. Zander）認為：利用性格來區分領袖人物與非領袖人物是不恰當的。既然領袖人物典型的性格屬性難予測出，故而要瞭解領導行為，似乎可從環境因素上著手。易言之，個人的領導行為是否有效，完全要依環境而定。是故，意見領導行為是否有效，常受產品種類的影響。

一般而言，意見領袖具有較高的能力與廣博的知識。然而，在不同的環境下，對知識與能力的要求並不一樣；一位有效領袖人物所具備的知識與能力，隨著環境的不同而有所差異。例如，在購買食品的情況下，與購買汽車的情況下，有影響力的意見領袖所應具備的知識與能力並不一樣。然而，研究意見領袖的性格也並非不必要的，只是研究結果也非「放之四海而皆準」。因此，廠商擬訂行銷策略時，必須格外謹慎。

至於意見領袖與環境因素的關係，可從影響者與被影響者的差異上著手。依照凱茲（E. Katz & Paul Lazarsfeld）等人的看法，影響力和下列三個因素有關：第一、個人的價值觀與團體規範一致的程度；第二、個人勝任的能力；第三、個人的社交手腕。假如個人的價值觀與團體規範一致的程度高，則個人成為意見領袖的可能性愈大。

因此，假使團體強調「穿衣要高雅大方」，則合乎此項要求的人，容易成爲意見領袖。此外，假使個人對產品的性質知之甚稔，且知識很淵博，則此人成爲該產品的意見領袖之機會更大。又如果個人在社交場合很活躍，而且在意見交流的過程中非常開明，則個人很容易成爲意見領袖。

三、意見領袖行為的普遍性

一個在某類產品中的意見領袖，是否亦爲其他產品的意見領袖呢？依照凱茲等人的看法，認爲一個人在某方面爲領袖人物，並不保證他在其他方面亦爲領袖人物。事實證明，個人很少在各方面都樣樣精通，而且都能成爲領袖人物。不過，也有些研究顯示在某方面爲意見領袖的人物，在其他方面也可能成爲領袖人物，雖然其間的關係不大。

著名的心理學家金恩與夏馬（Charles W. King & John O. Summer）深入研究六類產品的意見領導行爲，包括：包裝食品、婦女服飾、家用清潔器具與清潔劑、化妝品、大型器具和小型器具。初步發現，在所有的意見領袖中，只有百分之十三的人在四類，或四類以上均爲意見領袖。由此發現更肯定了一種看法，即意見領袖普遍存在的可能性，並不多見。此外，該研究也發現：在某方面爲意見領袖的人，在另一方面也爲意見領袖，但在某些方面卻不是意見領袖。例如，食品方面的意見領袖，爲家用清潔器具領袖的可能性較大，而爲大、小器具或化妝品方面意見領袖的可能性較小；化妝品方面的意見領袖爲服飾方面意見領袖的可能性較大，而爲食品方面意見領袖的可能性較小；而大型器具方面的意見領袖，爲小型器具意見領袖的可能性最大。

第五節 人際影響的運用

個人與個人之間行爲是交互影響的，然則此種影響是否可運用於行銷行爲上呢？根據傳播學家克拉普（Joseph T. Klapper）的看法，認爲利用人際影響來說服消費者，要比大眾傳播工具有效得多。但在目前，大眾傳播可能還是激發人際影響最有效的工具。既然大眾傳播工具可激發人際影響力，則廠商透過媒體的宣傳，來做促銷活動應是明智的。不過，廠商經由媒體把消息傳遞給意見領袖，再由意見領袖說服一般大眾，應是最有效的方法。當然，廠商也可直接把消息傳給沒有影響力的個人。

一、把消息傳給意見領袖

顯然地，要利用人際影響力來激發消費者的購買，必先把消息傳給意見領袖，再由意見領袖來影響其從屬份子。問題是誰爲意見領袖？應如何將他指認出來？又要如何使意見領袖對產品發生良好的印象？這都要花費相當的時間、金錢與精力，而且要比直接廣告耗費得多。

一般而言，要使消費者認同特定意見領袖，是相當有效的說服策略。尤其是當潛在購買者人數不多，且產品的單位價格很高時，這種策略很有效果。在工業銷售上，亦常採用此種手段。當我們強調某大公司採用這種產品時，很可能引起其他公司的競相仿效。在廣告中，可以強調：「本產品已經獲得大同公司、松下電器公司、東元電機公司的採用」，如此可引起其他電器公司的採用。

此外，我們可以創造意見領袖來刺激購買行動。例如，審慎地選擇一個令人折服的人，在社區內使用某種產品，要他傳告與說服鄰居，使他變成該公司產品的意見領袖。當然，群體銷售同樣可以運用此種策略，即透過家庭主婦拜訪親戚朋友，並保證產品的品質優良，將可達到「群起而效尤」的效果。目前國內特百惠產品，即運用此種方法推銷其產品。

再者，吾人尚可找出一些喜歡表現意見領導行爲的人，即使他不是個意見領袖，亦可達到訊息傳播的效果。例如，新產品的創造者對團體成員的影響力頗大，我們即以這些新產品的創造者爲說服對象，使他把消息傳佈給他人。

其次，社交手腕高明的人，也是人際影響力的來源。當福特汽車公司新推出野馬牌車子時，即曾拉攏了報紙編輯、節目主持人及空中小姐，鼓吹此種車子的優點，並擴展此種車子的銷路。而這些人員都是社交性很高的人，其影響力很大。至於專業人員，則爲其產品的意見領袖。例如，牙醫是電動牙刷與口腔衛生器材的意見領袖，卻不是汽車的意見領袖。因此，在口腔器材方面，牙醫的影響力大；但在汽車方面，其影響力小。

至於意見領袖的選擇，必須注意意見領袖的特性，包括他對媒體的偏好等，做有效的宣導，以影響意見領袖的看法。當然，消息的傳達，不但要傳給意見領袖，而且也要傳給非領袖人物，以免引起非領袖人物們的反感；否則將因小失大。

二、把消息傳給非領袖人物

就事實而言，收受者開頭的溝通與傳播者開頭的溝通，是一樣重要的。蓋傳播者固可給予消息，而收受者有時也會主動尋找消息。因此，把消息傳播給沒有影響力的人，和把消息傳給具有影響力的人，對購買行動具有同樣的效力。當個人對產品發生興趣時，他會主動去尋找消息，並產生收受者開頭溝通的作用。是故，廣告設計可以利用人類的好奇心，引發個人的興趣；則個人會主動去和別人討論產品的屬性，蒐集產品的資料，最後會產生購買行動。同時，他也會把訊息傳遞給具有影響力的人，再激起其他大眾的購買。由此觀之，非領袖份子也是人際影響過程中不可忽略的。

第六節 人際影響與推廣策略

在行銷行爲上，廠商除了可把產品消息傳遞給具有影響力與無影響力的個人，藉以將訊息傳播於大眾之外；尚可運用三種推廣策略：模擬人際影響、刺激人際影響、監聽人際影響，來達成促銷的目的。

一、模擬人際影響

人際影響的模擬大多是指廣告而言。依照社會心理學家布恩（Francis S. Bourne）的看法，廣告的效果類似於個人影響力，他認爲：廣告能給予消費者壓力，使消費者購買貨品；並增強或擴大使用者的刻板印象。而人際影響亦具有這種功效。此外，廣告必須強調產品的屬性、品質、價格與特殊的優點等。因此，廣告的功效有時不見得比人際影響來得差。何況要指出購買某產品的消費者爲何許人，也不是一件簡單的事。同時，廠商也很難把市場區隔得非常狹窄。是故，廣告亦可模擬人際影響。

對許多產品來說，廣告具有模擬人際影響的效果，可以滿足或取代人際影響。當消費者想購買某產品時，固然想從團體份子或其他親友、他人身上求取訊息；但在有機會看到廣告之後，就可省卻許多麻煩，而由廣告中獲得有用產品的消息。此時廣告若能運用一位名氣很大的人，來宣揚產品的優越性，模擬人際影響，也可激發消費者接納產品消息。因爲廣告中名氣很大的人，事實上就是一位意見領袖。

通常消費者若認爲媒體中的意見領袖是可靠的消息來源，他必然讚賞及肯定產品的價值，從而產生購買行動。此乃因他相信名人的話，信任其人格，及延伸到對廣告的信任。例如，某名人是酒仙，對酒的評價具有舉足輕重的地位，因此釀酒廠商拉他來做廣告，其效果必佳。但要注意的是，如果名人對產品的讚賞太過火時，可能引起消費者的反感，而得到反效果。

此外，利用直接郵寄的方式，也可產生人際影響。郵寄時可選擇某特定團體，且能投其所好，以激發其購買行動。通常郵寄對象的區分，可以所得水準、職業、宗教信仰、社區等爲標準。對於具有高單位價值的產品，採用直接郵寄的廣告方式，可使個人覺得受到重視，故能產生購買行動。一般而言，信封上的稱謂和個人是否購買有很大的關係。因此，郵寄時要注意禮貌上的稱謂。

再者，推銷員除負有推銷產品的任務之外，也扮演著其他角色，諸如他可能是消費者的鄰居或朋友，此時他應提供新的產品消息給消費者；尤其是推銷員是個博學多聞的人，且推銷許多品牌的貨品時，更應注意人際影響力。在工業市場上，推銷員的影響力比消費市場爲大。而工業用品的消費者通常會儘量蒐集資料，以作最佳的購買決策。在此種情況下，具有專業性而見識深遠的推銷員，就應發揮其個人的影響力。

其次，根據本章第三節的討論，凡傳達者與收受者具有相同的社會地位、家庭背景與態度，就比較容易相互吸引或相互溝通。同樣地，若推銷員與消費者具有相同的特性或看法，其間交易成功的可能性較大。所謂相同特性，包括：人口統計特性如年齡、教育程度、收入等，生理特性如身高，以及信仰特性如政治立場、宗教信仰等的相似性。當然，要控制這些因素是不容易的；但推銷員儘量使用其中某種相同的特性，則比較容易使推銷成功。

除了消費者與推銷員的關係之外，消費者的同儕團體，也會影響個人的購買行爲。假使推銷員受到消費者所屬團體份子，尤其是意見領袖的讚賞，則推銷成功的機會也比較大。因此，直接向團體推銷的方法，把握住消費者團體的規範，也是高明的促銷策略。

總之，人際影響的模擬，可採用廣告、直接郵寄、推銷員直接推銷等方式。廣告可針對大眾或利用意見領袖來促銷。直接郵寄可針對消費者團體，或注意信封上的禮貌，以增強購買行為。而推銷員的推銷必須注意其人際影響關係，自己和消費者的相同特性和消費者同儕團體的影響。

二、刺激人際影響

某些廣告活動可以刺激人際影響，使消費者大談該項產品。因此，在廣告推出前，最好能事先作預試，以探討廣告標語或文稿是否能琅琅上口，或圖片是否非常突出。當然，預試不是廣告的主要目的，但卻不能省略。因爲透過這種過程，可以使正性的消息傳播得更快、更遠、更有效率。

刺激人際影響發生的策略很多，一個常用的策略是採用猜謎遊戲的方法，尤其是在介紹新產品時，此法最能吸引人注意，且能達到宣傳廣告的效果。此外，利用標語來建立印象，也是可行的方法。

基本上來說，假使我們鼓勵消息的傳播者提供消息，或激發收受者主動去尋找訊息、蒐集資料，最能增加人際溝通的機會。而最想提供消息給別人的，正是剛剛購買產品的人，這些人正是廣告的對象。此時，可採用郵寄廣告的方式，提供各種消息，以肯定其購買行爲是正確的。一旦他們採取肯定態度時，他們會把整個產品的性質告訴其親友。若其親友考慮購買產品時，其影響力是相當大的。

此外，有些推廣技術也可採用「給消費者一部分產品消息即可，以讓消費者自己去尋找資料，產生人際影響」的原則。當然，使消費者熟知產品性質的最佳途徑，就是鼓勵他去使用產品，由經驗上去獲得知識。對於某些價格較低的產品，如食品與清潔劑等，可採用試用的方法，或提供作贈品，使消費者經驗到產品的好處，而達到廣爲宣傳的效果。至於價格較高的產品，可以鼓勵當場試用，或把產品展示或擺設出來，以提高消費者對產品的認識。

總之，刺激產品的人際影響之方法，有廣告、猜謎遊戲、提供消息給剛購買產品的人，以及採取試用方法，來達到促銷目的。

三、監聽人際影響

所謂監聽人際影響，就是指探討個人對產品的看法或反應如何。透過這種過程，廠商可建立新的行銷方式與行銷策略，來提高銷售量。所謂「知己知彼，百戰百勝」即是。尤其是廠商把產品介紹給消費者時，可從消費者那兒瞭解到他對產品屬性、產品用途，以及產品優劣點等意見，以作爲參考之用。由於消費者的看法或許與產品設計師的看法不同，故可發掘更多的用途來；且消費者對產品屬性反應不一，也可作爲改進產品的參考。另外，產品的一些瑕疵，常使消費者誤以爲產品品質低劣。這些都使監聽消費者的反應，成爲必要的。通常，廠商可利用問卷調查來蒐集消費者的反應資料。

總之，由於行銷策略的擬訂，受到產品本身與市場環境等許多因素的影響；故而要找出最佳的行銷策略，使人際影響為最大，並不簡單。然而，從模擬、刺激與監聽人際影響上，可看出人際影響對廠商的重要性。因此，廠商利用組織推廣的策略，來控制人際影響是可行的方案。下章即將探討群體動態關係，對行銷或購買行為的影響。

討論問題

1.何謂人際影響？「影響」與控制、權威等有何差異？

2.人際影響是如何產生的？在商業行爲上，何以個人會受他人的影響？

3.何謂人際知覺？人際知覺以什麼爲基礎？它是否會影響日後的交往？

4.人際的同質性固可相互吸引，而異質性是否也會相互吸引呢？試舉實例說明之。

5.何謂人際溝通？有效的人際溝通應包括哪些步驟？

6.意見領袖通常具有哪些特質？他是否眞能影響他人的購買行爲？

7.在行銷上，把商業訊息都傳給意見的領袖，對商業行銷是否都較有利？

8.試舉實例說明，廠商應如何運用人際影響，以擬訂最佳的行銷策略。

個案研究

察言觀色作行銷

華興是一家專售進口家電的經銷商，由於品質和價格很能受到消費者的肯定，使得業務蒸蒸日上。老闆乃決定擴大營業，並登報徵求業務員。在經過求才過程後，終於僱用了陸順華和葉佳興兩位業務員。

由於業務的需要，業務員必須外出走動，以求瞭解客戶對產品的需求與用量。同時，在行銷上必須善用行銷的手腕和方法，去達成銷售目標。

在經過相當時期後，陸君的業務做得相當出色，頗得老闆的重視與顧客的讚譽。相反地，葉君的業績即是一籌莫展，甚而顧客一見到他，就避而遠之。為此，老闆乃指派陸君與葉君同行，以求瞭解葉君的行銷方法和過程。在經過一翻查訪後，陸君發現某些顧客確有消費需求與購買動機，按理說葉君應可獲得良好的銷售業績才是。然而卻事與願違。原來，葉君每在顧客繁忙時，照常做他的行銷工作，致生反感。同時，葉君常無法掌握推銷的時機，致無法引起顧客的購買動機。後來，老闆乃決定指派葉君參加行銷訓練班，以增進他的銷售能力。

個案問題

1.一般顧客有了消費動機是否就會採取購買行動？

2.你認為葉君無法推展行銷工作的原因是什麼？

3.你認為一個業務員要做好行銷工作，必須注意哪些事項？

第10章 群體動態

本章重點

群體影響力是人際影響力的延伸。人際影響力會左右消費者的購買意願與行動，而群體具有群體規章、群體規範。因此，透過群體的動態關係也可能影響消費者。此乃因群體中的個人受到社會助長作用、社會標準化傾向、社會顧慮傾向、社會從眾傾向等的影響，而產生與群體其他份子一致的行為。是故，消費者行為和群體影響力的關係頗為密切。本章首先討論群體的性質與種類，依次研析群體的結構、功能，然後分析群體動態關係對消費者個人的影響。此外，參考群體常是個人行為的依據，由是透過群體的作用也能影響消費行為。至於家庭更是群體的主要典型，其常能影響購買決策。

第一節 群體的性質

在現代社會中，人們隨時都可能是群體成員，或許是家庭的成員，或許是委員會的委員，或者是工作小組的人員……，這些組織通常稱為群體。然而群體具有何等特徵？要界定「群體」一詞，並非易事。群體的界說，在社會學上應用甚廣。就一般觀點而言，可以說是以某種方式或共同利益相連結的許多人所組成的集合體，如家庭、政治黨派、職業群體等是。李維斯（Elton T. Reeves）說：群體乃是由兩個以上的人，基於共同目標而組成，這些目標可能是宗教的、哲學的、經濟的、娛樂的或知識的，甚且總括以上諸範圍。

不過，本文所用的「群體」，特別強調群體成員間的相互關係，不只是集合體的構成而已。蓋集合體所構成的行為，祇能說是集體行為，這種集結的人員不得稱之為群體。因他們彼此沒有相互認知與交互行為，並進而產生共同意見，如街道上的群眾、客機上的旅客是。雪恩（Edgar H. Schein）曾謂：群體乃是由「一、交互行為；二、心理上相互認知；三、體會到他們乃是一個群體」的許多人員所組成的。克列奇等（D. Krech & R. S. Crutchfield）也說：群體乃是兩個或兩個以上的人相互坦誠的心理關係；換言之，群體的成員多多少少具有直接的心理動向，他們的行為與性格對於群體內的個人具有相互的影響力。因此群體的組成強調相互認知與交互行為的程度與其結果。

當然，群體的組成也具有相當的結構特性。誠如麥克大衛（J. W. McDavid）與哈瑞里（H. Harari）所說：群體乃是兩個或兩個以上相互關係的個人，所組成的一種社會心理系統；在這個系統中，各個成員間的角色有一定關係；同時它有一套嚴密的規範，用以限制其成員行為與群體功能。薛馬溫（Marvin E. Shaw）也說：群體乃是一種開放的互動系統，系統中的各種不同活動決定了這個系統的結構；同時在這個系統的指涉下，各種活動是相互影響的。顯然地，群體有一定結構。質言之，具有特定的持續性目的，又有一定組織的個人集合體才稱之為群體；而偶然的、一時的和無組織性的個人集合體，只能稱之為群眾。後者具有衝動性、動搖不定、容易興奮等特質；前者則否。

此外，群體的形成必基於成員間的共同意識。費德勒（F. E. Fied1er）就認為：群體是一群具有共同命運的人，基於相互依賴的意識而相互影響的組合。因此，群體是兩個或兩個以上的個人具有共同的二個條件：一為群體成員關係的相互依賴，即是說每個成員的行為影響其他成員的行為；二為群體成員有共同的意識、信仰、價值及各種規範，以控制他們相互的行為。

群體的組成除了受上述因素的影響外，尚需經過相當時期的認同與共同行動。邱吉曼（C. W. Churchman）特別重視群體內的觀念認同性（identificability），他指出：一個群體乃是任何多方人員，經過一段時期的認同與完全的整合，而使得其行動與目標相互一致者。此外，白里遜（B. Berelson）與史田納（Gary A. Steiner）更強調面對面關係之重要性。他們認為「群體乃是由兩個以上至不特定，而非太多的成員所構成的組合體。他們經過一段時期的面對面關係之聯合，使別於群體外人員，而在群體內相互認同彼此的成員關係，以實現群體的目標。」換言之，個人之間必須有交互行為，包括任何方式的溝通，直接的接觸，以獲致種種的反應。群體如無這些關係存在，將呈靜止狀態，必不能成爲群體。

當然，群體常因工作性質、工作情況與群體自我目標而有所差異。此種群體至少有一定的組織結構，其成員顯現相當程度的交往，在心理上相互認同，具有共同的意識；在行爲上表現相互依賴，建立共同規範，而欲達成共同目標。總而言之，群體至少包括下列要素：

一、群體目標

目標是一個群體成立與存在的必要條件，也是成員活動的指針或努力的標的。此種目標可爲追求共同利益，或爲爭取組織中的地位，或爲推展社會活動，或爲滿足心理需求。群體有了目標，群體成員的活動才有固定方向。一個群體若無目標，群體力量必然分散，成員的工作也會失去重心，必無法成爲一個群體。因此，群體目標實爲維持群體活動的基石。惟有群體目標，成員才能團結合作，相互砥礪，彼此砌磋琢磨。

二、群體規範

群體的構成，除了需具有群體目標外，尙需有群體規範。所謂群體規範，是指群體具有規制成員行爲的準則，是群體成員行爲的依據。一個群體如有共同行爲規範，則個人行爲才能有所遵循，不致於脫離群體行爲途徑。群體行爲規範的強弱，決定於群體的一致性。凡是能夠表現出一致性的群體，其行爲規範較強；反之，其行爲規範則弱。蓋群體行爲規範的作用，即在使群體成員能持相同意見，而且行爲型態亦趨於一致。群體如無規制成員行爲的規範，必然分裂爲許多小群體，則無以成爲一個完整的群體。

三、群體意識

當群體成員交互行爲時，即產生了群體意識。群體意識是由成員的共同信仰、價值及規範所形成。群體信仰是群體意識的一部分，對群體成員有一種整合作用。群體價值亦是群體意識的重要部分，對群體成員提供一個大的信仰系統，是群體的財產。至於群體規範則由群體價值而產生，是群體行爲的準則，決定何者是正當的，何者是不正當的；同時，也規定成員遵守或不遵守規則時所應得的賞罰。據此，群體意識是群體得以存在或成長的要素之一。雖然群體成員各有其慾望，但群體意識會減少成員行爲的差異。群體意識之所以能夠減少成員行爲的差異，是因爲它創造了成員共同慾望的核心，且提供了表示共同慾望的方法。

四、群體凝結力

所謂凝結力是指促使一個群體結合的力量。它是群體成員基於相互吸引力，或群體與其活動對成員具有吸引力所形成的。凝結力本身是原因，又是結果。它鼓舞群體成員達成目標，同時，由於大家的共同參與，也強化了群體的凝結力。通常，影響群體凝結力的因素很多，諸如：群體大小、領導型態、外力威脅、成員對目標的認同性、群體的成就表現等，都與群體凝結力有關。雖然，各個群體可能基於上述因素，致其凝結力有大小之別；然而，群體凝結力無異是群體存在的基本條件之一。否則，群體必不能成爲群體。

五、群體制約力

每個群體皆有制約力的存在，以懲處一些破壞群體目標或排斥與群體目標不一致的成員。群體制約力是迫使成員接受群體規範的力量。群體制約力可促使成員團結一致，用以符合群體行爲規範與目標，並維持群體的穩定性。此種制約力的來源，一方面始於個人接受群體要求的慾望，另一方面則爲受他人行爲與意見的影響而產生。因此，群體制約力的存在，顯然是群體賴以生存的基本條件之一。

總之，本文所謂的「群體」，乃指兩個以上但非太多的成員，在一定的組織結構中，經過相當時期的交互行為，在心理上相互認同，產生共同的意識與強固的凝結力，以建立共同的規範，而欲達成共同目標的組合體。

第二節 群體的種類

群體的分類在社會學上，極爲紛歧。本節將列述如下：

一、初級性群體與次級性群體

群體若以成員關係的密切與否爲劃分標準，可分爲初級性群體（primary groups）與次級性群體（secondary groups）。初級性群體又稱爲直接群體或基本群體，意指成員間以面對面爲基礎，而直接發生交互行爲關係的群體。它是個人人格發展的孕育所，個人在此種群體中形成社會個性、價值觀，是社會化最早的場所。因此，個人和群體情感十分密切、親近，且對這個群體忠心耿耿，行爲表現會儘量合乎群體要求。一般而言，此種群體包括家庭、幼時的玩伴、鄰居等。透過這些群體的影響，個人行爲逐漸社會化，以滿足其生理的、社會的、經濟的與心理的各項需求。其中消費行爲，即受這種群體的影響。

至於，所謂次級性群體，又稱爲間接群體或衍生性群體，是指成員間的交往是間接的，且其規模較大，較疏遠，經由契約關係而產生的群體。此種群體大多基於效用或利害關係而成立，透過這種群體的作用，個人得以達成特定目標。此種群體包括：宗教團體、政黨團體、職業團體…等。當然，次級性群體也可規範個人行爲，但其力量遠較初級性群體爲小。故次級性群體對消費行爲的影響，還不如初級性群體。

二、正式群體與非正式群體

群體若以自然組合與否爲劃分標準，可分爲正式群體（formal groups）與非正式群體（informal groups）。所謂正式群體，是指群體的組合是以正式規章，或爲了執行某種特定目標而組成。此種群體包括各組織的工作部門、委員會、管理小組、球隊……等，其性質大多與前述次級性群體相類似。此種群體偶爾影響消費者行爲，但影響力不大。

非正式群體是一種自然的結合，而不必依據任何程序來組合；它乃爲基於交互行爲、人際吸引與個人需求而形成的。份子間的關係既無成文的規定，其組織也無一定的形式；這種群體有的是暫時性的，有的是永久性的；其份子間的關係可能是緊密的，也可能是偶然的。其成員在非正式結構中，常顯現出非正式規範，有忠貞合作的基本態度，接受「社會控制」與非正式權威。這是順應人類心理需求而產生，並不是實現某種任務而形成，可證之於友誼關係與非正式聯絡。一般而言，由於個人參加非正式群體的機會較多，個人對產品品牌與勞務的印象或資料，大多來自於此種群體。

三、臨時性群體與永久性群體

群體若以組合時間的久暫，可分爲臨時性群體與永久性群體。臨時性群體乃是一種暫時的組合，爲一種實現短暫特定目標的群體，該特定目標一旦完成，群體隨機解體。所謂暫時性，乃指一種偶然的相聚，或極短暫的臨時組合。永久性群體則爲一種爲實現長遠目標，或永久地完成某些任務的群體。就消費行爲而言，永久性群體有較長久時間的相處，故比臨時性群體在消費者行爲的影響上，較爲深遠。

四、開放性群體與封閉性群體

群體如以成員能否自由參加來區分，可分爲開放性群體（open groups）與封閉性群體（closed groups）。前者是指群體成員可自由參加或退出的群體，後者則指成員不能自由參加或退出的群體。前者如一般非正式群體，成員有充分的自由參與，故比較類似於非正式群體；不過，有些正式群體如政黨、公司組織，有時也可自由參加或退出。後者如家庭，是無法自由參加或退出的，其身分地位都是一定的。開放性群體容易吸收有關消費的訊息與資料，但家庭卻能決定購買行爲，影響購買決策。

五、大群體與小群體

群體如以群體組成份子的多寡與人數的多少，可分爲大群體（host groups）與小群體（small groups）。一般學者通常將人數在二十人以上者，稱之爲大群體；而人數在二十人以下者，稱爲小群體。事實上，人數的多寡並沒有一定的準確，此種區分並不具備特別的意義。不過，小群體比較強調面對面溝通、密切的交互行爲與相互的認知等。因此，小群體著重在心理運作的層面上，其成員間的相互影響力較大，關係極爲密切，故而對消費者行爲的影響較大。

六、同質群體與異質群體

群體若依其成員是否具有一致性的特質來區分，可分爲同質群體（homogeneity groups）與異質群體（hetrogeneity groups）。凡是成員具有一致性特質的群體，稱之爲同質群體，例如，家庭的夫妻具有共同興趣、態度與價值觀即屬之。但有些成員並不具備相同特質，而係基於互補作用，仍能組成群體，即稱之爲異質群體。異質群體雖不具備共同興趣、態度與價值，但彼此的需求與願望卻相互依賴、相互協助；如領導者的支配性與被領導者的服從性相互配合，也能構成密切的異質性群體。在消費行爲上，同質性群體固可決定共同購買態度與行爲；而異質性群體也可因被領導者向領導者學習與模仿，而達成某些購買決策與過程。

七、心理群體與社會群體

群體若以某些特定因素來劃分，也可分爲心理群體（psychological groups）與社會群體（sociological groups）。所謂心理群體，是成員基於心理上的需要而組成的群體。此種群體的構成份子，必須具有共同的意識、信仰、價值與各種規範，以控制他們相互的行爲，而成員間有心理上的認知，相互坦誠的心理關係。至於社會群體，則指基於社會性需要的結合，此種群體的社會性，可以是政治的、宗教的、經濟的。該兩種群體對消費行爲的影響，都各有其範疇，且是深遠的。

八、水平式群體、垂直式群體與混合式群體

有些心理學家或社會學家，將群體依其組成份子的縱橫面關係，分爲水平式群體（horizontal groups）、垂直式群體（vertical groups）與混合式群體（mixed groups）。所謂水平式群體，是指成員都處於平行地位、相同階層所構成的群體。垂直式群體，是指成員具有上下階層地位關係所組成的群體。至於混合式群體，則指成員具有上下、平行等交錯關係所組成的群體。基本上，這三類群體都對消費者行爲產生影響。

總之，群體的種類極爲紛雜，其對消費者行爲的影響程度也各有所不同。其中正式群體、次級性群體、大群體、社會群體等在性質上極爲接近；而非正式群體、初級性群體、小群體與心理群體相當，以致於它們對消費行爲的影響，也大致類似。其餘各種群體對消費行爲也有不同程度的影響。此外，尙有一種群體並不屬於群體的某種分類，但對消費行爲概念的影響很大，此即爲參考群體。

所謂參考群體（reference groups），是指個人用來評價自己價值觀、態度與行為的群體。它可能是個人所屬的群體；也可能是個人心嚮往之，但未正式加入的群體。易言之，個人行為、信念與判斷等，都受參考群體的影響，且群體規範常為個人行為的準繩。當然，每個人的參考群體不只一種，而且不同的參考群體都具有不同的功用，可以從不同的方向來指導個人。

對個人而言，參考群體具有兩種作用：其一為社會比較（social comparison），即個人透過和別人的比較，來評價自己；另一為社會確認（social validation），即個人以群體為準則，來評價自己的態度、信念與價值觀。基於這兩種功能，參考群體對消費者行為的影響力頗大。消費者個人對產品的偏好、刻板印象，與消費者的從眾行為，如購買或拒買某些產品，都由參考群體中表現出來。此將在第六節繼續討論之。

第三節 群體的結構

群體一旦形成，必然存在著某種結構。所謂結構是指一個社會系統中，已經成為標準化的任何行為模式而言。不管群體有無一定的法規程序，其結構可能影響群體成員的行為；但眞正運作的乃為成員行為的動態性質。因此，無論群體是否依據規章行事，其結構可能是嚴密的，有一定法則，不講人情；有時也可能是鬆弛，而不嚴格的。是故，研究群體結構必須從交互行為模式，與成員溝通關係來看，才能獲致眞正的結論。

一、交互行為

個人是否為群體的一份子，胥視該人在某種群體內的地位、角色與勢力而定。如某人在任何群體中，均無任何地位、角色與勢力可言，他必是該群體外的孤立份子。因此，地位、角色與勢力發展為一套系統，三者結合起來成為群體的結構。蓋群體結構完全依賴成員的交互行為而形成；而交互行為的形成，厥取決於地位、角色與勢力的交互為用。

(一) 地位

地位乃是在社會體系中人員的層級。費富納（John M. Pfiffner）與許爾伍（Frank P. Sherwood）認為：地位是數種社會體系中成員依其位置的比較性尊嚴。社會地位是社會的階級以及一個人的相當位置，它依據許多因素，如年齡、體力、身高、智慧、職業、家庭背景以及人格特質等，綜合而成一個人在社會體系中的一般地位。它們的增減足以訂定個人無數的地位特質表。

然則，群體如何依其活動，而形成其社會地位特質表？何門斯（George C. Homans）認為：個人在群體內的行為，具有三個概念：活動、互動與情感。群體內成員的活動愈多，互動的可能性就愈大；同時在某種活動範圍內，互動常使不相關聯的活動相結合，增進彼此的情感，甚且培養成相同的價值系統，組合而成一個群體。相同地，共同的情感亦能提供群體活動或互動，予以和諧的氣氛，並排斥群體外在環境或其他群體。

為了瞭解成員交互行為關係，吾人可用「社會測量圖」（sociometry）來加以解析（參閱圖10-1）。

依據圖10-1所示，A乃是群體領袖，處於初級群體的中心地位，B、C、D、E、F則依交互行為的程度而處於A的周圍，在群體內進行面對面的活動。K與L完全脫離群體關係，是群體外的孤立份子。G、H、I與J處於初級群體的邊緣地位，與群體成員進行或多或少的交互行為，可能偶然地在活動過程中，與初級群體稍有接觸或永久地居於邊緣地位分享部分活動，有時是屬於群體的，有時則否。由此，吾人可看出某人是否屬於群體的一份子，並窺知其地位的高低。

然而，決定群體成員地位高低的因素有哪些？凱斯特（Fremont

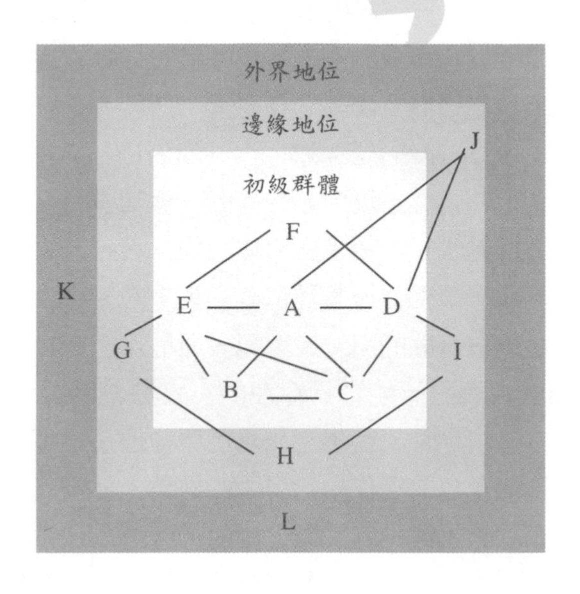

圖10-1 社會測量圖

E. Kast）與羅桑維（James E. Rosenzweig）認爲影響個人地位有諸多因素，如年齡、體力、身高、智慧、家庭、職業與人格特質等，這些因素的整合可造成一個人在社會群體中的地位；而帕森司（T. Parsons）則認爲影響地位體系的因素有五：家世、個人特質、成就、所有權與權威。當然，決定個人地位高低的因素甚爲複雜，吾人欲認定群體成員的地位，應多考慮各種因素，才能得到正確結論。

（二）角色

「角色」一詞原本是指在戲劇中，據有某種地位或位置而加以扮演而言。扮演小生就是小生的角色，扮演小丑就是小丑的角色。如今社會學、社會心理學上應用角色的名詞，乃表示個人在社會互動關係中擔當某種任務而言，亦即是一個人在特殊位置上的種種活動。在家庭裡作父親的在行爲上像個父親，作母親的像個母親，他們都依群體規範而行事。費富納與許爾伍即認爲：角色是指在某種特殊職位上的人員，不管該人是誰，都依被期望的方式而行事的一套行爲。因此，角色與交互行爲的關係極爲明顯，角色一般都被界定爲一套行爲，這些行爲被與某種特定位置有關係的任何人所期望。

沙謹特（S. S. Sargert）與威廉遜（Robert C. Williamson）也認爲：一個人的角色乃是在情境中適合他的一種社會行爲型態，這種行爲需合於他所屬群體人員的要求與期望。換言之，社會上對每類人都有一種期望或規範，關係佔據某種位置的人，在行爲上應有的表現與行爲，此種與該位置有關的期望或規範，即稱爲一個社會角色。

由此可知，角色是不能單獨存在的。它必然涉及他人期望或群體規範，且依其社會地位而行事。又角色與地位是不可分的，無地位則無角色可言，無角色的運作殆無穩固的地位；然兩者尙有差別，地位是指一個人在社會群體中的位置，是較具靜態的象徵；而角色是代表動態的一面。吾人前已言及：群體強調交互行爲的特質，而交互行爲厥爲角色運作的結果。因此，角色成立的要件有二：一爲所佔的位置或地位，一爲他人的期望。

角色在群體行爲中，需涉及他人期望，而每種期望即代表一個角色，這些其他角色與該角色就構成角色群（role sets）的概念，吾人欲瞭解角色就必須連同角色群一併觀察。所謂角色群，是指組織內的某一特定職位彼此相關的數種定向（orientations），也就是說「某個人佔據某一特殊社會地位所有的相關角色，彼此具有互爲補足作用的關係人物。」然而這個概念與多元角色（multiple roles）是不相同的，後者係指在不同社會體系中同一個人所扮演的所有不同角色。例如，在家庭中父親的角色，在教育團體中是教師，在政治團體中是立法委員，在宗教團體中是牧師，則他在以上各個群體中所扮演的這些角色便是多元角色。至於在該家庭團體內，妻子、子女等與父親所共同扮演的個別角色，便同屬於一個角色群。同樣地，多元角色與角色群的概念，亦適用於其他社會群體的成員。

顯然地，在群體中角色的運作，往往是該群體的動態結構。蓋地位僅代表個人的階層，而角色與交互行爲的關係更形密切，即角色運作愈多者常是該群體的領袖，而角色運作愈少者往往成爲追隨者。

因此，角色的運作足以造成個人在群體中地位的高低。當然，地位的高低有時亦影響角色運作的多寡，故角色與地位同為構成群體結構的因素。

(三) 勢力

所謂勢力就是在社會體系中，個人據有某種地位或扮演某種角色，足以改變或影響其他人員行為的力量。勢力是自然成長的，非為強迫的力量，故與權力不同。權力是根據某種法定的職位，用以改變或影響他人行為的力量。因此，勢力具有非正式的性質，權力則屬於正式結構的範圍。群體既是自然結合而成的，其成員的交互行為是出自於彼此的認同，是心甘情願的，而非層級節制體系所能完成的。就實際作用而言，勢力有時較能改變或影響成員的實際行為，故又可稱為實際影響力。質言之，改變或影響群體成員行為的力量，大致上皆來自於勢力。勢力的大小，亦決定或取決於成員地位的高低與角色運作的多寡，三者自成份支系統，且相輔相成，並進而形成群體結構的三大支柱。

依據前述「社會測量圖」顯示：A、B、C、D、E、F在初級群體內進行面對面的接觸，故是相互影響，相互領導的，係同屬於群體的成員；而G、H、I、J只與初級群體內部成員偶然地相互影響，而處於邊緣地位，對初級群體並無發生更大而實際的影響力。換言之，彼此具有實際影響力的成員是屬於同一群體，然而居於群體中心地位或角色運作較多的成員，對其他成員的影響力較大，而其他成員間的勢力較小。因此，勢力與成員的地位或角色的關係極為密切，在群體內地位高，角色運作多的成員，其勢力愈大；反之，其勢力愈小。總之，在群體內交互行為頻繁的成員，其勢力或影響力愈大。

二、溝通關係

群體結構除了依成員的地位、角色與勢力進行交互行為而形成之外，尚受到成員的溝通關係所左右。蓋群體動態的中心乃是成員的交互行爲，而交互行爲乃指成員不拘形式的溝通。因此，溝通在群體動態中扮演極爲重要的角色，此乃因群體成員間的關係常受彼此溝通形式的限制，經過群體溝通可能改變成員的彼此行爲，使群體的各個成員行爲趨於一致，產生群體的凝結力。

群體溝通研究通常比較強調非正式關係，然而某些溝通可能依正式程序而建立起來，如組織中的各部門或各單位，其上司與下屬間的溝通，有時亦可能形成一個群體。無論群體的溝通關係爲何，一般都具有四種向度：溝通網、溝通內容、溝通干擾及溝通方向。其中尤以溝通網對群體結構最有影響。溝通網是群體的結構之一，它會影響群體解決問題的方式，此種結構告訴我們一個群體如何聯繫在一起的。一般群體的溝通網有下列五種代表類型（參閱圖10-2）。

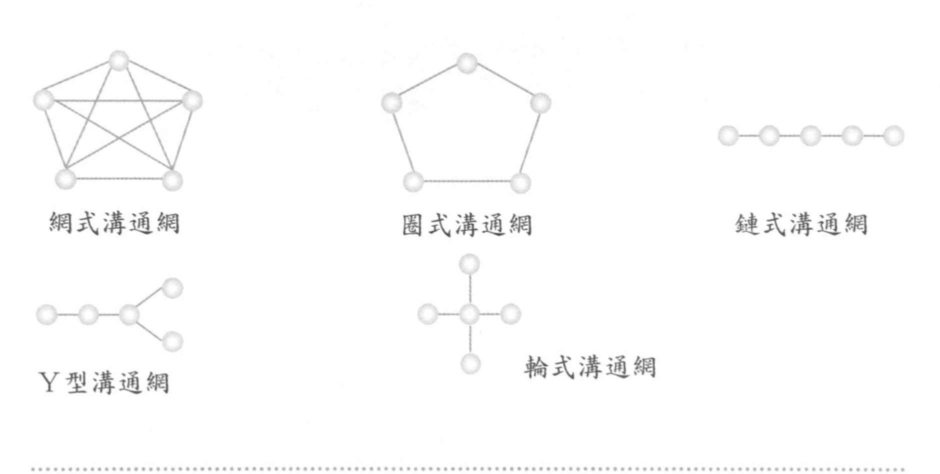

圖10-2 群體溝通類型圖

上列圖形是假定有五個群體，均由五人所構成，其中線段代表溝通路線，則各個群體溝通路線的安排與數目都不相同。因此，各個群體成員的地位亦各不相同。解決問題的效率自然也不同，各個群體的凝結力也有差異。根據圖形顯示：網式與圈式溝通群體所表示的，乃爲五個成員的地位相當，角色的運作相同，其勢力亦然。鏈式溝通群體以最中間成員的地位爲最高，兩端成員的地位最低。Y型溝通群體以分叉點的成員地位最高，最有滿足感；而頂端三個成員地位最低，最缺乏滿足感。輪式溝通群體則以中樞點成員地位最高，而其他成員地位相若。

至於問題的解決方面，輪式溝通群體的速度最快，Y型群體次之，鏈式群體再次之，圈式溝通群體又次之，網式溝通群體最末；惟網式與圈式溝通群體的士氣最高，各個成員最熱忱。蓋輪式溝通群體乃是個有秩序的群體，每個成員都只與中心人物溝通，可以避免不必要的訊息傳達；而網式與圈式溝通網則沒有較明確的組織程序，每個人都可同時與兩個人溝通訊息。由於多繞了一些圈子，因此溝通速度比較緩慢。

但鏈式、Y型與輪式溝通群體，其領導者通常都處於中心點或交叉點；他能夠優先得到訊息，其所負責任較重，最具有獨立感，比較快樂，很可能變成功能上的上司，而其他成員則不然。至於網式與圈式溝通群體的成員，其溝通機會均等，權力較爲平衡；每個成員都可能成爲領袖，各個成員的參與感都一樣深，責任感也一樣重，比較不依賴某個特定的人，他都可能從兩個人那裏得到訊息，比較容易得到滿足與快樂。

從以上陳述得知，群體溝通網會影響群體結構與效率。有些群體溝通結構較爲明確，溝通速度快，但成員士氣較低。有些群體溝通結構較不明確，成員的士氣高，心情愉快，能夠歷久不衰；但溝通速度慢，此種「士氣」與「效率」之間的衝突，實際上就是一般組織的衝突。當然，上述研究結果只是一種試探，並非眞實情境的研究。其中所涉問題相當複雜，組織管理上利用實驗法研究溝通效果爲時甚短，不能作爲一般理論的概判。到目前爲止，還未發現一種溝通網能同時增進溝通的速度、精確性，且加強溝通者的士氣與彈性。

惟各種溝通網對各個群體的結構與效率之影響，只是一般性的比較狀況而已。固然，群體是面對面的溝通系統，加以其體系不大，很可能發展出整體聯結的網式群體，使每個成員都能作直接溝通。惟群體結構並無一定形態，且成員都會自限溝通對象，常有具備相當特質或影響力的人，出而領導群體，致使網式群體很難存在。在一般狀況下，不管群體的大小，群體溝通結構仍以輪式溝通存在的可能性較大。

綜合言之，群體結構部分是依群體成員間的溝通關係而形成，由於此種溝通關係的存在，致產生群體的領袖與成員地位。此不僅造成群體的聯合狀態，並影響其凝結力與工作效率。

第四節 群體的功能

群體的基本功能是滿足成員的需求與願望。一般而言，群體可以保護個人，避免外在的威脅與傷害；也可以幫助個人達成某些社會目標。因此，群體可說是個人達成目標的手段之一。惟有如此，個人才願意爲群體工作，否則個人將脫離群體。茲細分如下：

一、提供社會滿足

群體可幫助個人建立社會認同感，給予個人地位的承認，意即使成員產生同屬感與安全感。由於群體成員有社會互動的機會，能取得社會讚賞與社會增強作用。個人不是離群而索居的，由於群居性與社會性的作用，群體可滿足個人的社會需求。在消費行爲上，群體成員購買同樣品牌的產品，穿著類似的服飾，都可得到相互的讚賞，獲得相互的認同。

二、建立溝通系統

群體的溝通系統，係建立在成員的社會行爲上，是由成員的交互行爲而產生的。因此，群體常傳遞某些類型的訊息。此外，群體也是成員情感上的「安全活塞」（safety valve），如果成員在某些方面感到不愉快，常可藉此相互傾吐；透過友誼的交談，彼此可發洩不滿情緒。在消費行爲上，有許多消費訊息都是透過群體而傳遞。甚而某些產品有利或不利的消息，由於群體成員的相互傳播，常影響其他成員的購買與否。

三、肯定自我價值

群體常幫助個人建立自我價值感。個人可從其他群體成員的眼光中，衡量其整體價值與貢獻。假使個人贏得他人的尊敬，且他人認爲個人是有貢獻的，則個人亦能尊重自己，且肯定自己。例如，個人採取與其他成員一致的行動，常能肯定自我的價值感。此與社會認同性有相當的關聯性。如個人穿著與衆不同時，將受到群體其他成員的排擠，自無法獲得自我價值。

四、增強自我概念

群體可增強個人的自我概念。群體會影響個人的態度與價值觀，並塑造及決定個人的自我概念。一旦個人的看法和判斷獲得群體的支持，個人的自我概念亦可獲得增強。否則，若個人的看法和判斷不能得到群體的支持，將無法建立起自我概念，更甭論自我概念的增強了。

五、形成社會控制

社會控制是用以影響或規制成員行爲的力量。社會控制有內在與外在之分：內在控制係指團體的文化標準，促使成員採取一致行動的制約力而言；外在控制則指群體外在力量對該群體行爲的約束力而言。如其他群體的壓力屬於外在控制，而群體規範則屬於內在控制。每個群體都有其行爲標準，故而其成員必然會遵守群體要求與準則。

群體即依此準則，來控制成員行爲，使其產生從眾傾向。

六、影響成員動機

動機是個人行爲的原動力，而個人動機會受到各種群體作用的衝擊，包括個人角色的形成、社會化，和其他成員形成親密關係，都可能影響個人動機。由此可知，消費者個人的動機與消費行爲、消費水準等，都會受到其所屬群體動機與消費水準的影響，尤其是個人的參考群體對其影響更大。

七、左右個人態度

根據第七章所言，個人態度是由認知、情感、活動等要素所組成，而群體成員係依據活動、互動與情感而形成其結構。由是，個人態度乃受到群體成員交互影響所形成。顯然地，群體本身就是一種社會系統，它會影響群體成員間的交互行爲、活動與情緒。所謂交互行爲是指成員間的交往，相處在一起等；而活動是指個人對他人與事物所採取的行動；至於情緒則指個人對群體成員與事物的感受和態度。其結果，乃爲成員間的交互行爲導致情緒的產生，並引發新的活動；又形成進一步的交互行爲。隨著個人間交互行爲次數的增加，成員間的友誼提高，且兩者的活動愈頻繁。在消費行爲上，個人的消費態度即在這種情況下產生的。

八、產生個人知覺

群體成員及群體內部的交互行爲，也會影響個人的知覺。根據第四章所言，知覺具有選擇性與組織性，消費者即透過知覺的作用，賦予外在環境和訊息以不同的意義。同時，透過群體結構與功能的運作，影響群體內部的溝通，更進一步影響了個人的知覺活動。一般而言，群體內交互行爲的影響範圍，包括：個人知覺的選擇，知覺的判斷，對活動與行為的解釋。

總之，群體是動態的。吾人只有從群體動態觀點來瞭解消費者行為，才能獲致正確的結論。易言之，廠商必須瞭解群體結構、功能以及群體內的各種交互行為，才能把握住消費者行為的主旨。蓋個人與他人形成團體，乃係基於互惠的立場，以致彼此間有了相互影響力；個人從他人的讚賞中得到社會滿足感，增強互動關係，肯定自我價值，堅定自我概念，形成社會控制作用，並影響個人的動機、態度與知覺。

第五節 群體影響力

一、群體影響力的一般概念

群體對個人的影響力，主要來自於兩方面：一為群體的社會助長作用，一為個人的從眾行為傾向。所謂社會助長作用（social facilitation），乃指群體會給予個人力量與支持，以協助個人完成其目標之謂。易言之，社會助長即指個人在群體情境下，比其在單獨的情境下，可增加其動機；但有時卻也會阻礙思考性作業與新技能的學習。至於社會從眾傾向（socia1 conformity），則指個人在群體情境下，往往會受到群體壓力（group pressure）的影響，而在知覺、判斷、信仰或行為上，與群體中的多數人趨於一致之謂。通常，社會助長作用與社會從眾傾向，是相互為用的。

一般而言，群體對個人越重要，且越富吸引力，則群體的影響力越大。且個人與群體間的關係，也決定了群體對個人影響力的大小。當個人在群體中扮演的角色愈重要，以及個人被群體成員接受的成份越高，群體影響力也越大。例如，群體領袖擁有較大的權力，但其所作所為必須合乎群體規範，以致他受到群體的影響力也大。還有，當個人進入或加入困難性愈大的群體，則個人愈會以身為群體的一份子為榮，且會更服從群體的規範，而表現出從眾行為傾向。

更進一步言，群體生存的主要條件之一，乃為群體對個人施予壓力，使個人行為合乎群體價值觀、規範與信仰，並把任務分配給個人。在工作群體中，工作規則必然包含某些條文，要工作者達成要求，否則會遭到懲罰。易言之，個人行為必須合乎群體成員的要求，此即為從眾行為。而其他群體份子也彼此學習，相互模仿，此即為社會助長作用。然而，個人不一定能在各種環境下都發生從眾行為。一般而言，個人常依各種角度來衡量從眾或不從眾的得失；當個人發現自己不從眾，會破壞良好的社會關係時，則個人會表現出從眾行為。

同樣地，非正式群體也會要求群體成員服從群體規範，以維繫群體的存在。雖然此種群體規範並沒有明文規定，但足以制約群體成員的行為，使其產生從眾行為傾向。有許多實驗研究證明，不管在正式群體或非正式群體中，群體成員確有從眾傾向的存在。不過，影響成員從眾或不從眾的因素各異。

根據費士亭格（Leon Festinger）的研究，指出群體影響力的來源，乃是：第一、群體份子對異端份子會加以排斥；第二、個人希望留駐在群體內；第三、個人的意見和態度寄託在某些群體份子身上。假使群體規範愈為明顯或具體，則群體對群體成員的影響力愈大；如果個人想留在群體內的動機愈強，則個人的從眾傾向愈大。然而，假使個人所參加的群體愈多，或個人興趣越廣泛，則群體內的意見溝通對他的影響力越小。

此外，個人行為並非完全合乎群體期望，有時也會表現非從眾傾向。心理學家佛蘭西（C. French）即曾發現：許多績效高的推銷員往往不滿意於自己所屬的群體，反而認同別的參考群體。亦即他們心向著地位較高的職業團體，而輕視自己的推銷團體及其成員。然則，個人在群體中，有些表現從眾行為，有些則否。造成其間差異的原因，乃為：從眾傾向高的人，其早期家庭環境較為良好、穩定；而非從眾傾向高的人，大多來自於破碎的家庭，或童年的環境較不穩定者。一般而言，這兩種性格的差異如下：

非從眾傾向高	從眾傾向高
（一）是一位有效力的領袖。	（一）尊敬權威，具服從性，是一位容易相處的人。
（二）具有說服力，要別人同意他的看法。	（二）喜歡從眾，聽命行事。
（三）能夠聽別人的忠告及再保證。	（三）興趣狹窄。
（四）富於機智，能隨機應變。	（四）過度控制衝動，壓抑傾向高，行為拘束。
（五）積極而活潑。	（五）優柔寡斷，難作抉擇。
（六）好表現而精力充沛。	（六）處在壓力下，會緊張慌亂，手足無措。
（七）追求和尋找美感。	（七）對自己動機與行為缺乏瞭解。
（八）順其自然，主張絕對自由，不受群體影響。	（八）容易接納他人意見，非常重視別人對自己的評價。

二、群體影響力與購買行為

根據研究顯示，群體會給予個人壓力，使其產生一定的消費行為，以求合乎群體規範與標準。尤其是當個人面臨模糊的刺激時，更是如此。例如，個人面對許多廠牌的競爭時，消費者會向群體的其他份子打探消息，來作購買決策，以求符合群體規範。甚而，非正式群體也會影響個人品牌的偏好，因為個人偏好會與群體所要求者一致。

此外，群體影響力的大小，和群體對群體成員的吸引力也有很大的關係。但群體凝聚力與從眾行為的關係，並不很密切。不過，有效的群體溝通網絡卻深深地影響消費者的購買行為。例如，住家相向

的消費者容易相互溝通，而影響其購買意願；而住家相背者之間則否。

再者，消費行爲固然受群體的影響很大，但購買決策往往由一個人決定的。但在大部分的工業購買上，群體的影響力也很大，且決策則是由許多人會商的結果。固然，工業購買和消費購買也有許多類似的地方；但對許多大工廠來說，幾乎每個階段都有許多人參與討論，而且影響力也不一樣。例如，科技上的知識或技能、成本的控制……等，都對購買行爲具有舉足輕重的地位。因此，工業產品的推銷員必須全力以赴，分析影響工業購買的不同部門及人物，說服與購買有關的每個主管，才能促使對方產生購買行動。

無疑地，在許多具有影響力者的當中，某些人擁有較大的權限。例如，在許多職業機構裡，採購部門是一個主要的關鍵，因爲廠商的選擇與契約的簽訂都由此部門負責。因此，吾人可視其爲工業購買過程的守門人。只有說服守門人，則交易行爲才能辦得通。

第六節　參考群體在行銷上的意義

個人在社會上有許多自己屬意的參考群體，這些參考群體都會影響個人行爲。當個人在採取消費行爲時，也會受到這些參考群體的影響。蓋這些參考群體提供給他個人許多意見、價值、信念與判斷，從而使個人決定購買與否。易言之，參考群體對消費者購買行爲總是有影響的。在行銷上，參考群體的影響如下：

一、決定產品所代表的意義

假如產品是個人所需要的，且個人對之具有好感，則該產品是正價的。若個人對產品的看法不佳，或產品的屬性會引起個人的不快，則該產品是負價的。由此可知，產品的正價或負價，主要來自個

弱　參考群體的相對影響力　強

參考群體的相對影響力（弱→強）	產品 −	產品 +	品牌或式樣
弱 +	衣服 家具 雜誌 電冰箱（式樣） 香皀	汽車* 香煙* 啤酒* 藥品*	+
強 −	肥皀 桃子罐頭 洗衣肥皀 電冰箱（品牌） 收音機	冷氣機* 即溶咖啡* 黑白電視機	−

產品

圖10-3　參考群體對各種消費產品的購買及品牌的選擇之影響

人主觀的看法；而個人的看法則始於參考群體的影響。蓋每個群體都有一套各自的群體規範，此種規範會影響個人的行為。就消費行為而言，參考群體可以：影響產品的種類，決定產品的規格與樣式等產品性質。因此，參考群體可能影響到消費者對品牌的選擇，以及對產品的購買。圖10-3，即為各種產品的購買與品牌的選擇受到參考群體影響的情形。

該圖左上角說明了參考群體影響消費者對品牌的選擇，但不影響對產品的購買；右上角則說明參考群體對品牌的選擇與產品的購買與否，都有影響。右下角說明參考群體對產品的購買有影響，而對品牌的選擇無影響；左下角則代表參考群體對消費者產品的購買與品牌的選擇，都無影響。

不過，何以有些產品受群體的影響大？有些則否？此乃牽涉到產品的特出性（product conspicuousness）的問題。一般而言，產品的特出性決定了群體影響力的大小。產品的特出性，包括：產品必須容易被看到，或容易爲人指認；產品必須奇特，而爲人們所注意。產品如果易於被看到或被指認，而且比較奇特，則容易受到群體的影響。不過，如果每個人都擁有這種產品時，則此種產品便不足爲奇，而不會引人注目了。

二、分析產品的人際溝通系統

吾人透過參考群體的研究，可分析人際間的溝通系統，並據以探討產品擴散與口頭廣告間的關係。根據消費心理學家史丹福（James E. Stafford）的研究，假使參考群體的凝結力愈大，則群體份子的從眾傾向愈強，且非正式意見領袖容易影響成員的行爲。在品牌偏好方面，假使群體領袖的品牌忠實性很強，則群體的其他份子也有偏好此種品牌的傾向；甚且，有些人也形成了品牌忠實性。

此外，人際溝通系統對產品行銷與否也有重大的關係。人際間的口頭廣告，往往是消費者購買行爲的主要因素。個人常透過鄰居等爲參考群體的意見交流，而決定了購買動機與行爲。

三、分析消費系統的結構因素

參考群體可以用來分析消費系統，並找出決定消費系統的主要因素。通常，參考群體是決定社會階級的主要因素，而且也是市場區隔的基礎之一。因此，透過參考群體的分析，可以瞭解整個消費系統的結構，並據以作爲市場區隔的依據。

當廠商推出一件新產品時，總希望該產品能很快地爲消費者所接受。此時，他可透過參考群體的影響，以擬訂有效的行銷策略。例如，以廣告強調參考群體的其他份子都採用此種產品，以激起潛在使用者的購買；並利用行銷人員說明，使用此種產品可以提高其在參考群體中的地位，或贏得群體份子的讚賞；建立產品的轉售計畫，由零售商提供場地，以群體決策為主，共同討論購買新產品的利益等。

此外，個人對產品感興趣的程度，群體份子間熟悉的程度，產品對家庭的重要性，市場區隔的技巧，以及其他因素都很重要。因此，對不同參考群體要採取不同的行銷策略。迄目前為止，何種群體採用何種策略，並未獲得具體的答案。

第七節 家庭與購買行為

家庭是人類生活中最基本和最重要的一種群體。它是人類群體的主要類型與代表。人類的許多活動都由家庭中放射出來，其中也包含著消費活動。對購買行為而言，家庭是一個決策單位。雖然在決策時，有人可贊成，有人可反對，但全家人都有發表意見的機會；同時，有些家庭會以某人為購物的全權代表，但大多以大家的意見為依據。因此，在購買行動上，家庭成員都或多或少，直接或間接地擁有影響力。不過，家庭成員對購買行為的影響都各有不同，這可從下列三方面得知：

一、角色規範

每個家庭成員的性別角色不同，其所具有購買決策的權力也各有差異。在購買時，男性較強調產品的效用與物理屬性，受理性的支配較大；而女性較強調產品的美感，在購買歷程時扮演著幕僚的角色。亦即妻子提供意見，而由丈夫作購買決策。此乃因在團體中，男性大多表現以工作或目標為中心的行為，而女性則多表達社會情緒性的行為之故。

不過，有些家庭中丈夫的權力雖然較大，或有時權力較小；但有關重要購買決策則都由夫妻二人共同會商決定。此外，當家庭人數增多，則大家一起作決策的次數也會加多。此種家庭影響力在購買決策末期，會表現得特別明顯。然而，假使購買產品時，需要具備特別知識或技術，則購買決策會集中在個人身上，而非以家庭爲中心。

二、影響家庭購買決策的要素

影響家庭購買決策的要素，主要包括：社會階層、社會流動、種族背景、生命週期與孩子出世、家長權威等。

(一) 社會階層

一般而言，中等階層的家庭，都以召開家庭會議來作購買決策；而上等階層與下等階層的家庭，則由個人主動作決策。但下等階層的家庭，妻子往往是主要決策者；而上等階層的家庭，丈夫才是主要決策者。當然，這只是一般性的情形。

(二) 社會流動

假如個人往較高或其他社會階層流動，就會增加家庭內的意見交流。如個人結婚，可能會脫離原來的家庭，以便夫妻能共同生活在一起；但有時個人結婚後，還是停留在原來的家庭內。凡此都會分別影響其購買決策。

(三) 種族背景

在某些種族中，夫妻一起作決策是不可思議的；而且在有些群體中，傳統上男性是一家之主，擁有無上的權力。相反地，有些家庭則夫妻共同協商購買，因此，種族背景與家庭購買決策有關。例如，白人家庭喜歡全家人一起作決策，日本人則男主人擁有最大的權力，黑人則女主人的權力較大。

(四) 生命週期

隨著年齡的增長，夫妻共同作決策的機會降低。其主要原因，乃爲：由於長久而穩定的家庭生活，使夫妻雙方都已瞭解到對方的需要，並且已認清自己的角色，而有了共同的默契之故。

(五) 孩子出世

在家庭裡，一旦孩子出世，則夫妻共同決策的機會降低。因爲孩子的出世，使得家庭多了一個新角色，於是家庭內的互動關係變得複雜，以致打破夫妻原有平等和諧的角色關係。同時，孩子出世，也使得母親照顧孩子，而減少與父親溝通的機會，以致增加母親購物的權力。此乃因母親比較瞭解孩子的需要之故。

(六) 家長權威

家庭中家長權力的大小與授權的多寡，也影響到家庭購買決策。如果家長擁權自重，家庭購買決策可能以家長的意思爲中心；而一旦家長不太重視個人權威，則共同決策的機會自然增加。

當然，決定家庭購買決策的因素，常隨各個家庭的狀況而異。且整個購買決策是受到無數因素的影響，與其他決策一樣，購買決策的因素並無一定的通則存在。

三、守門人的效果

一般而言，家庭中物品的購買者和使用者，並不屬於同一個人，而負有購買權利，或擁有決定權的人，即稱之爲守門人。通常，在購買行爲上，母親即爲兒童的守門人。母親不僅是兒童的購買代理人，而且可能把自己的偏好投入購買決策裡，而決定或否決了兒童對品牌的偏好。因此，許多廣告的製作，常常針對母親而非針對兒童而設計。

> 總之，家庭的購買行為是相當複雜的。廠商在設計一種商品的行銷策略時，必須注意家庭各份子的角色規範，瞭解影響家庭購買決策的各項因素，同時研究掌握家庭中最主要的購買者，才能確切地做好行銷工作。

討論問題

1.何謂群體？它具有何等特質？試說明自己的看法。
2.群體若以成員關係的密切與否爲劃分標準，可分爲哪些類型？對行銷有何影響？
3.群體若以自然組合與否爲劃分標準，可分爲哪些類別？其與消費行爲的關係爲何？
4.何謂參考群體？它如何影響個人行爲？消費行爲是否受它的影響？
5.試就交互行爲關係的觀點，來分析群體的結構。
6.何謂角色群？多元角色？兩者有何區別？
7.試以溝通關係來分析群體結構，並說明溝通網與效率和士氣的關係。
8.試述群體對個人的作用。
9.何謂社會助長作用？何謂社會從衆傾向？試分別說明其與消費行爲的關係？
10.從衆傾向高的人與從衆傾向低的人，其間的行爲差異爲何？試說明之。
11.參考群體對個人購買行爲的影響爲何？詳述之。
12.試述影響家庭購買決策的因素。

個案研究

運用群體影響力

泰麗是一家專營婦女服飾的商店，經銷多家工廠所生產的服飾，是屬於地區性的小店面。然而，商店老闆頗具經營頭腦，在地方上與老客戶建立良好的關係，在銷售上能維持很好的收益。

由於服飾有季節性的變換，一般廠商爲了加強促銷，並減少庫存與資金的積壓，每於季節變換的時刻，常有打折優待。婦女服飾的折扣有可能打對折，甚至於打到三折的低價。

每當廠商的外務員來到泰麗服飾店，老闆就已揣測到又是打折扣戰的時候了。此時，老闆必會事先通知一些老客戶，並打電話給一些意見領袖，若客戶們必然呼朋引類，把握住打折扣的那幾天，大量選購她們認爲適合的服飾。

由於老闆善於拉攏客戶的手法，平日很多客戶也常到店裡來打探消息；加以平日彼此間的熟稔，讓服飾店也賺取了不錯的利潤。

個案問題

1.泰麗服飾店經營得法的原因，除了本身與客戶建立良好關係之外，是否有其他原因？

2.該服飾店的行銷策略是否屬於團體影響力的運用？

3.通常意見領袖對其他人員的購買行動有何影響？試述你的看法。

第11章 社會階層

本章重點

由於社會階層的不同，個人的消費型態也不同。此乃因社會階層不同的人，其生活方式有很大的差異，以致其消費習慣、消費態度等都顯現出不同的程度。因此，社會階層顯然地影響消費行爲。本章即將討論社會階層的本質，其區分標準以及如何加以測量，以期瞭解其在行銷上的意義，它對購買決策的影響，並提供廠商如何應用社會階層作爲市場區隔的依據。

第一節 社會階層的本質

所謂社會階層（social stratification），是指一個社會中的人，按照某一個或幾個標準，如財富、權力、職業或聲望等，而區分爲各種不同等級之謂。每一個等級即爲一個社會階層。社會學家索羅金（P. Sorokin）即指出：社會階層是指某一群體分化成許多小群體，而各小群體之間有層次之分。至於區分的標準是以個人的貢獻，個人贏得榮譽、責任與義務，個人的社會價值，生活的匱乏與否；個人的社會權利以及對社會其他份子的影響力等爲主。易言之，社會階層即爲社會聲望相類似的人聚集在一起，所形成的群體或次文化團體。

就整個社會而言，一個社會同時包括許多群體的人，具有不同的經濟、政治或文化地位，且各自感覺到彼此有尊卑的差異。一個社會階層就是在社會中有相同社會地位的一個群體。易言之，社會階層是由具有同樣社會聲望的人所組成的群體；至於社會聲望的評估，是由個人所共同生活的團體份子來認定。亦即一個群體不一定具有任何形式的組織，也不一定完全住在一起；但在心理上所有份子都有一種「內團體」的感覺，在行爲表現上也常趨於一致。換言之，每個社會階層都有它共同的習慣、態度、情操、觀念、價值與行爲標準。各個階層常利用各種標誌或象徵，如服裝、徽章以及權利與義務等，以示尊卑同異。凡屬於某階層的人都知道依照某種方法去思考與行動，故而份子間的行爲具有固定性。

當然，吾人也難確定所有同一階層的人，其行爲都是一致的。因爲個人與個人之間的差異還是很大的。因此，社會階層只是一種相對的觀念。不過，整個社會結構，即是在社會階層體系下所形成的各個群體，這些群體的性質很明顯的不同。每個階層的份子大多在同一階層內產生交互行爲，甚少與其他階層的份子交往。且在同一階層的人，其社會聲望比較類似。總之，社會階層具有如下特質：

一、社會階層有層次之分

對社會的每個份子而言，社會階層有尊卑之分。有的階層較高，有的階層較低。至於尊卑區分的標準，迄無定論，但與聲望、權力、特權和對他人的影響力有關。

二、同階層份子的行為一致

同一社會階層的人，表現類似的行爲。他們的性格相似、衣著雷同、說話語氣態度相當、價値觀與職業性格的相似性亦高。亦即同階層份子間具有同質文化的特質。因此，一個社會階層即代表社會中的一個同質群體。

三、不同階層的份子，行為差異大

個人和同階層的人交往機會多，交互行爲的程度高；但與其他階層的人交往機會少，且其行爲差異大。

四、社會階層界定了個人角色

個人若屬於某階層的人，則其行爲準則已被該階層所界定。因此，個人常表現合乎該階層的角色行爲，否則便會被排斥。

五、社會階層是連續的

理論上，各個社會階層是獨立的；但上下階層之間還是連貫的。有些份子會向上爬升，有些份子也會向下滑落；而且階層本身也時常發生變遷，或改變原有的行爲準則。是故，各個階層之間仍然是連續不斷的。

六、社會階層是多向度的

決定社會階層的因素，並不限於一個標準，而是許多標準所共同組合的。社會階層的高低，往往是由財富、聲望、權力、地位、生活水準等因素交互作用的結果。因此，沒有一個單一因素，對社會階層具有決定性的影響。

七、社會階層潛藏著文化內涵

由於社會階層界定了個人或家庭的角色，故而不同階層的人之行爲表現也不一致。此外，社會階層對個人或家庭的生活方式影響深遠。因此，社會階層實含有文化的特質。

第二節 社會階層的區分標準

一般而言，個人都會被歸類於某個社會階層，然則決定個人社會階層的標準爲何？誠如前述，決定社會階層的因素是多向度的。一般社會學家所列的標準，大致可包括：所得水準、生活水準、職業聲譽、社會活動、個人表現、教育程度、權力、價值觀、階層意識等等。

一、所得水準

所得水準與個人累積的財富，往往是決定其社會階層的標準之一。個人所得高，累積的財富多，經濟狀況良好，一般都被視為高社會階層；而所得較低，經濟狀況不佳，常被歸為低階層。個人所得水準不僅可據以衡量個人成就或家庭背景，而且其所累積的財富也是個人社會階層的象徵之一。當然，財富與社會階層的關係，最主要還是在其運用財富的方式。個人能靈巧地運用財富，常可提高其社會地位。蓋個人追求財富及使用財富的方法，即為一種生活方式。透過消費者生活方式的分析，可瞭解與預測消費者的行為。此外，由個人所居住的房子與所在地，也可看出個人財富與社會階層的高低。當然，其他與所得水準相關的象徵，還包括個人的教育程度、職業、衣著、使用的器具……等等，多少也可顯現個人社會階層的高低。

二、職業聲譽

職業也是評量個人社會階層高低的因素之一。不同的職業代表著不同的聲譽，而受到不同的評價，從而決定個人社會階層的高低。職業聲望高者，社會階層亦較高；職業聲望低者，社會階層亦較低。

三、教育程度

教育程度的高低即代表智力的高低，也可顯現個人權力的高低，而成為衡量個人社會階層高低的因素。一般而言，具有良好的教育水準者，其智力成就較高，在社會上自然擁有較高的地位；而教育程度低，其智力成就也較低，自難擁有較高的社會地位。

四、個人表現

個人的社會階層也受到個人成就所影響。所謂個人成就，是指個人的表現是否受到尊重，而使他人願受他的領導。易言之，個人在工作上表現是否良好，和個人的社會階層有關。當個人表現良好時，則他人尊敬他，其社會階層也高。一般而言，個人的工作表現可用收入的高低來表示，例如，兩個從事相同工作的人，收入高者，其個人表現佳，得到的評價也較高。此外，個人的表現與個人行動有關。如個人行爲表現常常獲得社會的讚賞，能夠體卹別人、關懷別人、贊助他人，則可提高個人的地位。

五、社會活動

個人參與社會活動的程度，也是決定社會階層的一個重要因素。個人積極參與社會活動，較能得到社會親近行爲，獲得別人的認同，從而具有某些影響力，其社會地位自然提高。蓋社會階層的本義，就是他人對個人的看法，以及個人對他人看法的綜合。因此，人際間的交互作用，即爲影響個人社會階層的因素之一。

六、價値觀念

個人的價値觀，或對事物的看法，和社會階層有很大的關係。根據研究顯示，每個群體都有一套要求個人行爲的規範，使個人的看法和價値觀與群體一致。因此，不同社會階層份子的價値觀，也是不大一樣的。因此，價値觀也是區分社會階層的因素之一。

七、階層意識

所謂階層意識，是指個人感覺到自己應屬於某個階層的份子，或覺得自己應屬於某個群體的心理狀態。一般而言，個人階層意識薄弱的話，他不會覺得階層之間的差距，也就不會嚮往階層的高低，從而不重視社會階層的存在。不過，根據研究顯示，階層較高的人，其階層意識較高。

八、其他因素

其他區分社會階層高低的因素，尚包括：種族淵源、家世背景、政治權力……等，都可能影響個人社會階層的高低。

總之，決定個人社會階層的因素甚多，且各項因素是錯綜複雜的，很難據以為衡量個人社會階層的高低，而必須衡量整個社會現象。因此，社會階層本是一個複雜的結構體系。然而，有時要衡量一個社會階層，往往可以從社會的文化、價值觀、教育背景以及智力、成就等著手。

第三節 社會階層的測量

一般而言，社會階層的測量方法很多，諸如：實地調查法、深度晤談法、心理測量法，以及實驗方法等。但這些研究，主要在瞭解社會存在哪些階層，以及這些階層形成的原因。至於行銷研究方面，在開始就已假定社會階層是存在的，並探討各階層間行為的差異，從而採用不同的行銷策略或市場區隔。因此，商業研究社會階層的方法，乃在探測個人社會階層的決定要素，其方法如下：

一、名譽評量法

名譽評量法，是由別人依個人的名譽而評定其社會地位的等第，藉以衡量其歸屬於某種社會階層之謂。通常被評定的對象，都是大家所熟悉的人。此可運用晤談的方式，來瞭解個人的看法，以及他何以將別人歸於某個階層。此種評量法是由社會學家華納（W. L. Warner）所發展出來的。一般而言，這種方法只適用於小團體或小社

區的分析；較大團體或較大消費群體，則不太適用。此外，利用此種評量法來區分社會階層，所花費用也頗爲龐大。然而，此種方法可以瞭解小社會的生活方式、價值觀，以及其他行爲模式。

二、社會評量法

社會評量法，包括對個人親和行爲的觀察與調查。易言之，透過社會評量法，可以直接觀察個人的親和行爲，也可以直接與個人交談，以探討其人際關係。然後，據此可以將個人歸屬於某種社會階層。然而使用這種方法的成本太高，在行銷研究上甚少採用。

三、主觀評量法

所謂主觀評量法，是要個人評量自己，再把自己歸屬於某種社會階層而言。這個方法在行銷研究上時常使用，但價值不大；其原因乃爲：評量者常高估自己的社會地位，評量者難免有主觀的偏見存在。不過，該法使用方便，且可編爲問卷同時施測於許多人身上，甚而可以郵寄調查方式去蒐集資料。

四、客觀評量法

所謂客觀評量法，是以某些客觀的變數爲基礎，來決定個人所屬的社會階層。通常這些變數，包括：所得水準、職業聲望、教育程度、財富、住宅形式與大小、組織親和力等。一般而言，大部分消費行爲的研究，都以這些變數來區分個人的社會階層。此種評量法，包括單一指標法與多元指標法兩種。

(一) 單一指標法

單一指標法，是指以某一個變數爲基礎，來作爲社會階層的指標。一般最常用來作社會指標的，是職業聲望。因此，個人究竟屬於哪個階層，主要是依個人的職業聲望而定。至於評價個人聲望的量表，有如下各項：

1.諾斯哈特量表（North-Hatt Scale）：該量表是由社會學家諾斯（C. C. North）與哈特（Paul K. Hatt）所共同發展出來的，現已發展爲美國國立意見研究中心量表（National Opinion Research Center scale）。此表應用在消費者行爲研究上，可靠性頗高。但該量表僅列爲十種職業，以致評量的周延性不夠。

2.愛德華量表（Edwards Scale）：該量表爲最常用的職業量表，是由美國民意局所發展出來的，如表11-1。該表並沒有清楚而具體地列出各職業團體，但用途頗大。因爲此表所採用的方式爲順序量表，頗爲簡便，很適用在消費者調查上。何況社會階層本是相當籠統的概念，不必作太詳細而具體的界定，故本量表很適用於衡量個人的社會階層。

表11-1 愛德華量表（用以測量社經階層）

量表値	職業團體
1	專業人員
2	經理人員、官員及產權所有人
2a	農夫（包括地主及佃農）
2b	批發商及零售商
2c	其他較低級的經理人員、官員及產權所有人
3	職員及其他類似的職業
4	技術工人及領班
5	半技術工人
5a	從事製造業者
6	非技術工人
6a	農場工人
6b	工廠及房屋建築工人
6c	其他勞工
6d	僕傭

3.鄧肯量表（Duncan Scale）：該量表是以教育程度來決定個人職業地位，其量表值稱爲鄧肯指標。此表運用在消費者職業的社會階層調查上，由於其所包含的職業有425個之多，使用簡便，而且客觀。因此，該表的價值極大。

以上各種量表，皆以職業爲社會階層的指標。然而，其他因素如財富，也可用來衡量個人的社會階層，不僅簡便，而且具體。不過，此種單一指標太過於簡化，以致不免產生誤差。因此，多元指標是比較準確的。

(二) 多元指標法

所謂多元指標法，係指同時以多項指標爲基礎，來衡量個人的社會階層。此種方法又有如下幾種：

1.華納地位特性指標（Warner's Index of Status Characteristics, 簡稱Warner's ISC）：在多元指標法中，華納地位特性指標是最具有實徵性研究的，其正確性頗高，具有如下優點：第一、可準確地衡量由名譽評量法所得的結果；第二、由不同人施測，所得結果也非常類似；第三、可用在大團體或大量取樣上。該法通常包括四項變數：職業、收入、房屋式樣、居住地區。由於該四項變數在預測社會階層時作用不一，故各變數的加權值也不一樣。利用迴歸分析後，各加權值如下：

職業	評量值×4
收入	評量值×3
房屋式樣	評量值×3
居住地區	評量值×2

一般而言，利用本指標法來測量不同社區的個人社會階層，所得分數常不一樣。因此，要運用此法來評量全國性的社會階層，就必

須做適當的修正。

2.其他多元指標：這些大多是由ISC衍生而來，且應用在消費者研究上的機會頗大。

（1）都市地位指標（Index of Urbon Status，簡稱 IUS）：該指標法是由社會學家克萊曼（Richard P. Coleman）所發展出來的。該指標法除包括：職業、收入、房屋式樣、居住地區等變數外，尚包括教育水準與群體交互行為。教育水準主要在評量家庭丈夫與妻子的教育程度。至於群體交互行為，則評量個人是否為某正式群體或宗教群體的成員，以及個人是否常與鄰居等非正式群體份子交往。

（2）文化等級指標（Index of Cultural Classes，簡稱 ICC）：該指標法為行銷學家卡門（James Carman）所發展出來的，常常應用在行銷上。他認為決定社會階層的主要因素是權力、地位與文化，而文化與行銷的關係最大。根據他的研究，認為各個社會階層常顯現出次文化上的差異，以致在行為上也有差異。他認為各階層行為差異的原因，主要是職業種類、教育程度與住宅價值所造成的，而這三項因素都與購買行為有很大關係。

（3）社會地位指標（Index of Social Position, 簡稱 ISP）：該法類似ISC，只包括三項變數：職業、教育程度與居住地區。此法可運用來比較兩個社區間社會階層的差異。同時，可以用來預測大學生的消費形態，稱為等級地位指標（Index of Class Position），調查時要大學生對自己父親的職業作一番評量，而且客觀地評量自己父親的社會地位，由此預測其社會階層。

此外，多元指標也可利用其他人口統計因素，來評量個人的社會階層，而不必直接去詢問個人的看法。例如，社會等第指標

(Index of Social Rank, 簡稱 ISR),也可評量個人的社會階層;而教育程度的等第、個人收入等,都可預測個人的社會階層與購買行爲。

3.地位形象化(Status Crystallization):所謂地位形象化,是指利用多元指標來測定社會階層時,各變數間一致的程度。如果各變數間的評量一致,則地位形象化高;反之,評量不一致,則地位形象化低。例如,當個人在財富上被評量很高,但在教育程度被評量很低,則其地位形象化低。一般而言,地位形象化低的人,其政治觀點較爲開放,喜歡社會時常變遷,比較支持社會的革新計畫。這些人通常包括教育程度低的大商人,生活清苦的公教人員。

總之,測量社會階層的各種方法,各有其優劣利弊。每個消費行為的研究者,都必須探討其個別特性。一般而言,名譽評量法與社會評量法常用在基本研究上。至於主觀評量法,可以用自我施測的問卷來收集資料,較為簡便;但難免失之偏差。客觀評量法所評定的變數,較為客觀,而且具標準化,在消費者研究上用途最大。

第四節 社會階層在行銷上的意義

由於個人所處的社會階層不同,其生活方式也不相同。因此,廠商在採行各項行銷策略或做市場區隔時,必須注意到社會階層的影響。易言之,不同階層的消費者,常反映其個人的不同生活方式,以致有了不同的消費行爲或購買行爲。因此,社會階層往往決定了個人的消費型態,此乃因個人有一種與群體認同的心理現象,從而與偏好相同的人在一起,因而受到他人的影響,以致購買了新產品。準此,吾人可從產品、服務、零售商店與促銷活動等方面來討論,其與社會階層的關係。

一、產品

一般而言，有些產品的銷售對象只限於某一階層，但這不是通則，有時也有特例存在。例如，陶瓷與銀器的銷售對象，往往是中上階層的人。又許多人都會喝酒，但對酒的選擇則不盡相同。大部分中下階層的人喜歡喝啤酒，但上階層的人則喜歡喝外國酒，此乃因每個社會階層都會給予個人社會壓力，由此影響個人對產品的選擇。一個工人若一天到晚西裝筆挺，反而會爲人所竊笑。因此，產品的選擇是受到社會階層的影響。

由此觀之，行銷計畫必須顧及社會階層的作用。假使產品的銷售對象，只限於某個階層，就必須針對該階層份子作重點攻擊。再者，如果產品的銷售對象包括各階層的份子時，就必須審慎運用市場區隔來促銷，並擬訂各區隔市場的價格政策，選擇各種適當的廣告媒體，以促進產品的銷售量。

二、服務

通常私人醫藥服務、購買保險、打高爾夫球、網球、旅遊等是上流社會的生活內容，也因而決定了他們的購買型態。至於低階層的人則以欣賞電視、賽鴿、拳擊賽及各項活動，來充實生活內容。因此，新產品或服務是否能被接受，與社會階層的次文化有很大的關係。假如新產品的使用和次文化不相衝突，則新產品被接受的可能性很大；反之，則不被採用。例如，首先購買電視機者，多爲較低階層的份子，此與其生活方式有關；至於醫藥保險等，則較爲高階層人士所接受。

再者，股票、債券的持有、房地產的擁有，都與教育程度、職位高低和所得水準等有很大的關係。教育水準、職業水準、所得水準等較高的人，較喜歡購買股票、債券；而地位較低者，則較不喜歡。此外，即使同樣持用銀行信用卡，對較低階層的人而言，是爲了便於作分期付款之用；而對高階層人士來說，其目的只是爲了方便而已。

因此，銀行信用卡的使用，也受社會階層的影響。

三、零售店的選擇

不同社會階層的人，對商店的選擇也有所不同。一位喜歡到大百貨公司購物的人，顯然在社會階層上，與一位喜歡在小型商店購物者不同。當然，每個商店的獨特特性不同，也會吸引不同社會階層的消費者，這也不可一概而論。然而，根據研究顯示，個人的社會階層和所選擇商店的名氣有正性的相關。易言之，高社會階層的人較喜歡在名氣大的商店購物。

對某些產品而言，社會階層和商店的選擇有最大的關係。在一些家用器具與品質保證的貨品中，中等階層的家庭喜歡在折扣商店購買。然而，衣服或家具等產品，由於購買時的風險性較大，而且沒有形成個人的品牌忠實性，以致個人喜歡在地位較高的商店購買，以免損失或上當。

此外，中上階層的主婦對自己的購物能力，有充分的自信心，因此喜歡從事冒險性的行動，而到新商店去購買，並喜歡吸取新經驗。同時，中上家庭的主婦購物次數較多，總是喜歡很快地把要買的東西買好。然而，低階層的主婦往往喜歡在地方性的小商店購物。他們比較容易信任熟識的人，所以很容易和店員建立友誼關係，且很少到其他新商店去購物。

四、對促銷的反應

隨著社會階層的不同，每個人對促銷活動的反應也不一致。易言之，不同的廣告媒體與訊息，對不同社會階層的份子，影響力都不相同。對較高階層份子而言，印刷媒體，尤其是雜誌，比電視和調幅收音機的效果要好得多。一般而言，欣賞電視的以中下階層的人為多；剛入夜時的觀眾多為勞工階層；而較晚的電視節目欣賞者，多為中階層人士。至於高階層人士多不喜歡電視。

再者，媒體的內容也是決定觀眾的主要因素之一。不同的媒體內容，吸引不同階層的觀眾或讀者。報紙社論、書評和社會版等，較能引起中高階層人士的注意；而體育版和影劇版則較受勞工階層歡迎；新聞週刊、旅遊與文學雜誌等，中上階層的讀者較多；但運動、戶外遊戲和戀愛小說等雜誌，則為勞工階層的寵物。在歌曲方面，中上階層的人喜歡古典音樂，下階層的人則喜歡流行歌曲。還有電視節目很受勞工階層的歡迎，中下階層者認為還可適應，但中上階層人士則覺得無法忍受。

此外，正如媒體的內容一樣，隨著廣告訊息內容的不同，各階層的觀眾也不一樣。還有，訊息內容是否具有吸引力，也因社會階層而異。再者，社會階層的興趣差異，也影響了個人對訊息知覺的不同。例如，「利用名人來讚賞產品的優良」的廣告，對勞工階層的吸引力較大；但對中等階層的人來說，其效力較小，因為後者很難相信名人的話是真的。更有進者，有些研究顯示：採用單向說服方式，對教育程度低者較為有效，但教育程度高者則較不易被說服。

第五節　社會階層與購買決策

不同社會階層的人，其購買動機、習慣與行為各不相同。是故，社會階層影響購買決策。廠商必須針對不同的社會階層，作市場區隔，以利商品的促銷，至於社會階層的不同，何以影響購買決策，主要是基於下列因素：

一、動機

所謂動機，是指個人內在行為的原動力，由此而引發個體活動，並引導此種活動向某一目標進行，此已於第三章討論過。顯然地，不同社會階層的人，其動機也不相同。不過，此種動機受個人所處社會階層的次文化價值觀所影響。上等階層和下等階層在動機上的差異，可比較如下：

上等階層	下等階層
1.指向未來	1.指向現在及過去
2.個人的看法是高瞻遠矚，注意未來的前程	2.生活或思考方式著重近期的目標
3.大多認同都市人	3.大多認同鄉下人
4.強調理性化	4.著重感情與情緒化
5.有一套嚴密而完整的世界觀	5.世界觀模糊而散漫
6.思想彈性極大，幾乎沒有限制	6.思想彈性少，而侷限一隅
7.喜歡權衡輕重，再作決定	7.較少作客觀比較的工作
8.自信心強，喜冒險	8.強調安全感
9.思想內容與方式較為抽象	9.思想內容與方式較具體
10.個人眼光較遠，認為個人生活與國家息息相關	10.眼光較淺短，只注意個人、家庭及周遭事物

甚而社會階層的不同，對「眞正的男人」的看法也不同。如中上階層的男人認爲：眞正的男人帶有一點女性化的特質。他們不以爲強壯的體格與矯健的身手，就是男人。一個成功的男人，其衣著是整潔的，文質彬彬、溫文儒雅，而能潔身自愛；個人打扮得體面、整潔，與個人的事業有關，且受個人生活方式的影響。他有一些明顯而具體的嗜好，且認爲女人是人生旅途上的伙伴，也是朋友之一。他能夠對外界事物，以自己的觀點說出來。

中下階層的人，認爲一個典型的男人必是好爸爸，有責任感的丈夫，家庭生活的拓荒者和開創者。他是嚴肅的、衝勁十足、帶有點憂鬱；希望孩子們能出人頭地，以建立起個人的聲望。他是一位傳統化的人物，衣著保守，害怕被下階層的人迎頭趕上。

至於工作階層的人，認爲眞正的男人是體格健壯的，而且能夠使家庭溫飽自足。他的技術相當嫻熟，操作技術十分高明，懂得如何工作，以提高工作能力。他喜歡與人相處，開一些無傷大雅的玩笑。工作時勤勉工作，休息時又儘量放鬆自己。他的生活步調，比其他階層的人快，而且及時行樂。

由以上不同階層的歧異，可知每個人心目中的理想人物也是不一樣的。因此，廠商在裝飾、衣著、肥皀以及其他個人性的產品上，必須做好市場區隔，以求達成銷售目標。

二、知覺

每個人對環境的知覺不同，乃是因爲從環境中接到的刺激有所差異之故；而此種差異部分是導源於社會階層的不同，個人的世界觀、對產品廣告的接受性、對別人行爲的看法……，無一不是個人所屬社會階層價值觀的不同所致。因此，社會階層是決定知覺選擇性的因素之一。是故，消費行爲學家與廠商可利用社會階層來瞭解產品受歡迎或不受歡迎的原因，以求進一步擬訂最佳的行銷策略。

三、學習能力與智慧

一般而言，個人所屬的社會階層愈高，其智慧與學習能力可能愈強；此與高階層家庭照顧孩子周到、較注意孩子的教育、和較關心孩子的健康等因素有關。再者，專業人員孩子的智商，也高於勞工階層的孩子。當然，職業階層較高的家庭，父母親可能有較高的智商，孩子跟著也有較高的智商。就平均值而言，都市孩子的智商往往高於鄉下的孩子，此可能與都市孩子接觸面較廣有關。

由此觀之，廠商在擬訂行銷策略時，必須兼顧不同階層份子的智慧與學習能力。例如，廠商推出商品的訴求對象是社會大衆，則在廣告訊息的內容方面，必須力求具體，而避免抽象，才能配合他們的程度，否則宣傳效果必差。因此，廣告設計必須瞭解訊息收受者的學習能力和智慧。

四、性格

不同階層的人物之間，其性格也各有不同。一般而言，上階層的人所具有的性格，較吸引人，比較能獲得社會的讚賞。一個有良好家庭教育背景的人，總是比較誠實、自信、聰明、合作性高、心理健康、自動自發、語文能力較佳，而且較有禮貌。低階層的人較衝動，攻擊性較強，而且認爲體格健壯就是一切。中階層的人自信心強，在人際關係上較具支配性，凡此都個別影響其購買性格與態度。

五、家庭

不同階層間的家庭結構與行爲模式也不太一樣。一般社經地位的高低與生育率有負性的相關。社經地位愈高的家庭，生育率愈低；但生育率最低的，也可能是中下階層的家庭。近年來，由於家庭計畫的推行，大家庭逐漸式微；小家庭日漸崛起。因此，廠商必須注意家庭的大小與特性，以作爲規劃產品的參考。至於家庭與購買行爲間的關係，已於第十章討論過，在此不再贅述。

六、決策過程

社會階層的不同，其個人的購買決策也不相同。例如，在問題確認的階段裏，低階層的家庭只在急需貨品時，才會確認問題的存在，而產生購物行爲。至於耐久性的產品，除非已用壞了，或是一時的衝動，否則低階層的家庭不可能產生購買行動。然而中等階層的家庭常喜歡策勵將來，雖然某些物品還不到更新的時候，仍然會事先購買儲備。

此外，不同社會階層的人所接觸到的訊息來源不同，其購買決策也有所不同。一般而言，較低階層份子所接觸到的訊息，常侷限於某一部分，且訊息的可靠性較低，常作出錯誤的購買決策。至於中等階層的人們會去尋找可靠性較高的媒體，並直接從媒體上去獲取訊息；或喜歡自同階層的人們身上去探索訊息，加以比較，然後才作購買決策。因此，廠商在擬訂促銷策略時，必須注意個人的社會階層，才能達到預期的促銷效果。

七、購買過程

不同的社會地位會選擇不同的購買商店，從而產生不同的購買方式。根據研究指出，社會階層較低的人喜歡選擇地方性的小商店購買，且容易與行銷人員建立友誼，此種商店容易取得他們的信賴。因此，他們的品牌忠實性較高，經常惠顧的商店僅限於幾家。但是較高階層的人，則無此現象；他們可能選擇有名氣的商店，且其品牌忠實性較低，購物也比較不限於少數幾家。

此外，隨著社會階層的不同，個人對商店的意像也不一樣，每個階層的人都有自己主觀的意像存在，即使個人從沒在某家商店購買，也是如此。根據研究顯示：社會階層較高的人，到地位高的百貨店有種眞實的感覺；而地位低的人對地位高的百貨店反而有種不眞實的感覺。相反地，社會階層較高的人，對地位低的百貨店卻有種不眞實的感覺；而社會階層較低的人對地位低的百貨店，卻有種眞實的感覺。因此，不同的商店必須適應不同社會階層的人，才能達到促銷的目的。

總之，不同的社會階層對個人的購買決策是有影響的。不同的社會階層，會形成人們的不同知覺、態度、動機與性格，同時也會形成不同的家庭氣氛，從而產生不同的購買決策、過程與行動。因此，廠商以社會階層來做市場區隔，可能比採用心理因素作為市場區隔來得有效。

第六節 社會階層與市場區隔

無可置疑地，廠商在做市場區隔時，社會階層是一個很重要的因素。其理由如下：一、社會階層是一種同質性的群體；二、社會階層比較容易量化；三、以人口統計因素為準時，社會階層可以很快地指認出來；四、社會階層的研究對消費者行為的瞭解有很大的幫助。

當然，一些心理變數如動機、性格等，也可用來做市場區隔的基礎，但卻很難達到區隔完美的地步。例如，以性格來作為市場區隔時，只能顧慮到某些市場上的小群體份子；但以社會階層來區隔市場時，則某些重要特性如收入、心理變數、地域因素以及活動型態等都能考慮到，且不致有劃分太細的現象。因此，以社會階層來作市場區隔，是最明智的行銷策略。

再者，以社會階層來研究消費行為是輕而易舉的，蓋社會階層是可以量化的。吾人可以利用各種精細的量表，如華納地位特性指標來測量社會階層，而且可靠性與有效性都很高。同時，也不必去調查或訪問消費者，就可以透過個人的社會階層，如收入、住宅區以及職業地位等來瞭解個人，由此可協助商店擬訂行銷計畫。

此外，有關社會階層的研究頗多，由此可用來做市場區隔，容易蒐集資料，這些資料可幫助廠商分析消費者行為，以瞭解消費者購買決策不同的原因。據此而訂定最有效的行銷策略。

由前述分析，可知不同的社會階層，所表現的購買型態也不大相同。因此，社會階層可以視為一種次文化，而作為市場區隔，包括產品、促銷活動、定價政策、行銷通路等的主要基礎。同時，社會階層對消費者行為的分析效用頗大。吾人可從性格、智慧、動機與價值觀等，來看不同社會階層的差異，從而分析其不同的購買決策。是故，運用社會階層來區隔市場，是非常有意義的。

不過，吾人在使用社會階層作為市場區隔的主要因素時，也必須輔以其他標準，如性格、年齡等，才能得到更正確的結果。另外，市場區隔固可帶來許多好處，但也同時喪失了許多市場集合的優點；因此，在做產品的市場區隔前，必須先權衡輕重得失。最後，假如以社會階層來做市場區隔，也必須顧及其他因素，如產品的生命週期、各種社群團體，以及生態系統，則所得效果將更大、更高。

討論問題

1.何謂社會階層？一個社會是否有社會階層的存在？試抒己見。

2.什麼是社會階層意識？社會階層的界限是否可截然劃分？

3.一般區分社會階層的標準何在？試列舉說明之。

4.我們應如何評量個人的社會階層？其方法有幾？

5.試述產品應如何針對社會階層作行銷工作？

6.不同社會階層的人對商店的選擇是否也有所不同？試述其理由。

7.不同階層的人對媒體廣告的選擇是否有所差別？並述社會階層對促銷活動的影響。

8.不同社會階層的人，其購買決策是否有所差異？其故何在？

9.有人說：廠商以社會階層來區隔市場比運用其他因素來得有效，你同意否？何故？

10.社會階層可作爲市場區隔的標準之一，其理由何在？又以社會階層爲市場區隔的主要因素時，是否可輔以其他標準？試述之。

個案研究

掌握每位客戶

某日，王淑容在展示中心正閒著無事，由外面進來一位身著簡便，看起來並不怎麼起眼的人。可是，並沒有人願意前往迎接，只有王淑容非常客氣地上前詢問，經過一番解釋後，才知道這位客戶的興趣是在Audi V8這部車上面。

這部車是一九九〇年來Audi所發表的車種，車價是$2,868,000元。它的性能、功用及其特性，乘坐的舒適等，都擺脫了歐洲車系以往的設計理念；且其級次已凌駕Benz 300，價格只比Benz 300高出一些。然而，該車的功能、指示，乃至簡介，都是原文；而中文簡介則尚未印出，以致造成閱讀上的困難。此時，王淑容即時向公司服務部門求援，而服務部門也立即指派了技術工程師，攜帶相關技術資料前往解說，並與同級次的產品作比較。

此時，客戶對該部車更具信心，唯獨在價格方面有了意見，認爲和水貨相差一、二十萬元之譜。王淑容乃將話題轉移，強調售後服務。技術工程師也從旁加以解說，說明公司服務部門的員工技術訓練制度，以及西德原廠的檢示電腦儀器，可讓顧客的車輛得到完整的維修服務，且車輛的保固是一年無限里程。若有零件問題也可立即解決。假設本地沒有零件，可立即向原地申請，所以零件及維修方面大可不必擔心。如果購買水貨車輛，就沒有這些好處了。

就這樣經由王淑容與工程師的不斷解說下，該顧客終於簽下了訂單。

個案問題

1.你認爲王淑容推銷成功的原因何在？

2.市場區隔是否適用於社會上的每一個階層？

3.通常市場區隔的運用是否必須顧及本身行業的性質？

第12章 文化的衝擊

本章重點

第一節　文化的性質

第二節　文化的功能

第三節　文化的向度

第四節　次文化群體

第五節　文化在行銷上的意義

討論問題

個案研究：消費文化的變遷

個人生存在社會中，無時無刻不受到文化的影響，文化影響個人的知覺、學習、動機、人格與態度，同時也影響個人所屬的群體、家庭、社會與國家。相對地，個人、群體、社會也累積了文化。因此，個人、群體、社會與文化都是相激相盪的。因此，吾人研討消費行爲，也必須注意文化的因素。本章將逐次討論文化的特質、功能、向度、與次文化群體，以及文化在行銷上的意義。

第一節 文化的性質

一般而言，文化是人類一切行爲的綜合體，它包括人類的知識、想法、態度、價值、意見。它也是人類社會的遺產，是祖先遺留下來的風俗、法律、習慣與規範的體系。人類透過社會文化的過程、群體交互作用與個人的學習，而將它們流傳下來。英國人類學家戴拉（Edward Tylor）即認爲：文化是人在社會中所學習得的知識、信仰、藝術、道德、法律、風俗，以及任何其他的能力與習慣。

克羅伯（Alfred L. Kroeber）也認爲：文化是群體成員的產品，包括構想、概念、態度與生活習慣等，用以幫助人類解決生活上的問題。以上定義強調文化的內涵與重要性。

不過，最爲人所接受的定義是林頓（Ralph Linton），他把文化定義爲：文化是一個社會中習得行爲以及行爲結果的形貌，而這些行爲的組成元素在該社會中傳遞。此定義特別強調：一、文化是動態的，而不是靜態的；二、文化不只是累積傳統的總和，而且是想法、價值觀、行事方法等的傳遞與溝通；三、強調文化的有機性、活力，以及份子間共通性與聚合性。

然而，決定文化的最主要因素，乃是人類的生存環境。由於生存環境的不同，導致文化的不同。由於人類生活在不同的社會環境下，其所學得的行爲也不太一樣。進而言之，人類並非一出生就具有某種文化的行爲模式，而是經過後天的學習而來的。所謂學習，有的是經過別人的教導，有的則是自己觀察而習得的。亦即個人自出生即受到風俗習慣與文化的洗禮，個人的生活歷史就是整個適應傳統環境的過程。因此，文化對個人的影響是多方面的，也是無遠弗屆的，它包括個人的食、衣、住、行、育、樂、購買行爲與其他各種活動。

當然，文化也受到個人的影響，至少也必須透過個人和群體的傳遞。因此，從某一方面言，文化是個性的綜合表現；但從另一方面看，個性也是個別文化的表現。廣義而言，文化提供一套行爲法則，界定了人類的角色，使人類表現某些行爲模式；同時，人類在文化的薰陶下，學會了各種行爲與法則，而顯現出行爲的特質。因此，文化與人類行爲間的關係是相當密切的。

此外，文化是變遷的。所謂文化的變遷是指當傳統文化不合時宜，或不能適應環境的需要時，我必須除舊佈新，加以改變，以滿足當前環境的需要。顯然地，在當前的社會中，由於科技的突飛猛進、交通的便捷、通訊系統的便利、自動化的崛起、醫藥的創新以及各項機器的發明，已使文化產生了戲劇性的改變。

是故，文化是整個人類生活方式的總體，包括一切物質與非物質的東西。從個別社會的立場來說，一個社會的文化是由該社會所建立的，且是代代相傳的生活方式之總體。更具體地說，文化是人類團體中普遍存在的人爲現象，是人類爲了求生存，以生物的和地理的因素爲根據，而在團體生活與交互行爲過程中，所創造出來的人爲環境與生活方式和準則。然而，文化被創造出來後，由於人類心理傳授的作用，而繼續存在；但在時間、空間與內容上會產生差異。

準此，人類文化實具有普遍性、連續性、累積性與變異性。無論古今中外，沒有一個人類群體是沒有文化的，這就是它的普遍性。文化自開始創造，即被保留下來，代代相傳，此即爲它的連續性。文化的發展由簡單到複雜，有些依舊存在，有些則經過改造或利用來創新，其內容是一代一代地增加，這是它的累積性。又文化在各時代、各社會的發展程度和內容上，都各不相同，亦即同一制度常因時間和空間的差異而不一致，這就是它的變異性。

總之，文化這個概念含義很廣，其所包括的範圍也極其遼闊。它是無所不在的，一方面存在人類生活中，影響著人類行為；另一方面則構成整個人類生活的型態，而受到人類行為的影響。是故，文化是人類行為的綜合體。

第二節 文化的功能

文化既爲整個人類生活方式的總體，則必具有某些功能：

一、文化是個別行動的指針

文化有一定的規範，代表著一連串的指引，指導個人在各種場合中表現適當的行爲。因此，文化是行動的指針。

二、文化是社會區別的標誌

每個社會都有其獨特的文化。每個民族也都有其特有的文化特徵。因此，任何民族或社會所顯現的文化特質，都比任何膚色或生理現象來得更有意義和更合乎科學。文化提供給吾人辨別各民族或團體的一個根據，它比地域或政治的疆界以及其他民族特徵，更爲合乎現實與實際。是故，文化爲區別社會的根據。

三、文化可評判個人的行為

由於每種文化都有其自身的固定標準與規範，可以用來評價個人行爲的好壞。例如，在美國社會文化標準下，擁抱表示一種禮儀；而在中國文化標準下，則否。

四、文化是學得反應的集合

在人類演化和社會化的過程中，人類所學習到的各種反應模式，即構成文化的基石。

五、文化具濃厚的價值色彩

文化教導人類應遵守哪些行爲規範，應尊重什麼，讚賞什麼；反對什麼，排斥什麼；使整個社會更有規則、秩序，而趨於完美。

六、文化可賦予社會系統化

文化可解釋、集合、包容社會上各種價值觀念，使之成爲系統化。透過文化的傳播與教導，使人們發現社會和個人生活的意義與目的。個人對文化的瞭解愈徹底，愈明白文化是整個生活計畫的總體。

七、文化提供社會團結基礎

文化可鼓勵社會中的成員要忠誠，表現愛國心；至少也要對本國文化的特點，加以欣賞。

八、文化構築自我社會藍圖

文化能使社會行爲系統化，促使個人參與社會時，不必重新學習和發明做事方法；而將個人與團體的所有行爲變成有關係的和協調性的。

九、文化可塑造社會性人格

一個社會中的各個人也許在行爲上都有各自的獨特差異，但在人格上卻也難逃某種固定的文化標記。個人雖有選擇和適應社會的能力，但他的社會化人格則是文化的產物。

十、文化有助於問題的解決

文化提供一套工具性的行爲反應，以幫助個人去適應環境的問題。

此外，文化是人類特有的產物，其他生物則沒有文化。

> 總之，文化是先人經驗的累積，以及知識的聚集。隨著時光的流逝，有些不適用的舊知識被拋棄了，有些新知識產生了，於是文化會發生改變，有時變得快，有時變得慢。且由於文化塑造了個人的各種行為傾向，因此，文化對消費者行為的影響極為深遠。

第三節 文化的向度

世界各地分佈著不同的文化，它們各有一套自己的模式與主題。由於生活方式的不同，使得人類對生存目的的看法也不一樣。顯然地，這些看法是受到社會傳統與風俗習慣的影響，而且這些看法使人類能夠適應環境。然而，在各個文化之下，也存在著次文化。所謂次文化，就是在一個文化裡，由於每個群體行爲態度的不同，以致形成更小的文化而言。例如，中國文化即爲東方文化的次文化，而漢人文化又是中國文化的次文化。由此類推，又細分爲更小的次文化。

由此觀之，要瞭解某種文化的內容，必須將文化分類，然後再將之整合或組織起來，才能找出文化的主要型態與內涵。依此，吾人可從分佈上、組織上與規範上等三個向度，將世界文化分類，從而瞭解和比較各種文化的特色。

一、分佈上的向度

所謂分佈上的向度，是指以人口統計的內容來區分文化，這些內容包括：生態上的人口分佈、職業上的分佈、所得水準的分佈、教育程度的分佈等。首先，就人口分佈而言，每個國家人口分佈的形態有很大的差異。有些國家，每個家庭的孩子眾多，平均壽命很短，對長壽的期望很低；且有些國家的農民比例高，缺乏高度的技術。有些國家，則每個家庭的孩子少，國民平均壽命很高，但技術人才很多，國富民殷。由此種向度，可將文化分類。

其次，經濟成長的成就，也可作爲分佈上的向度，而將各國文化分類。經濟歷史學家羅斯湯（Walter W. Rostow）即將經濟成長分爲五個階段：（一）傳統性社會，（二）工業起飛前期，（三）工業起飛期，（四）工業成熟期，（五）大眾消費時期。例如，印度是屬於工業起飛期的國家，蘇俄爲接近工業成熟期的國家，而美國則屬於大眾消費的社會。

另一種分佈上的向度乃爲國民所得。例如，美國國民所得的分配近乎菱形，特別富有和特別貧窮的人數很少，大部分家庭都是中所得者，以致中等階層的人數最多。相反地，有一些開發中國家國民所得分佈類似金字塔形，最底層的人數最多；亦即貧窮的人最多，中產階級的人次之，而特別富裕的人最少。由此，吾人可依國民所得分佈，瞭解傳統社會與現代社會的不同文化特色。

二、組織上的向度

所謂組織上的向度，是指在文化裡，各類人員參與的情形與文化組織的結構，諸如：社會階層的結構，結構的固定性和彈性，以及家庭關係的性質等是。就家庭結構而言，傳統性社會的家庭結構傾向於廣泛血緣關係，包括：祖父、伯父、姑母……及其他親屬等的聯合，故每個成員被要求要忠於家庭。至於現代社會的家庭結構，則屬於小家庭制度，只包括父母及其子女，比較崇尚個人自由。

再以家庭夫妻關係而言，第一種文化形態乃爲妻子只有服從的義務，毫無權力可言，此爲回教國家的文化形態。第二種文化類型爲丈夫擁有最大權力，而妻子也擁有某些權力，拉丁美洲國家的文化形態屬之。第三種文化類型則爲夫妻的權力均等，英美各國的文化即屬於此種類型。

最後，以社會組織來分類，則可分爲社區社會（gemeinschaft）與社團社會（gesellschaft）。社區社會類似於傳統社會的觀念，成員非常看重血統上的關係，個人喜歡由家族所造成的群體。社團社會則相似於現代社會，人際關係的建立，完全以個人的自我興趣爲主；這種社會會產生游離人口，個人常離群而索居，與人交往冷漠。

三、規範上的向度

所謂規範上的向度，是指以價值觀和規範，包括：宗教的、經濟的、哲學的價值觀和規範，來區分世界文化而言。就宗教價值觀而言，由於每種宗教對人生的看法與價值系統不同，以致對人類行爲的影響方向也不同。進而言之，影響文化規範的主要因素，乃是宗教對人生的看法與價值觀，宗教儀式還在其次。由於宗教的影響力，以致不同社會文化有不同的價值觀。例如，歐美各國受新教的影響，多強調生活必須勤勉而樸素；中國受佛教的影響，多強調生活必須無慾；這些價值觀都各自存在於其傳流文化思想之中。

此外，其他文化規範也反應該社會的政治哲學與歷史演進過程，以致每種文化在其藝術上或性格上也表現得大異其趣。有些國家極爲重視藝術，強調藝術價值；有些國家則否。至於在性格上，由於不同文化的影響，每個國家的國民性也不一樣。例如，義大利人熱情洋溢，而且較衝動；而德國人較穩重而踏實。

最後，每個國家人民的生活主題與方式也不一樣，這大多是受到迷信、禁忌、宗教教義所規範，而顯現出不同的文化型態。例如，正統猶太教禁止教徒吃豬肉，印度教視牛爲神明，佛教主張吃素……等，都形成不同的文化類型。

總之，不同的文化向度可區分出不同的文化類型，每種文化都具有它獨立的特性，且影響著在該文化中生活的人們。然而，吾人研討文化向度，必須注意的問題，就是要避免刻板印象的產生，否則一旦有了先入為主的觀念，很容易曲解其他國家的文化內涵，必無法得到正確的結果。

第四節　次文化群體

在行銷學上，次文化群體是一個很重要的概念。即次文化群體常可用來做市場區隔的基礎。蓋在一個複雜而異質的文化裡，次文化群體對個人行爲的影響力頗大，至少比總文化的影響力爲大。所謂次文化群體，是以宗教、種族、語言、社會階層等爲基礎，所形成的群體。個人對次文化群體的認同，隱含著個人接受該群體的生活模式。由是，次文化群體乃形成對個人的影響力。因此，行銷研究必須探討各種次文化群體的特性，才能得知其與消費行爲的關係。本節擬討論三種次文化群體。

一、種族次文化

種族次文化群體在行銷上，已經逐漸受到重視。此乃因每個種族團體同化的力量不同，以致在不同種族間的消費行爲也是不一樣的。甚而，在每個種族團體中，其年齡、收入與社會階層等也都不相同，以致產生各色各樣的購買行動。

在解釋種族的消費行為時，同化作用是個重要的因素。文化人類學家比德古（Thomas F. Pettigrew）即將美國黑人分為三種類型：一是走向社會的黑人，一為逃離社會的黑人，一則為反對社會的黑人。走向社會的黑人，是指以白人社會為參考群體，而且模仿佔優勢白人文化的黑人。逃離社會的黑人，是不喜歡與白人爭高下，而脫離白人文化的黑人。至於反對社會的黑人，是指根本不欣賞白人文化，而以黑人社會為參考群體的黑人。顯然地，這三種黑人在消費行為上是大異其趣的。

此外，行銷心理學家巴勒克（Henry A. Bullosk）在研究白人與黑人的消費動機時，指出：雖然人類的基本需求是一致的，但滿足需求的方式卻受到文化的控制；亦即文化限制了需求的表現。因此，每個種族團體所表現出來的動機，是不太一樣的。顯然地，此種種族團體所放射出來的不同動機，是受到文化的影響。

再者，有人研究種族團體和食品接受性的關係，發現隨著種族團體的不同，採用食品的程度也不相同。亦即由於種族飲食習慣的不同，每個種族所攝取的食物也不同。例如，中國人習慣吃米飯、麵條，美國人喜歡吃麵包、漢堡。甚而種族團體的次文化群體，飲食習慣也不一樣。當然，隨著時間與空間環境的變化，上述情形已有若干變化；但基本習性仍然保留著。

二、年齡次文化

以年齡來區隔市場，可區分為若干年齡的次文化群體。例如，十五、六歲的青少年已形成一種次文化群體。由於這些青少年已獨立於父母，其行為往往受到同年齡階層的伙伴之影響，而自成青少年次文化。青少年最常購買的產品有錄音帶、衣服、化妝品、清涼飲料以及機車等，幾乎已自成一個獨立市場。因此，廠商必須開闢青少年市場，其主要原因為：（一）對某些產品而言，青少年是最大的市場；（二）青少年對消費決策與消費趨勢，已具決定性影響力；（三）為培養青少年的品牌忠實性，可增強其對產品的深刻印象。

再者，以年齡來區分，尙可找出老年次文化群體。一般而言，老年人由於體力的逐漸衰退，精神需要更多的寄託，其對藥品的需求往往比其他年齡群體更爲殷切。在食品上，老年人更需要不含膽固醇或非酸性的食物。其他，如老人俱樂部、老人會等組織，都可提供作爲其精神慰藉的場所。

此外，新婚夫婦也可列爲一個次文化群體。例如，新婚夫婦對於嬰兒食品、幼兒家具、童裝以及新的家庭用具、器具等，都比任何年齡群體有更高的興趣。總之，由於各種年齡群體的不同，其對環境的反應與價值觀等也都不相同，以致其間購買產品的種類也不相同；甚至於在食品上、生活起居上或娛樂上的需要也不一致，這是行銷學家與廠商在探討年齡次文化群體所應注意的問題。

三、生態次文化

由於地理環境的不同，整個文化也可分成許多次文化，終而使得食品消費型態也不一樣。例如，美國西海岸的人們喜歡喝琴酒及伏特加酒，東部人喜歡蘇格蘭威士忌酒，南部人喜歡波旁威士忌酒。中國北方人習慣於麵食，南方人喜歡米食。凡此都說明地理環境的不同，而形成飲食習慣的差異。同時，對衣服的款式與奇艷的標準，每個次文化群體也不一樣。如原住民喜歡顏色鮮艷而強烈對比的衣飾，即其一例。

至於城市、市郊與鄉村，也可用來說明生態次文化群體，從而具有次文化市場區隔的特別意義。一般而言，鄉村市場具有明顯而清楚的特性，而城市市場與市郊市場也具有不同的特性。住在市郊的人多以年輕的家庭居多，社會地位與教育程度比住在市中心的爲高。市郊市場多以房屋、汽車、回數車票以及私人游泳池爲常購買的物品。

此外，城市與鄉村的消費者與社區關係，也不相同。一般而言，城市消費者多喜歡從事多樣性的購買行動，與店員關係較冷漠；

並喜歡到新商店購買，以吸取新經驗，比較不具品牌忠實性。鄉村消費者常與店員建立良好關係，透過這種關係和整個社區聯繫在一起。對於鄉村消費者而言，購買行爲不僅是工具性行爲而已，而且也可藉此建立起社會關係。是故，鄉村的小店不只是貨品的供應地，而且是社交的場所。

總之，各種次文化群體對個人消費行為的影響，是無遠弗屆的。不同的種族、年齡、地理環境、教育程度、宗教信仰、社會階層……等，都會形成不同的次文化群體，以致產生不同的消費習慣與購買行為。凡此都可作為市場區隔的依據。廠商只有瞭解各種次文化群體的特性，才能做好市場區隔，達成產品促銷的目標。

第五節 文化在行銷上的意義

由於每個文化在分佈上、組織上與規範上的內容，都有很大的差距；加以各種次文化群體的特性都不一致。因此，貨品消費的型態、家庭決策的方式、購買產品的態度、促銷的可能性，以及其他各種行銷因素等，也不太一樣。凡此都已顯現出文化對行銷的意義與影響。本節將從市場的各項組合，包括：產品、促銷、價格與分配路線等來研討文化的意義；同時探討多國性行銷的性質。

一、產品

顯然地，產品的使用受到文化的影響與限制。雖然人類的生理性需求是一樣的，但滿足需求的方式則不一樣，此乃受到文化因素的影響，由此而形成不同的消費習慣，各個社會所消費的貨品也不一樣。當然，最近由於產品的擴散，使得今日的市場必須以整個世界為考慮的重點。然而廠商仍必須兼顧每個社會的消費型態，以便能從事最佳的生產與行銷規劃。

首先消費者對產品的知覺，即受到文化的影響。因為文化常賦予產品以不同的意義，由此而影響消費者的知覺和看法。因此，廣告必須考慮文化因素。依照廣告心理學家懷特（I. S. White）的看法，廣告在強調產品的品質和特性之前，必須先瞭解整個社會的價值結構；然後再強調產品的某些屬性，以增強個人的社會價值觀，如此才可收事半功倍的效果。亦即只有在文化的限制下，來激發消費者產生動機與行動，才深具意義。

再者，某些產品的消費，在許多國家散佈很快；有些則困難重重；此乃為產品與其文化型態息息相關之故。有些產品很適應國情、合乎文化規範，則散佈必廣而快速；有些產品若與文化習俗相互衝突，則其推廣必阻礙重重。因此，廠商必須注意各個社會的文化規範與文化習俗，方不致有錯誤的行銷策略，且浪費過多資源。

此外，產品的維護與保養也與社會文化息息相關。有些國家人民深受訓練，富有責任感，而謹慎地使用產品，習於保養與維護；有些國家人民缺乏訓練，沒有維護與保養的素養；凡此皆與文化習慣相關。而產品的維護與保養和產品的行銷量有關。因此，產品的保養與維護深受社會文化影響，個人在不同社會中長大，對保養的標準與看法也不一樣。

二、推廣

在產品的促銷方面，也要考慮文化的因素。只有兼顧到文化的因素，來擬訂促銷策略，才能收到事半功倍的效果。一般而言，要改變現存的文化與創造的需要，必須經過長期的規劃與執行，這不是一件簡單的事。因此，推廣產品只有適應現存的文化狀態，才是最經濟的。首先，文化必然規範個人的角色期望，而角色期望會影響個人的購買行動。是故，刊登廣告必須考慮這個因素的存在。例如，汽車往往由男人負責購買，而女人負責選購家具裝飾；此時就必須針對男女角色分別作廣告。

此外，行銷的推廣組合，必須考慮社會特性的影響。如果一國民眾的知識水準很低，就不能使用印刷媒體廣告，而必須改用人員推銷或語言宣傳的手段，否則廣告效果必差。當然，推銷員的選擇，必須進取心強，富有攻擊力與說服力。又全國性廣告的使用必須顧慮不同的種族或語言是否過多，如在印度想作全國性的廣告是不可能的。因爲印度有五十一種地方性方言，很難把大眾傳播訊息傳遞到每個角落，則只有採取人員推銷的策略。

還有，運用廣告促銷必須符合文化價值觀。有些國家夫婦一起參加社交活動，有些國家則是分開的。甚至於有些文化型態很重視色彩、禮貌的因素。凡此都與宗教、迷信、禁忌、習俗等有密切關係。廣告推廣必須顧慮到這些因素的存在。

商品的推廣，除了受文化差異的影響外；即使商場上的洽談與商業合約的簽訂，也受文化因素的影響。在工業行銷上，有的文化非常強調買方與賣方代表所建立的關係。行銷學家霍爾（Edward T. Hall）曾舉例說明此種現象。美國一家公司的業務經理曾與拉丁美洲政府代表，商談一宗利潤很高的交易，雖然雙方已談好了交易條件，但由於該業務經理不瞭解拉丁美洲的文化規範，以致喪失了大好機會。以上所討論的都是文化因素對商品推廣的影響。

三、訂價

文化因素在商品的訂價上，也深具意義與影響。在經濟高度發展的國家，其政府往往採用單一價格系統（one-price system）；即產品的基價都由政府規定清楚，商人不得任意哄抬，否則便有牢獄之災。在西班牙工業原料，如煤、鉛、工業酒精等的價格是固定的。在荷蘭、法國等歐洲國家，都有規定價格的聯合組織。我國的煙、酒也有統一價格。

不過，有些文化體系並沒有公定價格的制度。人們在市場上的交易活動，往往成為社會生活很重要的一部分。還有，有些物品的討價還價，很能滿足人們爭勝好奇的心理。此種交易買賣多以農業產品或輕工業產品居多。凡此都說明產品價格也受到文化價值系統影響。

四、分配路線

文化的影響力是相當深遠的，即使連產品的分配路線也受到文化的影響。在美國，由於次文化群體特別多，必須採用各種不同的分配方法，以求達到銷售目標。商店的類型從充滿人情味的小型商店到完全商業化的大型商店，應有盡有。一般而言，小型商店所販賣的產品項目很少；而且多為老牌產品，顧客也多為熟人；至於大型商店所賣的產品項目繁多，至少在幾千種以上，而且大部分只賣某品牌的產品，其中包括許多創新的產品。同時，由於品牌忠實性的建立，消費者往往會固定在某家商店購買。

此外，美國現代化的超級市場可供選擇的產品項目很多，包括：冷凍的、新鮮的以及罐裝物品；且由於每個家庭都有電冰箱，個人的收入夠，因此購物量大，通常一兩週才購買一次。相反地，有些國家的市場，每天都很嘈雜而熱鬧，賣的東西有限，購買的數量也很有限，而且天天購買，把趕市集當作一種社會交際活動。因此，各種文化的市場分配路線差異很大，此乃受到風土民情的影響。

總之，文化因素影響產品的市場分配路線。例如，超級市場的建立合乎美國人的生活習慣，卻不太合乎西班牙人的風俗習慣。通常超級市場的銷售對象，是以高收入的家庭為主；但這種收入的家庭主婦大多沒有在外面工作，因此希望購物時能遇見老朋友，以便增加生活情趣。可是在超級市場購物，根本沒有機會和別人接觸。因此，她們對超級市場的評價很差，認為超級市場的氣氛是冷漠的，甚而感覺到是不太友善的。

五、多國性行銷

商業行銷若採用多國性行銷，就必須考慮到各國文化因素，對商品行銷的影響，對一個國際貿易商而言，如何顧及不同國家的不同文化，以增加產品的銷售量，是一個相當重要的問題。過去對國際市場的區隔，往往以國別爲主，依照幾個國家分成幾個市場，此乃依照文化及風土民情爲主要考慮。是故，除非世界已達到統一的境界，否則只有國家市場，而不會有國際市場。

然而，近來由於科技進步，交通便捷，已縮短了國際間的距離；而且通訊網遍佈世界各地，人際間的想法與看法縮小了。易言之，文化間的差距已經減到最小。因此，有人把各國市場視爲世界市場的一部分，市場間的差距也極爲微小。加以國外旅遊與移民的增加，以及大眾傳播媒體的強大穿透力，已將整個世界緊緊地聯繫在一起。

因此，行銷學家巴瑞（Robert Buzzell）認爲：典型的多國性市場是採行統合的市場策略，如此可得到許多明顯的好處。因爲產品、包裝與促銷手段的標準，可以節省許多費用。尤其是當消費者的特性與行爲非常一致時，這種益處更爲明顯。此外，他也比較國際標準化（international standardization）與地方區隔（local segmentation）的分野與限制。他認爲限制標準化的因素，包括：氣候、所得水準、關稅稅率、消費者購買型態、傳播媒體的通路、語言，以及象徵等。還有，現在的世界雖非一體，但如果把一個國家視爲一個獨立市場，則是不經濟的。

近年來由於國際主義的盛行，國際市場標準化有愈演愈熾的趨勢。在國際貿易上，逐漸採用國際通用語言，並用國際上通用符號來處理某些事物。然而，在大文化裡有許多次文化的存在；因此，行銷過程並不如想像的單純，以致行銷者把市場加以區隔，以提高行銷效率，也是必要的。蓋只有以具體而有意義的標準，將市場區隔，才能達成行銷的預期效果。當然，市場區隔的結果，必會喪失某些市場標準化的利益。此爲廠商在採行市場區隔時，所必須斟酌利弊得失的。

討論問題

1.何謂文化？決定文化的最主要因素爲何？

2.何謂文化變遷？每一種文化是否都會變遷？如何變遷？

3.文化具有哪些功能？試述之。

4.每種文化何以會有差異？造成其差異的原因爲何？

5.何謂文化規範向度？其如何形成文化的差異？

6.何謂次文化群體？其類別有幾？對消費行爲有何影響？

7.試述青年次文化群體的特色。廠商何以要重視青年次文化群體？

8.文化對行銷推廣的影響爲何？試抒己見。

個案研究

消費文化的變遷

鼎新企業公司最近為了促銷其產品，正苦於不知如何擬定更好的銷售計畫。不久即收到某大學有關行銷經理訓練班的邀請，公司乃指派銷售部門經理前往參加。

某日，教授上課時講到消費的文化觀，他說：

近年來，由於消費者消費意識的覺醒，以前認為「吃虧就是佔便宜」的觀念，在現代社會中已行不通了。今日的消費者相當精明，因此廠商必須改變過去的觀念。過去消費者相信二、三十年的老品牌，今日則要求不斷的翻新。今日的消費者所接觸的消費資訊，比以前廣而多，而且對產品相當挑剔，他們不再逆來順受，甚而會採取抵制的行動。

現代的廠商必須有一種觀念：顧客永遠是對的。廠商所銷售的已不限於商品本身，還加上它的附加價值，如品牌、包裝、賣場氣氛、售貨員的微笑，以及售後服務。如能再加上一點點額外的服務，在商品包裝上設計精緻漂亮的禮盒，帶著優美典雅，必廣受歡迎。

今日消費市場仍是一片欣欣向榮的新生地，還保有許多發揮拓展的空間，廠商如果能展顯出商品品質，提高一些文化氣息，使消費者感覺更好，懂得迎合消費者，必能挑起消費者的購買慾望。這有賴商家好好的動動腦筋。

個案問題

1.你同意個案中教授有關的消費文化觀嗎？何故？

2.一項商品想在市場上佔有一席之地，是否需考慮社會文化價值？

3.你認爲一項商品應考慮哪些因素，才能做好行銷工作？

組織的購買行爲

第13章

本章重點

消費行爲不僅是屬於個人的，而且也是屬於組織的。固然，個人會有購物的需求；而組織亦因需要製造產品或提供服務，以致產生了購買行爲。當然，組織的購買行爲是集體性的，是透過組織內部成員或少數負責人交互行爲的結果。因此，吾人於討論個人的心理基礎及各項影響因素之餘，亦不能忽視組織的購買行爲。本章首先將研討組織的意義及其類別，其次探討組織市場的特性、組織的購買角色與類型、組織的購買決策過程，以及影響組織購買行爲的因素。

第一節 組織的意義與類別

組織正如個人一樣，有其產品的期望與衍生性需求，此將影響其購買行爲。一般而言，組織所需購買的產品和其購買決策過程，都比個人消費者要複雜得多。因此，吾人要探討組織的購買行爲，首先必須瞭解組織的性質與類別。所謂組織（organizations），是指在建立內部結構，使得人員、工作與權責之間，能得到適切的分工與合作關係，據以有效地分擔和進行各項業務，從而能完成某些目標的組合體；亦即指由個人所組成的群體，在協同一致的努力下，共同致力於整體目標的實現。此種組織可大別爲三類：

一、企業組織

企業組織是指購買原、物料或半成品或製成品，用以製造或生產產品，以供銷售、租賃或提供服務的廠商。對企業組織來說，它本身既是某些貨品或服務的生產者或提供者，而且也是另些貨品或服務的消費者。就組織購買者而言，企業組織可分爲工業購買者（industrial buyers）和服務購買者（service buyers）。

（一）工業購買者

工業購買者是最大的組織購買者，其所購買的貨品可包括：農業、林業、漁業、牧業、礦業、製造業、建築業、公用事業等產品。這些產品的購買者又可分爲三大類：

1.原始設備的製造者：此類購買者是將所購得的工業品，裝配或組合在其所製造的產品內，然後將其產品銷售到消費市場或組織市場上。例如，汽車製造廠即爲汽車零件供應商的原始設備製造者即是。

2.最終產品的使用者：此類購買者是將所購買的工業品，用來執行業務或生產作業的；而不是將購得的工業品，用來裝配或組合在自己的產品內。例如，汽車製造廠是工具機製造廠的最終產品使用者即屬之。

3.產品的中間使用者：此類購買者是購買原物料、零組件等工業品，以作爲生產的投入，然後再生產其他產品。例如，罐頭食品工廠是農、漁、牧產品的中間使用者即是。

（二）服務購買者

服務購買者是指企業組織本身需要他人或其他機構提供服務，而加以購買而言。此類購買又可分爲轉售者和服務提供者兩類。

1.轉售者：此類購買者是將所購入的產品再行銷售或租賃，用以獲致利潤的購買者，如批發商或零售商即屬之。這類購買者以創造時間、地點和所有權效用，以扮演採購代理人的角色，爲顧客提供服務者。

2.服務提供者：服務提供者並不是轉售產品，而是直接提供顧客所需要的各項服務，如金融業、旅遊服務業等均屬之。在服務過程中，服務提供者需購買某些設備和工具，如旅遊業爲顧客購買機票、園遊券等是。

二、政府機構

政府機構也是一種典型的組織消費者，這些機構包括中央及地方各級機構，都是產品和服務的重要購買者。政府機構所購買的產品多用來服務民眾，其之所以購買或租賃貨品和服務，乃在遂行政府的各項職能。

三、非營利組織

非營利組織包括：宗教團體、學校、醫院、政黨、公益團體等，此等組織爲維繫其運作，常需購買大量的產品和服務。

第二節 組織市場的特性

組織正如個人消費者一樣，有其本身的特性。所謂組織市場（organizational market），是由購買產品與服務，用來從事生產其他產品與服務，以提供銷售、租賃，或供應給其他個人或機構的所有組織而言。此種市場是相當龐大的。組織市場的購買金額與產品的項目和數量，遠超過消費者市場。本節將依前述組織類別分述如下。

一、企業市場的特性

企業市場和消費者市場有很多明顯的差異，其特性如下：

（一）購買人數較少

企業市場的購買者比一般消費者市場爲少。例如，輪胎公司在企業市場上可能只有幾家汽車製造公司的買主，而在個人消費者市場上就有無數的購買者。

(二) 購買規模較大

在企業市場上的購買者固然比一般消費者市場少，但在購買數量和規模上則較大。例如，汽車製造公司購買輪胎的數量，會比個別消費者爲多即是。

(三) 地理位置集中

企業市場上的購買者較集中在一定的區域，而個別消費市場上的購買者則分散在各個地區。

(四) 需求彈性較小

由於企業市場本身生產產品較爲固定，以致其需求彈性較小；而個別消費者的需求差異性較大，以致其需求彈性也較大。

(五) 需求波動較大

企業產品或服務的需求波動比消費品的波動爲大，且較爲快速。當消費者的需求小幅增加時，企業產品的需求就會大幅增加。

(六) 購買決策複雜

企業購買決策的參與人數比消費者購買決策爲多，且更專業化。通常企業購買多由專業人員負責，且需經過一定程序辦理，以致參與購買決策的人數較多，甚而可組織採購決策小組。

(七) 講求購買技術

由於企業購買較爲專業化，且涉及較大的購買金額，故較講求購買技巧，且需考量經濟因素與財務狀況，而負責採購的人員必須具有專業知識。

(八) 購買過程正式化

所有的企業購買都有一定的採購程序，要求詳細的產品規格、書面的請購單、嚴謹地徵求供應商和正式的批准，這些程序常詳載於採購手冊和政策上。

（九）採取直接購買

企業購買者大多向生產者直接採購，較少透過中間商去購買，尤其是以購買比較昂貴、技術性複雜或需要更多售後服務的工業品爲然。

（十）採行互惠購買

企業市場的購買者常彼此互爲購買產品，亦即購買者可能是另一方的供應者，而供應者又可能是另一方的購買者，此種互惠購買可增進彼此之間的良好與合作關係。

二、政府採購的特性

政府採購貨品基本上是用來服務民眾的，其與企業組織大量採購用來重新生產者不同。且政府採購都有一定的法規和程序，尤其是有關大宗貨品的採購需透過招標的程序。當然，政府採購的一些特色仍與企業組織的採購相同的，如購買少、規模大、區位集中、需求彈性小、購買決策複雜等；然而政府採購乃有其基本特性，如下：

（一）需合乎法規

政府採購無論中央或地方都受到較多的法規限制與監督，其採購程序與作業都要按照各種法規，如政府採購法和預算法的規定辦理；且受到立法機關、大眾媒體、專家學者和社會大眾的監督，所需作業比企業採購爲多，決策緩慢，產品規格更爲詳盡。

（二）需經過審議

政府採購的項目和金額常需列明在預算書中經過立法機關的審議，供應商可從預算書中看出政府採購支出的項目、數額和大致的內容。

(三) 採公開招標

在一般情況下，政府採購會訂定貨品的規格和數量、品質等，以採取公開招標的方式選取出標價格最低的廠商。但在特殊情況下，如品質保證、特殊技術要求、時間的急迫性、國防上的需要等考量，有時也可能採取議價的方式辦理。

(四) 傾向國內採購

政府機構爲照顧本國廠商，常傾向於國內採購，除非本國廠商缺乏相當技術或未能及時供應或無法供應者爲例外。

三、非營利組織的特性

非營利組織的購買者有些需購買大宗的產品和服務，有些則否，其乃視組織規模的大小而定。有些非營利組織的購買程序和企業組織或政府採購程序一樣，有些則否，這需依組織的性質而異。例如，醫院、學校等需購買大量的器材設備，而一些宗教團體、利益團體則只需採購一些文具用品，以致其間的採購特性各有差異。

第三節　組織購買的類型與角色

誠如前述，組織購買者的特性不同於個人消費者，然而組織購買具有哪些形態？其由哪些人扮演購買角色？誰是購買者？誰是購買過程的參與者？這些都是本節所擬討論的課題。

一般而言組織的購買情境可區分爲三種類型，包括：直接重購(straight rebuy)、修正重購(modified rebuy)、新購(new task)。

一、直接重購

直接重購的購買決策係屬於例行性的。所謂直接重購，是指購買者依過去的購買基礎不再作任何修正，而再行採購以前所購買過的產品而言。例如，購買辦公室的文具用品等，通常都依例行方式辦理。當然，此種重購常與使用單位的滿意度有關。採購人員會衡量過去的採購的滿意度，來選擇合適的供應商。原有的供應商為了保住生意，會努力去維持產品與服務的品質，以提供自動重購系統，而節省採購者的時間。至於非原有的供應商為求立足之地，也會想盡辦法提供新穎的產品，或探討購買者對現有供應商不滿的地方，以爭取供銷的機會。此種廠商會設法先取得小訂單，然後再求擴大其佔有率。

二、修正重購

修正重購的購買決策乃為採購者需對產品的規格、品質、價格、交貨要求和其他交易條件加以修改而言。參與修正重購決策者較多，原有的供應商會更為謹慎，以盡全力去保住客戶；非原有的供應商則視此為爭取生意的絕佳機會，將提供他們認為較佳的商品或服務。

三、新購

新購為購買者第一次購買某項商品或服務的情境。在新購的情況下，由於其不確定性較高，且買賣金額與風險性較大，參與購買決策的人數愈多，所需的資訊也愈多，決策完成的時間愈長。因此，新購情境是行銷人員的最大機會，也是最大的挑戰。行銷人員應儘可能多去接觸那些具有影響購買決策的人，並提供有用的資訊，且加以協助。由於新購情境會牽涉到複雜的銷售問題，故宜組成行銷任務小組來處理之。

購買者在直接重購的情境下並沒有作太多的決定，新購情境則剛好相反。在新購情境下，購買者必須決定產品的規格、供應商、價格範圍、付款條件、購置數量、運送時間、交貨期限以及服務條件等。這些決策的次序常依各種不同情境和不同的參與者而有所不同。此外，許多購買者寧可將採購問題作一次整體性的解決，而不願化整爲零地作多次購買，此稱爲系統採購（system buying）。它係源自於政府機構對武器通訊系統的採購作業。在此種方式下，政府毋需購買大量零組件來組合，只要和簽約者打交道，由後者負責將整個系統加以組合即可。

然而組織購買過程絕非少數人所可完全負責，故常組成採購決策單位，即爲採購中心（buying center）。它是指參與購買決策過程，並分享共同目標及分擔決策風險的所有個人和群體。採購中心包括所有在組織的購買過程中扮演下列七種角色的所有組織成員。

一、發起者

發起者（initiators）是指要求採購某項東西的人，可能是使用人或希望得到便利性與其他相關的人員。

二、使用者

使用者（users）係指將要使用產品或服務的人。在很多情況下，使用者常是率先提議購買的人，其在產品規格上常具有決定性的影響。

三、影響者

影響者（influencers）係指影響購買決策的人。他們通常在產品規格及各種不同購買方案上提供許多資訊，組織內的技術人員就是重要的影響者之一。

四、決策者

決策者（deciders）係指具有正式或非正式權力，以決定產品需求和供應商的人。在例行採購作業中，採購者常是決策者，或至少是是同意者。但在大多數情況下，決策者多爲負責人或主管。

五、核准者

核准者（approvers）係指核准決策者或購買者所提建議行動的人。他們多爲部門主管或爲最高負責人。

六、採購者

採購者（buyers）係指擁有正式職權去選擇供應商及安排購買條件的人。採購者可能協助修訂產品規格，但他們的主要角色乃在選擇供應商及進行各項協商。在較爲龐大而複雜的採購案件中，購買者還可能包參與協商的高階主管。

七、把關者

把關者（gatekeepers）係指負責控制採購資訊流程的人。例如，採購代表、接待員、技術員、祕書及電話總機人員都可能控制行銷人員和使用者或決策者的接觸即是。

總之，整個採購過程可能包括：發起者、使用者、影響者、決策者、核准者、採購者和把關者，這些人員都可能影響組織購買的決策及其過程。因此，廠商除了需提供合理的價格、品質及信用程度之外，尚需建立與這些人員的密切關係，爭取更多的行銷機會。

第四節 組織的購買過程

組織購買是由許多個人所作成的決策，這些決策即爲這些人員交互作用的結果。唯組織購買決策是一連串的過程相互連結的。這些過程包括：確認問題的發生、一般需求的說明、產品規格的決定、供應商的尋求、報價的徵求、供應商的選舉、正式訂購以及評估使用結果等。茲分述如下：

一、問題的確認

組織購買決策的首要步驟，就是確認組織有購買的需要。當組織內部人員發現購買某種產品或服務可解決某項問題或滿足某種需求時，就是購買過程的開始。問題的確認（problem recognitioin）都可能來自組織外部或內部的刺激而產生。就內部刺激而言，最可能引發購買問題確認的事項，如組織決定開發一種新產品，就必須採購生產該項產品的新設備與原料；機器故障，就需換新或購新的零件；對過去採購的物品不滿意，就另覓新的供應商；採購主管隨時在找尋品質更好、價格更低廉的產品來源與機會等均屬之。就外部刺激來說，引發購買問題確認的事項，如採購人員可能在商展上獲得某些新觀念與構想；或看到廣告、接到行銷人員告知可提供更佳的產品或更低廉的價格等，都會產生問題確認的想法。因此，企業行銷不能只是守株待兔、坐等電話，而必須主動出擊，幫助採購人員確認問題，只要有新產品推出，就要舉辦行銷活動，主動拜訪客戶。

二、一般需求說明

當組織確認有購買的需求時，緊接著就要準備一般需求說明書（general need description），以決定所需產品的一般特性與數量。對標準化的產品而言，這不是大問題。但就複雜化的產品來說，採購人員必須與公司內部其他人員，如工程師、使用者、顧問等共同評估產品的價格、品質、耐久性、可靠性及其他屬性的重要性，以界定產品的一般特性。在此階段，供應商可提供更多協助，以提供給購買者各種考量的準則，從而決定組織的需求。

三、決定產品規格

組織購買者在準備好一般需求說明書之後，接著要決定產品規格（product specification），此項工作通常由產品價值分析工作小組負責。產品價值分析（value analysis）是一種降低成本的分析方法，其乃在透過產品成份的審慎研究，以決定產品的各個組件是否能重新設計、予以標準化，或使用便宜的方式來生產。工程小組將決定適當的產品特性及其規格。嚴謹的產品規格可幫助採購人員不致買到不合乎標準的產品，而供應商亦可使用產品價值分析來爭取客戶。甚至於新供應商可藉此向買方分析更佳的生產方式，使買方由直接重購變成新購的狀況，終而得到銷售的機會。

四、尋找供應商

組織購買者為尋找供應商（supplier search），可查閱工商名錄、電腦資料，或徵詢其他公司的意見、注意商業廣告、出席商展等。在尋找供應商的過程中，購買者可臚列一張清單，剔除一些無法足量供應、交貨與信譽不佳的供應商，然後保留一些適宜的供應商。對於初審合格的供應商，購買者可能要檢視他們的生產設施，會晤相關人員。至於供應商方面，也應把自己列名在工商名錄上，發展有力的廣告及推廣方案，參與各項商展，並在市場上建立良好的信譽。

五、徵求報價

在徵求報價（proposal solicitation）階段，組織購買者必須找定幾家供應商，要求他們提出報價表。有些供應商可能只寄送目錄，有些可能派代表前來訪問。至於產品較複雜或昂貴時，購買者可能會要求提供詳細的書面報價，由此剔除一些供應商，並保留幾家供應商，要求作簡報，以便進一步評估。因此，企業行銷人員必須精於研究、撰寫及陳述報價，其報價書必須爲行銷文件，而非只是技術性文件。口頭簡報應能讓購買者深具信心，使其知道公司具有優於其他競爭者的能力與資源。

六、選擇供應商

在徵求報價過後，接著就是選擇合宜的供應商。在此步驟中，採購中心成員就必須審核報價表，並分析供應商所提供產品的品質、送貨時間與其他服務，逐一列出各項表格，詳列各供應商的特性及其相對重要性，用來評比各入選的供應商，以找出最具吸引力的供應商。

事實上，選擇最合宜的供應商宜考量下列條件，如產品價格、品質及服務、產品生命週期、準時送貨、信用程度、道德規範、修護及服務能力、技術性支援、地理遠近等。採購中心人員宜針對上述各項加以評等，以選出最適當的供應商。同時，在作最後決定前，宜挑選幾家較合適的供應商，就各項條件加以比較後選出最合適的一家；但仍宜保留一、二家，供作一旦有了問題，可資後補，而避免斷貨之虞。

七、正式訂購

組織購買者在決定供應商後，就必須發出訂購單（order-routine specification）給供應商，說明所需產品的規格、數量、預期交貨時間、退貨條件、產品保證等事項。對於維護、修理和營運項目（maintenance, repair and operating items, MRO），採購單位寧可採用「統購契約」（blanket contracts），而不用「定期採購訂單」（periodic purchase orders），以避免不斷重新訂購。統購契約是一種組織購買者和供應商之間的長期關係，使得供應商可在一較特定期間內依協議價格和條件長期供應購買者所需貨品。此種契約可減少許多重新談判過程，允許購買者塡寫較多訂單；同時可增加購買者向單一供應商購買產品的可能性，且採購項目可增多；除非購買者對供應商所提供的價格或服務不太滿意，否則可穩定供應商和購買者的關係。

八、評估使用結果

組織購買過程的最後階段，是評估使用結果。在此階段，採購單位會評估供應商所提供產品的使用結果。採購單位會與最終使用單位聯繫，並請其作評估。此種評估結果將決定公司是否繼續維持或停止與現有供應商之間的關係。因此，供應商也應注意購買者評估結果的各項變數，以確認購買者是否得到預期的滿足。

總之，組織購買過程大致可分為上述八大階段，唯這是運用於新購的情況，至於在直接重購和修正重購的過程中，可能濃縮或刪減某些步驟。不過，此種購買模式也可能因為每個組織的不同，而有其獨特的購買情境與需求。且採購中心的各個參與人都可能牽涉到不同的購買階段，有些階段可能按部就班地進行，有些則不斷地重複。近來由於科技的精進，愈來愈多的組織購買者已採取電子式的途徑，來購買各式各樣的產品與服務，因此採購的程式化可能形成一種趨勢，其中最大的益處乃為使購買者得以輕易地接觸到新供應商、降低採購成本、及加速訂單的處理與交貨時間。在供應商方面也可使行銷人員與顧客在線上聯結，以分享行銷資訊，提供對顧客的服務，並維持其關係。

第五節 影響組織購買行爲的因素

組織購買者在作購買決策時，可能受到許多因素的影響。有許多行銷者認爲最重要的影響力量是經濟因素，即購買者偏好價格低廉、品質良好，或服務佳的供應商；唯事實上，組織購買者除了會考慮經濟因素之外，他們也可能會重視人際與社交關係、避免採購風險等。對大多數的組織購買者來說，他們可能同時兼俱理性與情感，對經濟因素與非經濟因素都會有所反應。如果各供應商所提供的條件大致相同，採購人員就可能考慮人情因素，因爲不論他選擇哪家供應商都能符合組織目標；相反地，如果不同供應商所提供產品的差異性很大，採購人員就會更加注意經濟因素。表13-1即在說明影響組織購買行爲的四大因素，包括：環境因素、組織因素、人際因素、個人因素等。

表13-1 影響組織購買行爲的主要因素

環境因素	組織因素	人際因素	個人因素
經濟情境	目標	權威	年齡
科技變動	政策	地位	所得
政治情境	作業程序	權力關係	教育水準
法律環境	組織結構	群體關係	工作職位
競爭	制度	認同	性格
文化習俗		互動	冒險態度

一、環境因素

組織所處的環境深深地影響組織的購買，這些因素包括：經濟情勢、科技發展、政治情勢、法律環境、競爭情勢的變化，以及文化習尙等的變動。這些情況的變動帶給組織新的購買機會和挑戰。就經濟情勢來說，未來基本需求水準、經濟展望、資金成本等都會影響組織購買的意願。當經濟環境不確定性提高時，組織購買者將不再作新的投資，並降低庫存，在此種情況下很難再刺激行銷。此外，組織購買也受到科技變動的影響。例如，高科技的發展將引發購買者購買更精密的儀器與設備，用以提高生產效率。再就政治情勢而言，穩定與清明的政治情勢會激發更多的購買或投資，而不穩定的政局則降低購買或投資的意願。另外，法律規定的變動、競爭的環境以及文化與風俗習慣，常影響組織的購買。因此，企業行銷人員必須隨時注意這些環境力量的變動對組織購買決策的影響，才能將挑戰化爲有利的機會。

二、組織因素

每個採購組織都有其本身的目標、政策、作業程序、組織結構和制度，這些因素對組織的購買決策常會有很大的影響力。因此，企業行銷人員應儘可能去瞭解各個採購組織的特色。企業行銷人員應注意的是，組織購買的政策爲何？對負責購買者有何規定或限制？授權程度何在？購買者的管理層級何在？有多少人參與購買決策？他們是哪些人？互動的情況爲何？選擇或評估供應商的標準爲何？此外，企業行銷人員要瞭解與評估的，尙包括：採購部門的層級、集中或分散採購、長期契約的要求、網路或人工採購等。目前影響組織採購的組織因素，最重要的是許多組織都採取及時生產制度（just-in-time production, JIT），以致要求在較短時間和較少勞力下生產更多樣化高品質的產品，以致有較嚴格的品管要求、供應商繁複而可靠的送貨、電腦化的採購系統、要求單一供應來源，並將生產時程告知供應商，故供應商需隨時提供貨源，以便做好最佳的行銷工作。

三、人際因素

人際互動與群體關係有時也會影響組織購買，尤其是購買者或購買決策者的地位、權威、受認同的程度，往往決定組織的購買與否。然而，企業行銷人員並無法瞭解購買過程中所牽涉的人際因素與群體動態關係。有時權力關係是看不見的，採購中心最高職位的參與者不見得擁有最大的影響力。這其中涉及是否擁有獎懲權力、私人情感、專業知識技術、裙帶關係等錯綜複雜的因素。因此，企業行銷人員必須儘力觀察購買的決策過程，瞭解其中的人際因素，並設計有效的因應策略，以爭取最佳的行銷機會。

四、個人因素

個人因素是指購買中心成員的個人特質，如動機、知覺、過去經驗、偏好、性格、態度等。這些特質也受到個人年齡、所得水準、教育程度、專業領域、工作職位等的影響。舉凡上述各項個人因素都可能影響組織的購買決策。當然，每個參與組織決策的個人由於其影響力不同，以致在決策過程中擁有不同的作用。同時，不同的採購人員常因不同的個人特徵，致有不同的採購型態。例如，有些採購人員基於專業，而屬於技術型採購；有些採購人員基於採購習慣，而喜歡殺價；有些教育水準較高的採購人員喜歡進行分析再行採購；有些採購人員較擅長談判，喜歡獲得最佳的交易型採購。

總之，影響組織購買行為的因素甚多，其有來自組織因素者，有源自於環境因素者，有基於人際影響者，更有因於個人因素者。企業行銷人員欲做好行銷工作，就必須深入探討各項因素的交互作用與相互影響，如此才能爭取最佳的行銷機會，接受各種挑戰。

討論問題

1.何謂組織？組織有哪些類型？
2.企業組織有哪些購買類型？試分述之。
3.組織的工業購買者有哪些類型？試分述之。
4.組織的服務購買者有哪些類型？試分述之。
5.試述企業市場的特性。
6.試述政府採購的特性。
7.組織購買情境的類型有幾？分述之。
8.組織購買參與人有哪些角色？試分述之。
9.試述組織的購買過程。
10.影響組織購買行爲的因素有哪些？簡述之。
11.環境因素如何影響組織的購買？試論述之。
12.組織本身因素如何影響組織的購買行爲？試述之。
13.人際關係與個人因素如何影響組織的購買？試分述之。

個案研究

臨時採購小組

瑞豐電子公司最近因轉型的關係，需新購許多儀器與設備。由於所要添購的設備實在是太龐大了，乃成立一個臨時採購小組，預定於新設備購置安裝完成、開始生產作業後，始行裁撤。

該小組成員包括：生產部經理、副理、各生產課長、財務部會計主任、採購課長、出納組長、行銷部經理、資訊室經理、推廣部經理等人。會議主席係由總經理指定生產部陳經理擔任，業務仍由原採購課承辦人辦理。唯該小組所作成的任何會議決議案，最後仍需經總經理的核可。

由於該公司這次的轉型關係到整個公司與全體員工的前途，在大家通力合作下每次會議進行均甚順利，所審議出的各項採購案，均經充分討論，其中雖有爭議，但結論都能得到共識，因此甚受總經理嘉許。到目前為止，該小組已進行到正式訂購階段，整批所採購的設備雖已送貨安裝，但尚未驗收完成。

個案問題

1.請問，該公司採購小組成員是否完整？

2.該公司採購小組主席由生產部經理擔任是否合宜？何故？

3.試依本章所言購買角色分析各採購小組成員？

4.依你之見？供應商最可能與誰接洽？

第14章 商業情境

本章重點

商業情境乃是行銷人員所要面對的問題之一。所謂商業情境，是指行銷人員所需面對的企業之內、外在環境而言。他們必須瞭解和體認到這些環境的變遷，才能採取因應策略。其策略和措施很多，本章只就適應組織、面對群體、和發揮潛能等加以探討。同時，行銷人員必須適度地安排有利的行銷環境。本章將依次討論如下。

第一節 商業情境的含義

所謂情境，一般是指個人所處的各種情況和條件而言，它至少包括三項要素：第一項爲物理環境因素，如物質條件、工作設備、方法、空間和其佈置等是。第二項爲時間因素，如時間的長短、和休息的次數與間隔和久暫等是。第三項爲社會環境因素，如組織政策、領導和溝通、人際關係、組織氣氛等是。

就商業活動而言，所謂商業情境乃指從事行銷作業以外的人員，及其他任何足以影響行銷作業的影響力量而言。此種環境當然包括物理的和社會組織的、以及時空的等各項因素。這些因素具有高度的不確定性，其對商業活動的影響，既深且鉅。商業情境會對企業帶來威脅，同樣也帶來了機會。因此，企業機構必須善用情境，以因應周遭環境之變化。

一般而言，商業情境可劃分爲個體環境、與總體環境兩種。個體環境係指影響企業個體的各項影響力而言，例如，公司本身的因素、行銷通道上的其他業者、顧客市場、競爭同業，以及公共大眾等是。至於總體環境，係指足以影響整個大環境的社會力量，如人口因素、經濟因素、自然因素、科技因素、政治因素，及文化因素等是。

一、個體環境

就個體環境而言，公司本身因素有行銷部門和高層管理階層、財務、生產、採購、研究發展、人事，以及會計部門等的關係，這些關係都會影響行銷計畫的制定與執行。因此，行銷部門必須與其他部門保持密切的合作關係。高層管理階層乃爲公司策訂目標、宗旨、基本策略，以及政策者。財務部門重視的是融資事項，及運用所得資金於行銷計畫的推動上。生產部門乃爲製造所需行銷的產品。採購部門關切公司如何取得所需原料和物料。研究發展部門重視的是有關產品的安全設計，以及吸引顧客的問題。人事部門隨時在提供生產和行銷所需人員之協助。會計部門必須隨時注意各項收支和成本，俾供行銷人員得以瞭解行銷計畫的推動是否能達成目標。是故，公司的各個部門對行銷的計畫與執行，都會產生一定的影響。

此外，在供應者方面，它乃爲公司提供其生產產品和服務所需的各項資源，其包括外界的其他企業機構和個人。此種供應商的變動對公司行銷，會產生重大影響。因此，行銷管理人必須注意各項供應品是否能保持源源不斷。另外，行銷中間業者也是行銷人員所必須關注的。所謂行銷中間業者，是指負有協助公司將其產品促銷、推銷，及運銷到最後購買人手中之任務者。中間業者包括：經銷代銷業者、實體流通業者、行銷服務機構，以及金融服務機構等是。所謂經銷代銷業者，是指協助公司尋得顧客，並代向顧客銷售產品者。實體流通業者，乃爲協助公司的產品儲存，並由原產地運送到目的地者。行銷服務機構，如行銷研究機構、廣告代理商、媒介機構，及行銷顧客公司等，其任務乃在協助公司研議產品的對象市場，及處理其促銷業務。至於金融服務機構，包括：銀行、信用公司、保險公司，以及其他協助融資、受理產品買賣交易有關保險事項的機構。這些都是與行銷業務有關的。

再者，企業機構必須審慎研究其顧客市場。所謂顧客市場，可大別爲五類：即消費者市場、產業市場、轉售業市場、政府市場，以及國際市場。消費者市場，係指購買商品或服務，以供作個人消費的個人及家庭而言。產業市場，係指購買商品或服務，以供再加工之用，或供其本身生產程序之用的組織機構而言。轉售業市場，係指購買商品或服務，供作轉售，以期博取利潤的組織機構而言。政府市場，係指購買商品或服務，以供生產公共服務之用，或轉售於需要該項商品或服務之政府機關而言。國際市場，係指外國買主而言，包括外國消費者、生產者、轉售者、以及政府機構等是。

在個體環境中，行銷人員也必須面對競爭的同業。就行銷概念的管理哲學而言，企業機構爲其消費者提供需求和慾望的滿足程度，必須比競爭的同業爲高，始有成功經營的可能。因此，行銷人員的作爲應不僅以滿足消費者的需求爲限，且必須能適應競爭對手的各項策略。易言之，企業機構必須在消費者的心目中，建立與競爭對手的優勢，才能處於有利的地位。

最後，企業機構的行銷環境中，尙必須重視公共大眾。所謂公共大眾，係指實際利益或潛在利益對一個企業機構達成其目標的能力，具有實質影響力的那些群體而言。這些群體包括：金融公眾、媒體公眾、政府公眾、國民公眾、地方公眾、一般公眾，以及內部公眾等是。由於公共大眾對企業機構具有實質影響力，故企業機構釐訂行銷計畫，除必須顧及其顧客市場外，尙需兼顧公共大眾的利益，期其在公眾中產生良好的反應：例如，商譽、口碑、和捐款等是。此外，企業機構必須提供其產品或服務，以吸引公共大眾的有利反應。

二、總體環境

企業機構和其個體環境中的供應業者、行銷中間業者、顧客市場、競爭同業、以及公共大眾等，均共同運作於一個較大的總體環境之中；而總體環境的各項力量，對企業機構是一種威脅，同時也是一項機會。這些力量很難能爲企業機構所控制，但企業機構不能不密切注意其變化。這些因素已如前述之人口因素、經濟因素、自然因素、科技因素、政治因素，以及文化因素等是。

所謂人口因素，包括：人口的數量、密度、所在地、年齡、性別、種族、職業，以及其他各項有關的統計。企業機構所謂的「市場」，即是以此爲基礎的。例如，人口年齡結構的變化，即影響到某類產品的消長；人口分佈地點及其密度、遷移，會影響行銷的路線；教育程度的提高，表示對高品質產品、書籍、雜誌、和旅遊的需求量增高。一般而言，企業機構很少感受到其他有關人力環境因素的突發性變動。因此，行銷人員可針對各項人口動向，預測其對行銷可能發生的影響。

所謂經濟因素，係指足以影響消費者的購買力，以及金錢支付習慣的各項因素而言。企業機構的市場總少不了「人」的因素，也不可缺少購買力的因素。整個購買力的高低，通常是因當時所得、價格、儲蓄、和信用等各項變數的綜合結果。因此，行銷人員不能不瞭解所得的各項變動趨勢，以及消費者支付方法的變動傾向。

至於所謂自然環境，主要係包括企業機構所需的各項自然資源。這些資源有飲用水、大地、空氣……等等。就企業行銷層面而言，自然環境方面宜注意的，乃是原料的短缺，如石油、煤礦、各種礦產等；能源成本的上漲；污染程度的昇高；以及政府對自然資源管理的干預等是。行銷人員必須重視自然環境，積極參與有關原料和能源問題的研究。

科技環境是今日主宰人類命運的一支力量。所謂科技環境，是指足以影響企業機構的新科技，爲企業機構創造新的產品機會、和市場機會的各項力量而言。科技會爲人類帶來幸福，也會帶來災禍；會爲人類帶來享樂，也會帶來恐怖。科技爲企業機構帶來新市場，也會創造新機會。因此，行銷人員必須加以重視。

企業機構的行銷決策，深受政治環境變動的影響。所謂政治環境，係指有關法令、政府機關，以及社會壓力團體等，足以影響和限制社會中各企業機構與個人行動而言。最後，文化環境也是總體環境中的一環，它係指足以影響社會的基本價值、認知、偏好、和行爲的各種力量而言，此已如前章所述，不再贅言。

總之，總體環境因素也是行銷人員所必須加以重視的問題。然而，行銷人員究應如何面對整個商業情境呢？本章只擬就適應組織、面對群體、和發揮潛能等項加以討論，然後依此而研究如何安排適宜的行銷環境。

第二節 適應組織

行銷人員在整個行銷環境中，首先必須能適應組織的變遷。當個人於進入組織之時，必須學習與其上司和同事的相處之道。任何想在事業成功的人，都必須和三種人保持良好的關係，即上司、同事及下屬。個人若想升遷、加薪，都必須經過上司的認可。要想完成所需的任務，必須與同事保持良好的合作關係。此外，職位較低的部屬，對自己的事業和工作能力，都具有決定性的影響。因此，如何與上司及同事建立良好的關係，乃是個人在進入組織時的重要課題。

個人要想建立各種良好的關係，首先必須有良好的工作表現，強烈的工作動機，自動自發的精神。他必須清楚地瞭解所有人對自己的期望，建立互信的基礎，表現建設性的言詞；同時對同事的工作要表現興趣，保持坦誠無私的關係，表現支持合作的態度，承認別人的價值，遵守團體規範，避免與人發生摩擦，保持應有的禮貌，並作一位好聽眾。

在商業適應上，行銷人員應學會處理工作壓力，解決衝突，與發展自己的事業。在日常生活及工作中，要維持適宜的儀表，遵循商業社交禮節和儀態，投入團體中使自己成爲其一份子，並克服害羞的毛病。在適宜的儀表上，行銷人員的服飾需依銷售的產品及服務的行業、服務的顧客類型、公司要求的形象、工作上的地理環境，以及穿著的舒服自在與是否符合自我形象而定。總之，在商業圈裡，選擇服飾的最佳指導原則，就是視環境情況而作最合適的選擇。

在商業社交圈裡，儀態和禮節常隨時間而變化。例如，以往工作者總是身著西裝工作，且自重的員工絕不與異性獨處一室；而現在則有些改變。然而，不論過去和現在，社交禮儀的一個重要原則，就是要體諒他人。許多特殊的社交原則，都是由此而衍生出來的。如記住別人的名字、尊重他人的感受、避免粗俗的語言、男女應受同等待遇、不要大聲嚷叫、進入辦公室時脫掉外套、讓男女主人付帳、以上司或受訪者喜歡的方式稱呼他們、造訪前先約好時間、對不熟的訪客要起立以表歡迎和禮貌、在辦公室應避免性感的打扮、避免在工作場所中抽煙等均屬之。

其次，適應組織的一項要點，就是要學習和團體中的人共事。無論組織內的任何職位，與別人合作乃是重要的。任何人都必須能與同事分享光榮、提供給他們一些意見和資料、儘量和他們共商大事，如此自然就可提高自己在團體中的地位。與同事分享光榮，是拓展團體觀念的直接方法；當工作完成時，不必強調個人的突出，而應歸於大家努力的結果。提供同事一些意見和資料，是表示自己對團體的忠誠，可促成團體的向心力。與同事共商大事，可促成他們的大力支持。

此外，在適應組織生活中，個人應克服沉靜、保守、和害羞的個性。雖然這些個性不見得對所有的工作都是負面的，但對行銷人員來說，卻是相當重要的。一般而言，害羞多爲缺乏自信所引起的，其與早期挫敗的經驗有很大的關係。行銷人員必須克服這種心理的障礙，才容易有成功的行銷。其技巧包括：建立行銷目標、放鬆情緒、多說積極的話、表現溫暖友善態度、學習打電話給陌生人、以閒聊話題與人交談、和陌生人打招呼、注意儀表、預習困難情境、觀察並模仿有自信的人、幫助其他害羞的人、參加克服害羞訓練課程等，都是良好克服害羞的方式。

總之，適應組織就是要面對和適應組織的生活，使自己更為稱職。行銷人員必須注意其穿著和外表、遵循正式或非正式的禮節與儀態、學習成為群體中的一份子、並能克服害羞的習性，如此才能做好行銷工作，使成為一位成功的行銷人員。

第三節 面對群體

行銷工作本身就是一種影響過程，它是影響及改變別人的歷程。因此，行銷人員必須能勇敢地面對群體。所謂群體是指一群人聚集在一起，互相影響、彼此瞭解，朝著共同目標而邁進，且將自己視為群體的一份子而言。此種群體有正式的，也有非正式的；如行銷人員的工作群是一個群體，社區內主婦群也是一個群體。行銷人員必須認識群體的存在和特質，才能做好行銷工作。

然則，行銷人員究應如何面對群體呢？首先，他要健全自己的人群關係技巧，在工作中與他人建立良好的關係，乃是成功的第一步。亦即行銷人員必須以一種建設性的助人態度來工作，才能彼此合作無間，順利推展其工作。此不僅適用於工作場所，也同樣適用於所要行銷的對象群體。

其次，行銷人員必須具有足夠的工作技能，熟悉工作實務，充滿行銷能力的自信；但自信並不代表剛愎自用，而必須有接納別人意見或建設性批評的胸襟與度量。如此，才能改善其行銷技能。此外，行銷人員必須具有強烈的工作動機與旺盛的精力；只有強烈的自我實現與旺盛的精力，才能負荷行銷的壓力。

再者，行銷人員尚需具備有效解決問題的能力。在行銷過程中，常有許多複雜的問題產生；行銷人員不但要去面對這些問題，而且要能及時而快速地解決問題，因此必須具有有效解決這些問題的能力。另外，行銷人員所必須具備的特質之一，乃是需有高度的人際敏感性。能敏銳地感受他人的情感和物質需求，是行銷人員重要的行爲表現之一。根據研究顯示，缺乏人際敏感性乃是行銷失敗的主要因素之一。

行銷人員面對群體的良好方式之一，乃爲必須有良好的工作計畫與習慣。一個沒有良好計畫的行銷人員，是一位沒有效率的工作者。個人的效率與良好的工作習慣，對成功的行銷是相當重要的。行銷人員在群體中有良好的工作習慣，比較容易取得他人的合作。

行銷工作的成功，也是對人和情境之正確判斷的結果。判斷力、洞察力、處事能力等，是指能對人或情境作正確而合宜的反應。這樣的行銷人員不僅能有效地完成行銷任務，而且能做好行銷工作。在推展行銷過程當中，行銷人員必須審愼地使用專門術語，才能使群體瞭解其所要表達的訊息。當然，他也不宜做過度的溝通而招致反感。此外，要想有正確的判斷，尙需重視各方面的意見，而且愈多愈好；意見愈多，則突破的可能性就愈大。

總之，行銷人員在面對群體當中，最重要的是自己的工作表現，再加上一些人際相處的技巧。這不僅可促進在行銷的工作群體內之和諧合作關係，且有助於行銷的對象群體之瞭解，而達成行銷的目的。至於個人工作潛能的發揮，將在下節繼續討論之。

第四節　發揮潛能

行銷人員在組織適應和面對群體的技能上，都有待個人去發揮其潛能。在行銷上，行銷人員必須去除拖延的壞習慣，且發展積極的工作價值觀、信念和態度。此外，要有正確的技巧與技術，使成爲有效率且具效能的行銷人員。行銷人員在從事行銷工作時，首先需按照優先順序列出行動清單。有了行動清單，則可據以作爲行事之依據。該清單可列出需優先處理的，以及先後順序的行銷計畫。如此始可掌握住時間的有效利用，且能專注於當時所要完成的任務。

其次，行銷人員應能每次專注於一件工作上。對每項行銷工作的專注，較能作嚴謹的判斷與分析，並能降低失誤的可能。蓋專注於工作，就可減低忘記原有目標的機會。大部分眞正成功的人，都會把所有事情歸於其生活的主要目標上。專注於行銷工作的能力，就是以最小的努力來達成最高的生產力。另外，行銷人員應專注於收益高的行銷工作上，如此始可得到更高的投資報酬率。

此外，行銷工作必須以書面資料來控制工作進度。書面資料工作包括執行細部計畫中重要和不重要文件的保管。例如，商業往來信件、人事報告，以及一般表格資料等是。如果不注意書面資料文件工作，則個人的行銷工作可能會失去控制。一旦工作資料無法控制，則必導致工作者心理上的壓力感。

再者，要發揮行銷潛能，必須設定行銷的時限。倘若個人有過行銷處理的經驗，通常可準確地預測完成任務所需的時間。一個良好的行銷工作習慣，就是要學會正確地預測完成任務所需的時間，並堅決地下定決心在時限內完成。當然，在行銷時限內工作，需以穩健的速度來進行。如此方能保有精力和體力，且保障較高的工作品質。

最後，從事行銷工作必須能當機立斷。當機立斷常是被忽略的改善個人行銷力之技術。在行銷過程中，若有了不適宜的問題時，就應儘快而不衝動地去解決問題或作決策。一旦已評估了各種解決問題的方法後，就必須選擇一個適當的方案，並付諸實施。一個失敗的決策者，則常固執於收集事實資料。其結果是不能付諸行動，而貽誤了商機。因此，行銷工作有時是需要當機立斷的。

總之，行銷人員要發揮其潛能，首先需釐訂行銷優先順序的清單，然後再據以執行。在執行該項清單時，需每次專注於一項工作上，以免分心。其後，以書面資料控制行銷進度，並對每項進度設定時限，務求如期完成；而在行銷過程當中，宜力求當機立斷，以免貽誤商機。惟有如此，始能將其潛能發揮出來。

第五節 行銷的安排

在商業情境當中，行銷人員宜安排適宜的行銷環境。需知今日乃是「消費者導向」的時代，行銷方法需能爲顧客解決問題，且能以消費者的需求爲前提，以消費者的滿足爲依歸，如此才能有較好的行銷。這是今日的行銷概念。因此，完整的行銷作業必須遵循下列步驟：即估計可能的消費者、在接觸前作準備、實地訪問、展示和推介產品、對消費者異議的應對、成交，以及作追蹤。

行銷程序的第一項步驟，乃是必須估計可能的顧客。在行銷過程中，行銷人員必須接觸許多顧客，始有部分顧客成交的可能。根據估計，在保險業中，每推銷九位顧客，才有一位眞正成交。固然，企業機構可提供對行銷人員的種種協助與提示，但行銷成功與否多有賴行銷人員的能力與努力。一般而言，行銷人員取得顧客資料的方法很多，諸如可在與現有顧客交談中獲知、行銷人員自行建立種種關係取得、參與各項社團活動、翻閱報章雜誌、翻查各項名錄……等，甚至於可到處走動拜訪。行銷人員一旦取得顧客資料，必須加以過濾，始不會枉費精力。有時觀察或分析顧客的財務狀況、業務量、特殊需要、地點所在、成長機會等，也有助於這些資料的追尋與判斷。

行銷人員在實地拜訪顧客之前，宜先預作準備。行銷人員應儘可能地去瞭解顧客的需求，由何人購買，其購買習慣如何，購買作風

如何等。此種資料可接觸各界友好，而從中查尋得知。此外，行銷人員還必須事先研訂實地訪問的目的，如對方是否有成爲顧客條件的可能即是。有時行銷人員尙需研訂最適當的方式，如是否宜親自拜訪，是否宜先通電話，或是否宜先寄送函件等是。再者，訪問時機也是事先準備時宜加考慮的項目之一。最後，行銷人員尙必須對顧客所應採取的最佳行銷策略，作通盤的考量。

接著，行銷人員在拜訪顧客時，必須懂得如何見面，如何寒暄，力使雙方能保持良好的關係。甚至於，行銷人員本身的服裝儀容，都必須加以注意。探聽購買人穿著何種型式的服裝，而本身也身著該項服裝。見面時，宜保持彬彬有禮的態度，避免有分心的細節。開場白宜有積極肯定的言詞，然後繼以若干關鍵性的問題，提出產品資料或樣品，以吸引對方的注意，爭取好感與重視。

另外，行銷人員在向購買人說明其產品時，應介紹該產品所能產生的利益，或所能節省的成本，行銷人員在推介產品時，固應以產品特性爲主，但亦應隨時注意購買人所可能享有的利益。行銷人員必須依循所謂的AIDA公式，即吸引對方的注意（attention），激發其興趣（interest），喚起其慾望（desire），終而促其採取購買行動（action）。此外，產品的推介需輔以必要的示範或表演。購買人若能親睹公司產品，則對其性能和優點必有深刻印象與記憶。

在產品展示和推介過程中，購買人必會提出種種異議。此種異議有些甚合邏輯，有些則純屬心理因素。在面對這些異議時，行銷人員必須採取肯定的態度，釐清異議所在，再提供更充分的資訊。行銷人員對對方的異議，必須很有耐心地解說，切不可露出不悅之色；而應以更積極的態度，將之轉化爲購買本公司產品的理由。

當產品展示和推介之後，行銷人員可嘗試和購買者的成交。有些行銷人員在進行此階段時，每有欠順暢之處。考其原因，有些係因自信心尙嫌不足，或因缺乏提出成交建議的勇氣，或未能掌握成交的適當時機之故。凡是身爲行銷人員者，都應能深入掌握成交的「訊號」，諸如：購買人表現了某項動作，或提出某項評論，或發表某種疑問，都可能是成交已屆的訊號。行銷人員應能立即運用若干項成交技術，如逕行建議成交，詢問其所擬購買之產品，或任由其作較次要之選擇，或表明倘不立即訂貨則機會恐將不再。行銷人員甚至可代對方提出若干應立即成交的理由，例如，此時價格最低，或品質較佳而不必加價等是。

最後，常爲人所忽略的乃是成交後的追蹤。該項步驟乃在確保顧客的滿意度，以期促成未來的再度交易。成交之後，行銷人員必須完成若干細部手續、確定交易日期、購買產品後的售後服務等。然後訂定一項追蹤訪問計畫，約定下次對產品的檢測、使用情況的瞭解、並提供若干服務。此舉乃在確保解除購買人的疑慮和不安，且有向購買人說明感謝之意，並能有助於發掘問題。

總之，行銷人員對行銷環境必須作適宜的安排，有了周詳的行銷計畫與技巧，才能做好行銷工作；而這些都有賴於訓練與發展。

下章將討論商業人員的訓練與發展。

討論問題

1.何謂情境？何謂商業情境？試分別說明之。

2.就個體情境而言，商業情境包括哪些因素？試說明之。

3.就整體情境而言，商業情境包括哪些因素？試說明之。

4.商業人員應如何適應組織的生活？

5.商業人員應如何面對群體？

6.商業人員應如何面對消費群體？請舉例說明之。

7.商業人員應如何發展自己的行銷潛能？

8.行銷人員應如何安排其行銷環境？

個案研究

超級推銷員

李麗芬是豐富汽車公司人人所公認的超級推銷員。在短短的十年期間，她就由初任推銷員，直升到今日高雄分公司營業處的經理，掌管了手下的四十餘名員工。李麗芬之有今日的成就，並非一朝一夕之故。她的行銷手法可謂相當圓熟，讓人無懈可擊。

李麗芬年紀雖輕，但頗有眼光，能洞燭先機，體察社會的變遷，而掌握變遷的脈動。在她的推銷史上，曾有過五個月每月推銷十部汽車的記錄，這是一般人很不容易做到的。其銷售業績在公司內，可說是首屈一指的，因此升遷頗爲快速。

李麗芬在推銷汽車時，常訂有短、中、長期計畫與目標，對於顧客常常表現有爲其解決各項困擾的興趣，且從中訓練自己的推銷技能；她常以顧客的夥伴自許，因此許多客戶都自動地引介親友來向她訂車。她的推銷理念就是與客戶打成一片，在運用推銷術之前，內心常會想到：應如何與客戶握手、如何與客戶商談、以及如何要求客戶成交。整個推銷行爲，均有事前的演練。

例如，有一次她在公司內，恰好有一位穿著並不入時的客戶進來，許多推銷員都視而不見，只見她很親切地向他打招呼，並前去交談，不久就成交了一部價值一百多萬元的汽車。李麗芬就是這樣的一個人。

個案問題

1.妳認爲李麗芬成功的最主要原因是什麼？

2.一位成功的推銷員應具備哪些條件？

商業人員的訓練與發展

第15章

本章重點

商業活動的推展，有賴商業人員行銷技能的運用。此種技能的純熟性將影響商業行銷的成效。因此，商業人員有必要透過訓練與發展的學習過程，使之瞭解消費者心理，以達成促銷商品的目的。在今日自由競爭的開放社會下，市場上的產品不斷地創新，而新產品的上市尤有賴良好的行銷。是故，商業人員要不斷地參加各種訓練，並作自我發展，始能做好行銷工作。此外，商業訓練著重實際應用，但商業主管的訓練無論在方式上或教法上都應有所不同。本章將分別討論訓練與發展的意義、類型、方法，並研討商業訓練的實施，商業人員的自我發展，以及商業主管的訓練與發展。

第一節 訓練與發展的意義

訓練與發展有些類似，但並不完全相同。訓練與發展都是企業機構用以協助員工增進其工作能力的方法；但訓練偏重於技能訓練與實務操作，而發展多重視理念與管理技能的訓練。其可分別討論如下：

一、訓練的意義

訓練意指有計畫、有組織地協助員工增進其能力的措施，亦即幫助員工學習正確的工作方法，改進工作績效，以及增進員工未來擔任更重要工作的能力。訓練的對象，一為新進人員或無法勝任目前工作的人員，一為被組織列為管理發展或人員發展的員工。訓練的目的，在增進員工的工作知能，傳遞組織內的訊息或修正員工的工作態度。

一般而言，訓練和教育都是透過教導與學習過程去發展人力的方法。惟訓練和教育是有區別的，訓練是屬於特定的塑造 ，是一種比較短期實用性技能的灌輸。它可幫助員工透過思想和行動，以發展適當的知識、技能和態度，促使員工的表現能達成工作所需的預定目標。教育則具有廣泛性、基礎性與啓發性，著重於知識、原理與觀念的灌輸，以及思維能力的培植。教育可使人增進一般知識，瞭解周圍環境，形成健全人格，並爲個人奠定日後自我發展的基礎。因此，訓練是短期的，教育則爲長期性的工作。訓練以工作爲主，教育則以課程爲重。兩者雖同屬學習，但前者直接使工作更加精通，亦即使人更直接應用工作所需的知識與技能；後者多屬基本性，較少涉及特殊性的實用知識。當然，訓練和教育的關係十分密切，兩者具有相輔相成的作用。

再者，訓練與教育都是論述有關人類學習與行爲的改變。就目的來說，訓練基本上是針對特定的職務而言，始於各種組織與工作上特殊的需要，目的在使目前或未來擔任某項工作者，能夠克盡其職責。教育則以個人目標爲主，較不考慮組織的目標；雖然吾人可以設法使該兩項目標求得某種程度的一致，但教育由個人開始著手，幫助個人成長與學習在社會上扮演多種角色。簡言之，教育以個人爲主，而訓練則以組織職務爲重；前者重「人」，後者重「事」。

此外，教育乃爲期望獲得個人意欲得到的日常生活經驗，訓練則爲協助個人攫取工作上的技能。教育所涵蓋的範圍較爲廣泛，訓練所包含的範疇較爲狹窄。教育較具有個人取向，訓練則較具組織取向。就組織立場言，人事管理的措施與政策必須有整套的訓練計畫，以提供員工增進其工作知能，作爲擔任未來工作的基礎。因此，訓練的實施，一爲增進員工平日工作經驗，一則有賴於擬訂有系統的訓練計畫。

總之，訓練計畫的擬訂必須基於健全的理論與有效的措施，才能幫助員工學習正確的工作方法，改進工作績效。同時，能傳遞組織的訊息，傳授員工工作經驗，培養其積極的工作態度，增強其工作動機，進而提高其產能。

二、發展的意義

所謂發展，是指一種有系統地訓練與成長的程序，透過這種程序可使員工獲致有效的知識、技能、見識與態度，從而加以運用而言。發展包括人才的培育與人員的自我發展兩部分。前者是由組織進行有計畫、有系統的培育，後者由員工作自我進修與自我訓練。一般而言，企業的成長與人員的發展是一致的。人員的素質和表現，是企業最珍貴的一項資產。雖然企業人才可自外界羅致，但此種來源並不可靠，有時反而使本身人才被挖角。因此，爲了保障企業的未來生存與發展，最可靠的還是自行培植。是故，無論企業的大小，企業主都必須對人員發展投注最大的關切。

早期人員發展也稱之爲人員訓練，實則兩者仍有若干差異。蓋訓練大多是指教導新進員工工作所需的知識，而發展則含有幫助員工不斷成長的意義；甚而人員發展計畫必須建立在自我發展（self-development）的觀念上。凡是在發展中的員工，都必須有動機、有能力去學習，並求自我發展，才會有成長可言。過去那種以教室爲主的訓練方式，已轉變爲使用各種不同的發展技術，以求適應個人的發展需求。是故，凡是能夠從工作中或工作外吸收發展知識與技巧的方法，都屬於人員發展的範疇。

此外，自我發展固爲人員發展的主要觀念，但企業欲求人員發展的有效，還必須建立一個良好的組織環境，如重視人員發展工作、提供人員發展設施、給予發展者適當獎賞等是。尤其是人員發展的直屬主管，更是影響人員發展成敗的主要關鍵。他必須支持人員發展工作，建立人員發展水準，並適時地加以指導，使發展者有更大的發展餘地；同時在工作指派中指導其發展，使其獲得廣泛的經驗，鍛鍊其承擔重責大任的才能與毅力。

總之，人員發展的目標，一方面在使現有人員具有更好的工作技能，另一方面則在求充分地運用人力資源，使企業能經常獲得所需要的人才，以適應企業的需要，達成企業的目標。因此，人員發展是組織效能的主要因素之一，行銷管理亦必須重視之。

第二節　訓練的類型

有效的人員訓練，除了要注意學習的原則外，尙需針對訓練需求而採用不同的訓練類型。有關訓練的種類，各家說法不一，致其分類甚爲分歧。本節僅按訓練計畫的觀點，分爲下列四大類：

一、職前訓練

職前訓練（orientation training）主要係指導新進員工，對組織沿革、歷史、產品、政策、程序與職位等有初步的認識，以建立員工的積極態度，並增進其工作效率。一般公司在招考、錄取新進商業人員後，多施予短期的職前訓練。

二、在職訓練

多數訓練常在工作中進行，此稱之爲在職訓練（on the job training）。此種訓練常由督導人員，或由專任輔導人員加以指導。在職訓練的方式不一，有的只是隨機加以指導，有的則非常正式而有組織地特別舉辦訓練班。在職訓練的最大優點，是在實際工作情境中進行，可使訓練與實際工作密切聯合，員工可藉此而熟悉推銷技巧。它是一種主動學習，由於學習是當場訓練，故可增強學習動機。可是在職訓練若只是偶然性的缺乏組織或專業人員指導，則由於缺乏明顯的

目標，往往收效不大，且學習者常會敷衍了事。

三、職外訓練

有些訓練不是直接針對行銷工作而擬定的，而是對商業人員作工作外的訓練，如學養、談吐、儀表等訓練是。此即為職外訓練(off the job training)。所謂職外訓練，就是在模擬的情境中，對商業人員施予和實際工作情境極為類似的訓練。職外模擬訓練重視訓練本身的教育效果，行銷量的因素不太重視。

此種訓練方式，尤適用於監督或管理人員。其目的在改進現職人員的工作效率，並增進商業人員的知能，以提供未來擔任更重要的職位。當然，職外訓練與在職訓練可同時進行，其目的乃在使受訓人員瞭解眞實行銷情況而有實習的機會，以加強訓練效果的學習遷移。

四、外界訓練

有些訓練是委託外界機構代訓者，稱之為外界訓練（outside training)。外界訓練機構可包括大學，或企業學校以及專業訓練機構等是。此項訓練完全視商業的專業性質而定，有時亦產生學習遷移的問題。

五、其他訓練計畫

其他訓練計畫（other training program）甚多。就人員訓練而言，有些訓練是針對高級管理階層而設，稱之為高級管理人員訓練；有些為中級管理人員而設，稱之為中級管理人員訓練；有些為基層管理人員而設，稱之為基層管理人員訓練；而有些則為領班工作而設，稱之為領班訓練；有些更為學徒而設，則稱之為學徒訓練。

就工作內容而言，可以冠上訓練內容的名稱，如商品管理訓練、行銷人員訓練、商品維護訓練……等均屬之。

就商業訓練而言，可分爲：基本訓練、升等訓練、再訓練、轉業訓練等。

總之，訓練計畫甚為繁多複雜，其類型不一而足，常因對象的不同、訓練方法與重點的差異，而有所不同。

第三節 訓練的方法

一家企業訓練商業人員的目的，就是要使顧客在物質及精神兩方面，均能得到最大的滿足。要達成此一要求，必須：一、產品品質優良；二、產品價格低廉；三、交貨期限要準確；四、產品能安全送達顧客手中；五、外觀或包裝要良好；六、服務必須周延、態度友善；七、能提供售後服務。因此，訓練計畫的內容，應包括：一、公司的營運方針、目標、產品計畫；二、推銷實務的專門技術；三、經濟學、市場學的基本知識；四、人群關係的理論與實務；五、富於創造力的想法以及獨特的推銷法等是。

至於商業人員訓練的方法與技術很多，每種方法都有其優劣點。這些方法包括：講演法、示範演練法、視聽器材輔助法、模擬儀器及訓練器材輔助法、討論法、敏感性訓練法、個案研究法、角色扮演法、管理競賽法、編序教學法、電腦輔助教學法等。茲分項說明如下：

一、講演法

講演法（lecture）在一般訓練的場合中應用最廣，在某些情形下，它是一種相當有效的訓練方法。當學習材料對受訓者而言完全新穎，或受訓者人數過多時，或講解一種新教學法時，或授課時間很有限時，或教學場地不夠大時，以及當總結一些教學材料時，採用講演法可得到適當效果。此外，講演法可降低因工作改變及其他改善時所產生的焦慮感。不過，講演法受到的批評也很多，它的最大缺點，是受訓者無法主動地參與訓練，亦即僅有教師的活動，教學的好壞無法立即獲得反響。

二、示範演練法

所謂示範演練法（demonstration），乃指由訓練者實地演練，由學習者按照實際程序加以學習的一種訓練方法。該法運用在商業訓練上，乃為學習一種新的行銷過程，或運用新的行銷設備與工具時為最適宜。它的最大優點，乃為學習者可立即得到實際練習的機會，以增強學習效果。不過，如果設備與工具不足，或學習人數過多時，不易得到明顯的教學效果。

三、視聽器材輔助法

視聽器材輔助法（film and T.V.）由於科技的進步，各種視聽器材如電影、幻燈片、放映機、錄影機及電視等都可幫助訓練。此種訓練法的效果一般比其他方法為優，可協助受訓者作有效地學習，此乃因該法可吸收到受訓者注意力之故。同時，視聽器材若大量廣泛地使用，價格低廉，且可重複使用，適合作為商業訓練教材。惟視聽器材輔助法的缺點，是在放映教材時，無法給予受訓者積極參與活動的機會。不過，如能在放映後實施團體討論，則可彌補上項缺失，增強其教學效果。

四、模擬儀器及訓練器材輔助法

模擬儀器及訓練器材輔助法（simulatiors and training aids）主要在訓練期間，提供和行銷情境相類似的物質設備，以協助訓練。採用該法的訓練有的是為了避免危險，有的是為了節省經費，有的是為了不影響原來的作業程序。此種訓練的價值，不在外表設備與原來行銷情境的相似性與否，而是在實際行銷中學會反應原則，並作正確的反應，此即為訓練學習遷移的核心所在。不過，該法的最大缺點，乃為使用輔助器材時，會被看作為「半玩具」的性質，以致妨礙了訓練目標。

五、討論法

討論法（conference）可提供受訓者充分討論的機會，即針對觀念與事實加以溝通，以驗證假設是否正確，俾從討論及推論中得到結論。該法應用在改進行銷績效與人員發展方面，可發展行銷人員解決問題和決策的能力，學習一種新穎而複雜的材料，並改變員工的態度。它的最大優點，即在符合心理的原則，使受訓者有充分而積極參與的機會，因而增強學習的效果。但是討論時容易流於形式或謾罵，討論會的主持人易失去超然而客觀的立場。

六、敏感性訓練法

敏感性訓練法（sensitivity training）是根據團體動態學（group dynamics）的理論而設計的。該法又可稱之為行動研究（action research）、T群體訓練（T-group training）或實驗室訓練（laboratory training），其目的乃在用來訓練管理人員或發展人群關係的技巧。訓練時，將一個小團體帶離工作場地，有時由訓練者指定討論題目，有時連題目都不指定，一切由小團體作內部的交互行為，以求瞭解他人行為，敏感於他人的態度。整個學習與行為改變的過程，即為一種「解凍——轉變——重新凍結」的週期。此法的效果主要為受訓者帶來工作上的轉變，對「個人」的幫助較大，對「組織」的貢獻較小；在改變受訓者的自我知覺，較其他訓練法為優。但對某些受訓者則感受到許多壓力，侵害其個人隱私權。

七、個案研討法

個案研討法（case study）是以眞實或假設的問題個案提出於團體中，要求團體尋求解決問題的方法。個案研討法的程序爲：研讀個案、瞭解個案問題、尋求解決問題、提出解決方案，最後爲品評解決方案。其目的爲幫助受訓者分析問題，並發現解決問題的原則。此法的優點乃爲根據教育「做中學」（learning by doing）的原則；可鼓勵受訓者作判斷，尋求解答的方法；瞭解同一問題的不同觀點；淘汰不成熟的意見；訓練討論的方式；訓練受訓者考慮周全而落實等。

個案研討法最適用於：當商業人員需要接受訓練，以分析及解決複雜問題，並作爲決策參考時；當商業人員需要瞭解企業的多樣性，以解釋或面臨多種方案，且個人的個性各有不同時；當要訓練商業人員從實際個案中歸納出原則，以運用自我問題的解決時；當公司面臨變革，需要訓練商業人員的自信心時。不過，當受訓人是初學者，或不成熟未具經驗，且焦慮感高、嫉妒心強等，則不宜採用此法。

八、角色扮演法

角色扮演法（role playing）就是一種「假戲眞做」的方法，意指在假設的情境中，由參與者扮演一個假想的角色，體驗當事人的心理感受。此法主要在修正員工態度，發展良好的人際關係技巧，適宜於訓練督導、管理及銷售人員。此法的優點未爲訓練受訓者「易地而處，爲他人設想」，體驗對方的感受以瞭解其行爲；同時，可發現自己的錯誤，或利用別人人格上的特性而改善人際關係。惟該法的花費龐大，模擬的情景很難完全符合事實上的問題。

九、管理競賽法

管理競賽法（management games）是一種動態的訓練方法，即運用企業情境，來訓練管理人員。實施時，由數人組成一組，仿照實際行銷情境，作一些管理或決策，各組之間相互競爭。各組代表一個「公司」，對有關成品存貨控制、行銷人員指派、行銷計畫、市場要求下勞力成本……等各項問題，各自擬訂決策與採取行動；並將決策數量化，加以公開決定勝負。此種競賽有時需數小時、數天或數月才能完成，最後由專人講評，並由各組作檢討。

此法的優點是情況逼眞，每人都有主動參與的機會，同時，對自己決策的後果可得到反響；競賽者可把握幾個重要因素，作有效的決策；個人的注意力可集中於整個決策過程，有高瞻遠矚的眼光，而不會短視；個人知道運用決策工具，如財務報表與統計資料，作較佳的決策；個人可自結果的反響當中，學會了決策深深地影響了一切狀況及後果。可惜到目前為止，仍然無法證實管理競賽法是否眞正能產生正性遷移的學習。不過，經由競賽以後，如果競賽情境與實際行銷情境相似，在眞正面臨問題時，仍可收到事半功倍的效果。

十、編序教學法

所謂編序教學法（programmed instruction），是指將要學習的材料分成幾個單元，或幾個階段；並依據難易的程度編排，由簡入難，循序漸進。在每個階段裡，學習者必須對學習材料作反應，同時會得到回饋，以便瞭解其反應是否正確；如果反應錯誤，則必須回過頭來學習正確反應，以便進行下一個階段的學習。因此，編序教學對每個人的適應，是不相同的。

編序教學法的最大優點，是學習者可以積極地參與活動，並可立即得到回饋。其次，編序教學法平均比傳統方法為節省訓練時間；對傳授正確的知識方面，也以編序教學法較佳。不過，編序教學法計畫，對訓練者而言，是一件相當費時的工作，擬訂編序計畫的人必須受到良好的訓練。同時，編序教學法的費用頗高，要擬訂一套完整的編序教材頗不簡單。顯然地，編序教學法的主要益處乃在於訓練效果上，尤其是在時間方面。

十一、電腦輔助教學法

電腦輔助教學法（computer assisted instruction）乃由編序教學法演變而來。電腦輔助教學法的主要好處，是在於電腦的記憶與儲存能力。由於電腦的記憶與儲存能力很大，因而可作各種編序安排，這是編序教學法所無法做到的。在目前，教育機關已大量採用電腦輔助教學法，但在人事訓練上，只有費用負擔能力較大的公司，才能使用它。也許在將來，人事訓練過程非常複雜，或電腦輔助器材低廉時，即非採用電腦輔助教學法不可。

> 總之，商業人員的訓練方法甚多，在實施訓練時，宜針對行銷工作性質、商業人員層級等各項因素加以考慮，慎選訓練方法，才能得到訓練效果。

下節將繼續討論訓練的實施。

第四節 商業訓練的實施

一般而言，商業訓練的方法需考慮三項步驟，即確定訓練需求、選擇訓練方法、和評估訓練效果。今分述如下：

一、確定訓練需求

在企業機構中，需要接受訓練者包括兩類人員：一是新進員工或無法勝任目前工作的員工，一是被列爲管理發展或人員發展的員工。前者即在增進對現成的工作效率，後者則爲培養員工擔任未來更重要職位的才能。此乃因現有工作能力水準與未來所需效能水準之間的差距，以致產生訓練的需求之故。至於現有水準和未來效能水準的差距，則始自於組織與人員的不斷變遷，以致此種差距不斷地擴大。

是故，訓練工作是永無休止的例行事務。訓練主管部門的主要任務，既在縮短此種差距，自必早作人才培育計畫，用以發展人才。

訓練計畫的實施，首先要考慮的是訓練需求，亦即為什麼要辦訓練？訓練的目的，一方面在對現有員工協助其熟悉現有工作，一方面則對現有員工加以適當訓練，以發揮其未來的潛在能力。故辦理員工訓練，其訓練需求可分為下列二大項：

（一）工作訓練需求

所謂工作訓練需求（job training needs），是指組織對目前缺乏工作經驗的員工，有實施訓練的需要而言。其目的在協助員工獲得工作上所必須的知識、技能與態度，以便在工作崗位上有好的表現。工作訓練需求所著重的是「工作分析」。訓練的內容都是依據對工作本身的研究，包括各種工作特性與職務方法的指認在內。最淺顯的例子是職務說明書。職務說明書包含各項職務要件（requirements of task）。亦即說明書上都會說明執行一項職務時，所表現的外顯活動，或各種可觀察到的活動。

根據彌勒（R. B. Miller）的看法，職務說明書上的說明，至少應包含下列各項：1.引起反應的「線索」或「指示」；2.執行職務時，所用的「器材」或「設備」；3.人員的「活動」與「操作」；4.適當反應的「回饋」與「指示」。此種說明書所包括的是個人在何時做事？執行的工作內容是什麼？要使用何種工具？採用何種方法？個人做出正確反應後，有何種結果或「回饋」？此種分析方式很適用於較簡單、有結構性的工作；但對於複雜性、沒有結構的工作，則不太適用。

是故，藍克斯（E. A. Rundquist）提出另一種描述個人職務的方法，即指出訓練的工作與內容。他將工作層次化，把工作細分為幾大類，再將每大類的性質加以細分。細分的程序是根據邏輯分析過程而來。工作經過層次化後，整個職務的細分有如一個金字塔，塔的上方為較大的工作類別或職務性質，塔的下方則細分為許多工作單元。一般說來，塔的層次大約有六、七層之多，此法對分析複雜多變的工作，具有不可磨滅的功能。

綜合言之，職務說明書的主要功用，乃爲將各種工作加以細分，俾能指出員工需要接受哪些「單元職務」的訓練，然後說明這些「單元職務」應具備何種知識與技巧，如此受訓者才能學以致用，訓練工作才有成效可言。易言之，職務說明書可說是職務與技巧和知識間的橋樑，透過這座橋樑的溝通，才能發展出適切的工作訓練課程。

(二) 員工發展訓練需求

所謂員工發展訓練需求（employee development training needs），是指針對員工未來的工作潛能之發展，所施行的訓練而言。員工發展訓練的目的，乃在提供一些經驗給工作者，使工作者在組織內的工作績效，永遠保持最高的水準。其訓練的重點不在探求員工擔任現職的缺點，而是爲了培養員工擔任未來工作的條件，這就涉及到所謂的「人員分析」。換言之，員工發展訓練，不但可達成組織的行銷目標，且可使消費者獲得產品的滿足感。員工發展訓練的對象，絕大部分用來訓練管理階層，有時也可用來改變行銷團體，如行銷知識落後的行銷人員、無法適應行銷環境的人員，以及年老的工作者，藉以協助他們取得新知識，適應行銷環境，以及對自己行銷能力的信心。

二、選擇訓練方法

實施商業人員訓練的第二項步驟，乃爲選擇訓練方法。商業人員訓練的目的，不外乎在教導受訓人員獲得行銷知識，或如何更經濟有效地把行銷做好。因此，商業人員訓練究應採用何種方法，當視各企業及訓練內容而定。有關商業人員訓練方法，已於前節討論過。在此，吾人擬研討受訓人員、訓練人員、與訓練方式的選擇。

(一) 受訓人員的選擇

訓練是一項投資，其成果需透過增加行銷量、提高品質，以及降低成本等，而得以獲得回收。對於不宜發展或無進取意願的人員，施予訓練是無益的。因爲在訓練後，而不能在行銷上有所表現，不僅形成訓練投資的浪費，且易形成人事包袱，故受訓人員的選拔宜愼重爲之。易言之，受訓人員需以具備行銷動機或意願的人員爲主，才能收到訓練的效果。

（二）訓練人員的選擇

訓練人員可由具有行銷專門學識的專家，或管理人員爲之。訓練人員的資格，至少需具備下列條件：1.要有相關的知識、技能或態度，並能勤於研究；2.精於教學方法，知道如何有效地去教導員工；3.需有教導員工的意願，富於熱誠與耐力。訓練人員可以是全時專任制，甄選受過專業訓練，且具有相當學位的人員擔任；也可以是部分時間制，由教育或其他政府、企業機構借調而來；也可以在工作範圍許可內，權充教導工作的監督、幕僚、管理人員或優秀行銷人員，凡此均需視企業狀況及工作性質而異。

（三）訓練方式的選擇

基本的訓練方式，可大別爲正式訓練與工作中訓練兩種。所謂正式訓練，另訂有講授、閱讀與指定一定課程作業的計畫，每一定時期內規定應訓練多少時間的課程。而工作中訓練則先對商業人員說明所擔任的工作，在工作開始後，由有關人員加以監督或指導。至於訓練方法必須針對工作性質、種類以及組織的設備、需求狀況等條件，加以選擇，作最適切的訓練。此已如前節所述，不再贅述。

三、評估訓練效果

實施商業人員訓練的最後步驟，乃爲對訓練效果的評估。凡辦理商業人員訓練的企業機構，大多會認爲已達到預期的效果。實則，訓練效果是需要作有系統的評價，才能確知的。所謂評價，乃是評定訓練計畫是否能幫助受訓人，獲得預期的工作技能、知識和態度而言。訓練評價應以「受訓者」與「未受訓者」兩相比較，並對不同訓練方法的效果加以比較。

(一) 訓練評價的基礎

訓練評價應採取適當的標準，並注意標準的相關性、可靠性與明確性。可用來評估訓練效果的衡量標準很多，諸如：工作的質量、行銷的時間、作業的測驗及考核等是。一般而言，訓練的評價標準，可包括下列四項：

1.反應標準：即受訓者對訓練的反應，此種反應資料可作爲決定下次訓練計畫的參考。此種反應資料多於訓練結束後，以問卷或面談的方式取得。它包括受訓者是否喜歡訓練計畫？喜歡的程度如何？

2.學習標準：此即爲受訓者對所授內容、原則、觀念、知識、技能與態度等的學習程度。該項標準在於獲得受訓者對課程的學習方面，而不在於是否能運用所學於工作上。對於知識、內容、原則、觀念等，可以各項測驗或考試方法，加以評估。對於技能可以實作測驗評估，至於態度則可施予態度量表評估之。

3.行爲標準：此爲評估受訓者在接受訓練後，工作行爲改變的程度。一般工作運用有系統的觀察法，即可得到完整的資料。但對複雜的工作，就得分別採用其他適當的方法，如工作抽查、主管考核、自我評核、自我記錄等，才能得到完整的工作行爲資料。當然，上述各種方法也可綜合運用。

4.結果標準：此乃爲評估受訓者的工作行爲，是否影響到組織功能的實施，最後的結果是否已達成？這些評估範圍包括：工作效率、成本費用、行銷質量、員工流動、態度改變、目標認知、業務改進等是。結果標準評估的困難，乃爲如何認定這些改變是訓練成果所形成的。蓋效能的提高和經驗也有關係，工作的進步是經驗與訓練的共同作用。如果經過訓練後，工作成效有立即的改變，才能確定訓練的價值，否則很難正確地評估出訓練的成效。

上述評估標準的選擇，應按訓練目標而定，該四項標準可以共同評估，但也可個別評估。不過，共同評估時，必須注意其間的相關性。例如，一位受訓者反應良好，但可能學習不好；或者學習雖好，但無法應用到工作上；或者可能改變了工作行爲，但對組織的功能未具實效。理想上，最好對此四項標準都各自設定一個目標，予以評估。總之，目標訂得愈精確，訓練評估也愈正確。因此，訓練評估標準，即爲目標設定標準。

(二) 訓練評價的方法

評價訓練的方法很多，最主要可歸爲三大類：第一種方法稱爲控制實驗法，即應用二組員工，一組爲實驗組並對該組加以訓練；另一組爲控制組不加以訓練，以該兩組在訓練前後所得的測量資料加以比較，以瞭解實驗組是否比控制組爲進步。第二種方法只是一個訓練組，比較測量該組在訓練前後的成績。第三種方法也是一個訓練組，但僅測量其訓練後的成績。以上三種方法以第一種最爲適當，可有效地評估訓練成果。

通常第一種訓練評價方法，可稱之爲「控制式的驗證」。它不但可比較訓練組與控制組的成績，也可比較訓練「前」「後」的表現，故可有效地評估訓練效果。假使缺乏控制組，或缺乏訓練前的資料，便很難作評價。此種方法能運用科學、實驗的技巧，來評價各種訓練方法與訓練計畫的優劣。

總之，訓練效果的評價，是實施商業人員訓練的一環。它可促使其訓練計畫更進步、更精確，是一種訓練計畫的「回饋」。如果訓練評價正確，可提高訓練效果，否則不但不能正確評估訓練效果，且將危害整個訓練計畫的進行。

第五節 商業人員的自我發展

誠如本章第一節所言，人員發展最主要乃爲依賴自我的發展。所謂自我發展，就是個人在組織內未來的成長與發展而言。商業人員要求自我發展，可從兩方面著手：一爲行銷工作的發展，一爲自我本身的成長。在行銷發展上，個人可從事目標管理（management by objectives）；亦即訂定各項行銷目標，然後逐步依序完成。在自我成長方面，可訂定自己的生涯規劃（career planning）；即依自己的志趣在商業途徑中規劃自我的發展途徑與進度，從而追求自我的成長。至於自我發展的方法，除了可運用第三節所說的方法之外，尚可採取下列途徑：

一、研讀資料

研讀資料（written materials）商業人員若想作自我發展，可研讀書面資料，以促進自我的行銷知識與商業知能。這些資料包括：專業性的書刊雜誌、有關公司事務的報告、管理人員所作的談話記錄、管理文粹摘要、會議記錄等。在良好的組織氣氛之下，企業成員將這些資料加以討論，常會形成新的計畫或改進意見。

二、接替計畫

接替計畫（under-study plan）就是在主管的指派下，協助主管或他人工作。自我發展的個人除了本身工作之外，可分出部分時間去協助或代行他人工作。如此可磨練自我的才能，增進自己的知識。因此，接替計畫有向他人學習的意義。不過，接替計畫的缺點，是一旦長久的替代，常造成失望或怨恨；再者，由於同事間的忌妒，常破壞人際間的感情，引起人事紛擾。欲求自我發展的個人必須自願行之才行。

三、接受指派

接受指派（special assignment）商業人員想作自我發展，可自願接受特別指派。企業機構一般都很樂意特別指定有抱負，或需拓展個人經驗，或需加以考驗自己才能的人士，去做特定的工作。如參加某些特別會議，分析或研究某些實際問題，或對組織營運提出研究報告等。這些任務可附加在正規工作上，而成爲額外任務；也可讓其放開其他工作，而專責處理此類任務。此種特殊任務的指派，不僅有助於工作的完成，且也是一種有價值的發展技術。

四、接受輪調

接受輪調（rotation）工作輪調可拓展個人的見識和視野。由於今日企業分工與事業化的結果，員工只熟悉專門性工作；及其升任主管往往對其所掌管的事項所知有限。因此，實施工作輪調，可提供員工學習的機會，並擴展其工作經驗。其優點爲：（一）可提供廣泛的工作背景；（二）可在實際工作中磨練員工；（三）可促進員工的學習精神；（四）可體認他人的問題與觀點，有助於合作態度的加強。其缺點爲：（一）剛輪調時，工作生疏，影響行銷效率；（二）時常輪調，使員工心存敷衍或不願負責；（三）調任時間過短，未能眞正取得工作經驗；（四）接受輪調人員，易被視爲內定晉升人選，而受排擠，影響員工情感。當然，上述優、劣點需視個人接受輪調的意願而定。

五、現場研究

現場研究（field study）也是一種自我訓練的方法。個人可隨團體選擇一家值得研究的公司，前往參觀。在參觀前，事先將該公司的有關資料與問題，作妥善的研究規劃，俾能屆時提出適當的問題。待到了現場作實際參觀後，再與現場的人員會晤，並提出問題；然後，參與人員還必須共同討論，擬就研究報告，並與該公司人員先作討論，經其同意後定稿。

此種訓練是藉著妥善規劃的旅行，參觀某特定公司，以瞭解其優點和缺點，作爲改善學員本身的參考依據。不過，這種研究必須有事先妥當的準備，依照計畫施行，愼重撰寫研究報告，並作細節的討論，才會有價值；否則走馬看花式的參觀，其價值將極爲有限。

六、案頭作業

案頭作業（in-basket exercise）是衡量主管行政才能的發展方法。所謂案頭作業，就是在辦公桌上擺置兩個文件籃，一個用以收文，一個供作發文，用以觀察個人處理文件的能力。此種演練乃用以模擬他人每日處理工作的情況。在開始演練前，要瞭解演練的性質，並模擬公司的情況，諸如：組織狀況、財務報表、產品性質與種類、工作說明書或其他人員的個性等資料。此時參加者以此爲背景，在一定時間內處理完那些複雜紛亂的文件資料；然後舉行評判會議，由大家相互比較處理的方式以及所作的決定。

案頭作業演練，可使受訓者徹底瞭解眞實生活的各種問題與解決方法。由於它模擬眞實情況，可使受訓者獲得應用原則與磨練技巧的機會，有益於發展人員對工作的態度。惟此種訓練必須要有眞實感，教材的編撰需愼重其事，場所設備必須作特殊的安排。

總之，商業人員自我發展的方法甚多，實無法一一加以列舉。而上述各種方法有些可在工作上發展，有些則可在工作外發展。然而，自我發展最重要的，乃是個人必須有作自我發展的意願，才有成功的可能。

第六節 商業主管的訓練

商業主管人員乃為負責行銷工作的主要責任者，故可另行辦理商業主管人員訓練。所謂商業主管人員，係指領班以上的各級主管人員，他們是管理階層的關鍵份子，不但要對商品品質負責，而且需對商品的行銷負責。因此，主管人員必須具備下列條件：一、良好的技術能力，包括：包裝技術、行銷技術、貨品陳列技術等。二、優良的指導能力，他不僅要把本身工作做好，而且要能指導他人如何工作。三、具有親和能力，懂得人群關係技巧，善於與人相處，坦誠指導合作。四、具有充分的管理才能，不僅要懂得管理理論，而且能實際指導屬員如何達成行銷要求。

是故，商業主管人員訓練的內容，至少要包括：行政管理訓練、人群關係訓練、行銷技術與方法訓練。行政管理訓練的目的，在以科學管理方法，來處理行政事務；其內容可分為：一般行政管理、會計管理、市場管理、財務管理、人事管理、勞工關係等。人群關係訓練，旨在提昇和諧的人事關係與公共關係，可包括：領導統御、意見溝通、員工參與、動機與士氣等事項。行銷技術與方法訓練，旨在推銷產品，使產品能充分銷售，可包括：一般行銷理論、個案推銷方法、市場分析、消費者行為、行銷組合、商品促銷、行銷競爭與拓展等範疇。

至於商業主管人員訓練方法，可選用前述討論法、講演法、敏感訓練法、個案研討法、角色扮演法與管理競賽法等等。此已如前述，不再贅言。

討論問題

1.何謂訓練？其與教育有何區別？
2.何謂發展？其與訓練的同異處何在？
3.訓練類型有幾？其內容爲何？
4.訓練有哪些方法？各有何優、劣點？
5.一般商業訓練有哪些步驟？試分別說明之。
6.一般商業人員的訓練需求有哪些？其內容爲何？
7.一般評估訓練效果的標準有哪些？
8.商業人員應如何作自我發展？其方法有哪些？
9.商業主管訓練的內容和方法爲何？其與一般員工訓練是否相同？

個案研究

行銷訓練的實施

津寶食品公司的行銷部經理何保財，現正在為該部門的行銷訓練計畫傷腦筋。該公司幾十年來的經營，已開創了營業的新高峰。公司所生產的產品不斷地創新，新產品不斷地推陳出新；而在廣告文案方面，也要委託廣告代理商代為設計，使得產品廣告更具說服力和有效性。然而，何經理覺得由於業務量不斷地增加，致行銷人員有作更進一步訓練的必要，何況這其中也有很多新手。不過，在訓練計畫的擬訂上，何經理面臨了一些問題。

首先是有關受訓人員的選擇問題。其是否應為全員參加，或應為部分人員參加？若全員參加，可使行銷觀念與步驟一致；但將使行銷業務整個停頓下來，這是不可能的。然而，若只部分人員輪流參加，不但在時間調配上、課程分配上、或整體訓練上，都各有問題。

其次，在有關訓練課程的配置上，行銷理念和技巧都是應予重視的。然而，公司為了擴展業務，最近新僱許多新進人員，若太偏重理念，則缺乏實務的磨練；若太偏重技巧，則並無現場實務經驗，恐亦達不到訓練的效果。

最後，乃為訓練場地的問題。由於新僱人員太多，公司目前並沒有一個足以作為較長時間訓練的場地。顯然地，何經理必須另覓場地。然而，這也牽涉到租借與否的問題。以上這些問題都深深地困擾著他。

個案問題

1.你能爲何經理擬訂一套完整的行銷訓練計畫嗎？

2.你認爲一項良好的行銷訓練計畫應具備哪些條件？

第16章 結論——商業心理學的現在與未來

本章重點

商業心理學的研究，到目前為止，已初具雛型。然而要達到完整的境界，尚有一段距離，此猶有待商業心理學家的努力。雖然如此，一門學科想要達到完滿的地步，絕非易事；它必須經過許多艱苦歲月，透過許多專家學者不斷地鑽研，不斷地發展，才會有相當的成果可言。今日商業心理學的研究，可說有了頭緒，但距離理想目標，還算遙遠。然而這也正是激發吾人繼續努力的原動力。

今日商業心理學的研究，無非是要幫助企業家或行銷人員瞭解消費者的心態；而要瞭解消費者必須先瞭解自己所處的環境。因此，本章結論將依次探討當前企業所面臨的環境，並期分析現代化社會的特徵，從而分析消費者的整體行為，並探討商業心理學未來的展望，以提供有志繼續研究者的參考。

第一節 當前企業面臨的環境

隨著經濟的發展，教育程度的提高，一般消費者意識逐漸覺醒，不僅對金錢購買的貨品或服務關心，而且對其周遭環境也寄以最大關注。由此而引發消費者運動、生態環境保護、公害防治、空氣污染防治，這些運動已成為社會大眾討論的主要議題。因此，企業家在追求利潤之餘，必須負起企業的社會責任。

企業家個人道德與品格修養，關係整個企業的成敗。企業並不是以賺錢為唯一目的，而應與社會利益、大眾利益息息相結合，否則企業將難以長久發展或生存。

由於今日社會規範與社會期望隨著生活水準的提高而提高，過去不合宜的行為標準已變為合宜，或過去合宜的行為標準已變為不合宜。因此，企業必須把握社會變遷的核心，方不致作出錯誤的決策，失去社會大眾的信心，導致企業被淘汰的命運。

今日企業環境可分為二類：一為社會對企業的新期望，一為企業所面對問題的複雜性。前者包括：消費者運動、社會公害防制、機會均等……等問題；後者則有科技發展與國際市場的挑戰等問題。本節將逐次討論之。

一、消費者運動浪潮

所謂消費者運動是指一項社會經濟性的運動，目的在提昇購買人對銷售人所主張的一切權益，包括：（一）購買人有權對其所購買的產品或服務，要求更多的資訊；（二）購買人希望得到更安全的產品；（三）保護購買人免於受到損害。易言之，消費者運動是透過政府部門、企業機構及一般獨立組織，爲保護消費者權益而推行的各項活動。

消費者運動的產生，乃源於在資本主義的經濟制度下，製造業者與零售業者追求權益的壓力過大，而使消費者權益受到忽視的結果。因此，社會消費大眾爲了握有對抗力量，以憑保護自己權益，以免受到銷售者的損害。消費者運動的蓬勃發展，也受到其他因素的助長，諸如：休閒時間的增多、所得水準的提昇、教育程度的提高、整體社會的富足；更由於通貨膨脹和物價上漲的壓力，也提昇消費者對產品品質改善的期望；加以若干學者的鼓吹，都助長了消費者運動的浪潮。

今日消費者運動不僅受到社會大眾的關注，而且爲政府部門所重視，並立法以保障消費者權益。例如，商品標示日期、成份、商品的內容檢驗分析、噪音防制、食品衛生管理、價格標示……等等，已成爲一股保護熱潮。

因此，今日企業應有如下的體認與做法：（一）企業道德與行爲必須建立在法律所規定的最低基準之上。（二）企業的各項利益不能犧牲他人權益或忽視正義原則。（三）建立起必要的商譽，以取得社會大眾的信賴，作爲商業行爲徵信之用。

二、勞工運動的興起

今日企業所面臨的重要問題之一，乃是勞工運動的興起。企業經營的條件固有賴於資本家的雄厚資金與完善的管理制度，惟勞工階層的勞動力乃爲構成生產的要素之一。今日勞工由於教育水準的提高，以及自由主義與人道主義的盛行，已不再是一種弱勢團體。因此，企業經營將面對著勞工運動的挑戰。勞工運動之所以興起，乃是鑑於過去企業主所賺取的利潤，大多歸於私人所有，以致希望能分享部分的利潤。

今日勞工運動所訴求的目標很多，諸如：合理的工資、適當的工作時間、安全的工作環境、職業保障、以及享受勞工福利措施等。因此，企業經營面臨來自勞工階層的壓力也愈來愈強大。這是今日企業經營者要努力因應的問題之一。誠如前面所言，企業的成長與否或成敗與否，完全有賴企業主是否能將利益與社會大眾利益相結合，以產生共存共榮、休戚與共的關係；而勞工階層的利益正是其中之一。是故，維護勞工權益，使其與企業主的權益尋找一個平衡點，乃是當前企業要努力的方向。

三、社會公害的防制

與消費意識覺醒的同時，公害問題在現代社會中已成爲大眾關切的焦點。該問題不僅民眾關心，民意代表也作爲競選訴求的主題，而政府決策部門亦成立各種管制單位，以謀求防制與立法解決之道。

社會公害的項目最主要包括：空氣污染、用水污染、固體垃圾污染、放射性污染、噪音污染、土壤流失以及自然景觀的破壞等等。

目前有關噪音、環境污染、生態環境破壞事件，仍層出不窮，糾紛不斷；其結果不僅是社會大眾生命財產受到危害，企業也常常爲此付出極高代價。因此，企業家應本榮辱與共，休戚相關的共識，作必要的防制公害投資與坦誠溝通，消除社會大眾疑慮，否則可能爲企業帶來危機。

當前我國公害防制工作較先進國家進行得晚，但近來在社會大眾壓力之下，已甚爲積極，國內幾項污染性工作的設立，或有前車之鑑，或疏於溝通之故，投資設廠已是一波三折，難以解決。近來行政院環境保護署的設立，爲噪音管制、環境評估做了很大的努力；然而問題的癥結有待企業與社會大眾建立共識，將公害防制列爲投資要項之一，並能面對問題進行溝通，以謀求問題的解決。

四、機會均等的建立

談到機會均等的問題，包括：婦女地位、殘障人士的就業與少數民族等問題。婦女就業主要爲受到不公平的待遇，尤其是在薪資與職位升遷方面，往往受到歧視。根據研究報告指出，企業各階層的女性，其平均薪資往往低於男性；且在職位升遷方面也常受到歧視。因此，企業界應實施同工同酬制度，且提供婦女就業與升遷管道，才能有效地利用寶貴的人力資源。

其他，如提供殘障人士的就業機會，使之與正常人有公平競爭的機會，也是企業人道主義的伸張。殘障人士不論殘疾的原因是來自先天遺傳或後天環境，以其自身而言，本屬不幸，若再由社會加以桎梏，等於是雙重傷害。是故，企業應本人道立場，提供其相等就業機會，或供給更優惠待遇，以彌補其身心缺陷。何況部分殘障人士已能自立自強，甚而其能力有超過常人者。因此，有時提供均等機會也能爲企業帶來若干益處。至於少數民族方面，亦宜成立輔導單位，並提供其創業與就業機會。

五、國際市場的挑戰

今日市場已走向國際化，國際企業已存在整個世界。自第二次世界大戰以來，國際貿易日見蓬勃，進口與出口皆巨幅上升。今日企業已競相在他國投資，設置分支機構和製造工廠，以提供當地市場需求。因此，今日企業已發展爲國際企業。所謂國際企業，是指一項跨越國家界限的經濟活動。國際企業可以採用直接外銷的方式，也可以透過中間商將產品或服務加以行銷。

今日企業必須培養具世界觀的人才，不限國家，不限地域。所謂世界人就是屬於整個世界的人，不受限於任何政治、社會、商業、文化等圈子的影響。此乃爲今日國際市場的特色。是故。今日企業所面臨的挑戰之一，乃爲發展國際企業以及開發國際市場。

過去國際企業典型的例子，是多國性企業，就是企業機構完全以本身的力量，在國外從事製造與行銷工作。多國性企業必須配合各國情勢而調節其產品和經營實務。今日行銷學上有一種稱爲世界市場的，本質上是以同樣方式，銷售同樣的產品，亦即對整個世界推銷其統一的、標準化的產品。今日汽車、麥當勞漢堡、可口可樂飲料、露華濃化妝品、新力電視、李維牛仔裝等等，都已具世界性公司從事國際業務的性質。

今日世界已同享有現代化的產品、服務與科技。此乃因國際通訊與交通的進步，縮小了各國或各地區的差距，使得企業已不能再只重視某地區的顧客和市場。因此，國際商業貿易與競爭，已成爲今日企業機構的生活方式之一。

六、科技發展的因應

科技發展帶給今日世界很大的震撼力，包括：自動化技術、通訊技術、機械的進步、運輸的進步等等。本文僅討論通訊技術與自動化技術，此乃因前者涉及商業行爲的傳播媒體與訊息傳達，後者生產自動化帶來市場興革事項。

由於近來通訊技術的突飛猛進，傳播訊息極爲快速，使今日世界已成爲知識爆炸的時代。世界各地的人們，不論距離的遠近，均可保持面對面的溝通；且由於資訊的發展，使人們可以無限制地運用電腦資源，及擁有自己私用的電傳通訊設施。這些新的通訊技術，有的可以作爲人對人的資訊傳送，以語言或視像電話（video-telephone）爲媒介；有的則可以作爲電腦和電腦相互間資料的傳送。因此，通訊技術的進步，將使企業在資訊傳送上、資料儲存上、和電腦運用上獲得空前的助力，且帶來更舒適的生活。

此外，自動控制科技（cybernated technology）的發展，使得人類能勻出時間從事別的任務；然而也可能造成人的緊張或改變人類群體的原有社會關係。因此，科技革新必須考慮對人們的衝擊，否則組織的效率必受影響。

總之，今日企業所面臨的環境是多方面的，其有待企業家的繼續努力，以開創企業經營的新境界。而且企業所面對的問題很多，本節只列舉其犖犖大者加以說明而已。

第二節 現代化社會的特徵

宇宙現象無時無刻不在變遷之中，人類社會也不例外。所謂變遷是指任何一樣東西的位置或形態的變更。社會變遷就是一種社會過程、模式或形式的任何方面之變化或變更。它是各種社會運動的結果。同時，社會變遷也是態度、價值、及組織的變更。易言之，社會變遷是社會生活方式或社會關係體系的變異。今日社會由於經濟的發展、教育的普及，已使社會發生極大的變遷。

人類社會是非常複雜的，其變遷也是多方面的，因此，社會變遷必須從多方面觀察。若從社會本身所包含的主要因素之變化來看，可分爲：人口、心理、文化、制度等的變遷。如果將這些因素視爲一個整體，則可稱之爲社會組織或團體生活結構與功能的變遷。倘若視社會爲社會關係的總體系，則社會變遷可視爲社會關係體系在時間上的變異。此外，從變遷的方向來看，它可以是平行的或直線的，此種變遷方式稱爲社會流動。再就社會變遷的速度而言，它有快有慢；緩慢而連續性的長期變遷，稱爲社會演化；急劇而牽連範圍廣大的，就叫做社會革命。綜觀上述，現代化就是社會變遷的產物。

所謂現代化，是社會變遷的一種過程，即指社會關係總體系在最近一段時間裡的變化過程。其變化包括：個人行爲、人際關係、團體關係、社會制度以及文化環境等。由於這些內涵的綜合改變，即構成整個社會系統的改變。凡此種種變遷都會影響到商業行爲。因此，吾人即就社會變遷與商業行爲的關係，研討現代化的特徵如下：

一、多元化

現代化的第一個特徵乃是多元化。多元化不僅表現在政治、經濟、文化、組織等方面，而且顯現在態度、價值、意識形態……等方面。由於這些事物的多元化是相激相盪的，以致現代社會趨向於多元化的社會。現代社會多元化的觀念應用甚廣，如政治多元化、文化多元化、工業多元化……，可說錯綜複雜，不一而足。在商業行爲上，也強調職業團體的多元化、社會制度的多元化、市場結構的多元化等。

二、工業化

現代社會的另一特徵乃是極度的工業化。傳統性社會以農業爲主，演變到今日已是以工業爲主。在今日市場上，工業產品充斥，所見的是琳琅滿目的工業品，此種工業品很能滿足人類各方面的需求，以致有些學者稱現在爲後工業時期的社會。由於工業化的結果，帶來了經濟的發展，都市的繁榮，交通的便利，如此相因相成，再強化了工業化的發展。

三、專業化

現代社會由於工業化的結果與科技的衝擊，產生許多專業，而有所謂技術專業化，分工專業化……等名詞，而從事專業工作的人稱為專技人員或專家。專業化的產生主要乃為發揮高度效率，將工作按個人專長而細分，以求能以最少的投入，產生最大的輸出；以最少的投資，產生最大的報酬。專業化始於分工，今日社會分工愈來愈精細，以致有了「隔行如隔山」之嘆。然而現代社會有了分工專業化之後，更需要尋求互助合作，才能相輔相成，共存共榮，此正是現代化社會的一大特徵。

四、自動化

現代社會的一大趨勢，乃是自動化。過去企業，是以勞力密集為主，聘僱不少廉價勞工從事體力工作；而今日已轉而為資本密集，技術密集的時代，生產已大量採用自動化設備，以求提高生產力，有效地降低生產成本。此種自動化，並不僅限於作業程序自動化，而且包括：辦公室自動化（office automation）。自動化的結果，使得社會發生極大的變遷，尤其是在工作階級上，白領人員不斷地逐漸增加，而藍領階級則相對地減少。

五、合理化

合理化是自動化的基礎，也是現代化工業的一項必然趨勢。合理化的範圍非常廣泛，其意義卻甚為明確。如企業合理化，是指希望企業能夠改善財務結構、經營體質，以追求合理利潤；從而再追求生產合理化，以配合市場的需要。商業合理化告訴行銷人員追求合理利潤，而能將多餘利益回饋給消費大眾，這就是消費者運動產生的徵結所在。因此，合理化實為現代社會所應追求的目標。

六、科學化

科學技術的不斷發展與創新，也是現代化社會的一大特徵。由於科技的發展，使得人類步向太空，同時推展了遺傳工程、生態工程的研究，幾乎改變人類傳統的命運。同時，科技的發展，也促進工業技術的提昇，卒能生產更爲精良的產品，以滿足人類的需要。如藥品的生產，提高了人類的壽命；科技的發達，使人們有更多的餘暇作更好的休閒活動，也促進商品的消費。因此，科學化的影響，實已帶來各方面的變遷，商業行爲不能忽略科學化所帶來的便利。

七、都市化

現代社會的另一項特徵，乃爲人口不斷地湧向都市，形成許多市集與社區。都市形成的結果是人口擁擠、交通混亂、生活緊張、競爭激烈。此乃肇始於社會流動，社會流動大致有兩個方向，一爲平行流動，一爲上下流動。平行流動是指由鄉村移向都市，或都市移向鄉村。上下流動則爲上階層移向下階層，或由下階層移向上階層。由於現代社會經濟的發展、交通的便捷、教育程度的提高，大部分人口都是由鄉村向都市集中，或由下階層移向上階層，以致形成許多大都市，此乃爲都市化的原因。在行銷研究上，吾人必須注意此種人口移動的現象，才能作適當的市場配置，從而採行各種行銷策略。

八、複雜化

現代社會不僅是多元化的，而且也是複雜的。現代社會的複雜化，不僅指生產活動的複雜化，更顯示商品的複雜化；也不僅是商品種類的繁多，而且是商品規格、式樣的繁雜；更不僅是商品的繁雜，更是購買行爲的複雜。因此，複雜化已是現代化社會的特性之一，更是目前商業心理學所應注意的主題之一。

總之，現代化具有許多特色。商業行為必須注意多元化、複雜化，此乃因現代社會是動態的，人性多變，消費行為也是多變的。此外，工業化帶來工業產品的多樣性，隨之而來的乃為專業化、合理化、自動化，都要滿足人性的要求與需要。至於科學化無非在促使產品更為精進。都市化則為人口的遷移，社會的平行流動，造成市場之集中。吾人必須注意現代化所帶來的一些特性與現象，才能做好因應的措施，擬訂良好的的行銷策略，達成產品促銷與推廣的目標。

第三節 消費者的泛行爲分析

企業經營不管面臨著何種環境，其目的無非希望能獲得消費者的支持，才能達到追求利潤的最高目標。尤其是今日企業經營已由過去的「生產者導向」走向「消費者導向」。因此，消費者的行爲實是現代企業所應面對的主要課題之一。誠如本書所言，消費者的購買行爲是人類行爲的範圍之一；而影響消費者行爲的因素，來自於個人的知覺、學習、動機、情緒、人格與態度，以及人際間的相互影響，團體的動態關係，社會階層，文化因素的衝擊等。本節即擬對上述各項加以綜合分析，此即爲消費者的泛行爲分析。

所謂消費者的泛行爲分析，乃在廣泛地研討影響消費者行爲的各項因素，並加以比較分析，以提供行銷人員、企業家的參考。當然，依據消費者行爲所發展出來的行銷策略，並非放之四海而皆準的。蓋其所牽涉的因素甚多，且影響消費者行爲的因素，固多來自消費者本身，且常因市場的變化、產品本身的屬性與特質的變化而變化。然而，泛行爲分析的目的，乃在尋找一些行爲間的共通性與相異性，以比較不同的購買決策過程，其尙有待企業家與行銷人員的共同努力。

一般而言，消費者的泛行爲分析，並無固定的範圍，此爲行銷部門在擬訂行銷策略之前所應考慮的。換言之，行銷策略的訂定必須注意本身的目標。例如，比較不同個人知覺、經驗、動機、人格與態度的購買決策過程；比較各類型群體的購買決策過程；比較不同階級的購買決策過程；比較具有文化差異的個人、群體等的購買決策過程；以作爲市場區隔的標準與依據。

假使廠商在擬訂行銷策略之前，能事先考慮上述所列因素，則行銷策略成功的可能性必然提高。此外，廠商想開發新市場，介紹新產品以前，所必須斟酌的問題，至少包括：一、在某種文化下的各種動機；二、行爲模式的特性；三、和產品有關的文化價值觀；四、購買決策的特性；五、最適合某人、群體、社會階層、文化的促銷手段，六、最合適的行銷機構。這些都是廠商在準備開發新市場，所必須考慮的因素。

此外，泛行爲分析是具有普遍性的。蓋人類行爲基本上是相同的，以至消費動機與行爲也是具有共通性的。雖然，人類所處的社會環境不一樣，生活方式也不同；但彼此間還是存有極大的相似性。因此，近年來許多產品的促銷策略大多是以普遍性爲基礎，而不再強調其間的差異性。有些行銷學家即認爲：雖然人種間的差異很大，但人類的基本行爲還是完全一樣的。依照這個論點，廠商可以設計一套廣告，不管在哪一個地區，或哪一個國家，效果都會一樣好。因此，國際間的廣告活動，只要採用普遍性的訴求即可。

話雖如此，但是廠商必須注意的，行爲的普遍性只是指基本行爲而已，吾人只能說基本的購買決策因素是一樣的，但購買決策則常因個別行爲而有所差別。因此，消費者行爲的研究，尙屬一個未開發的處女地，上述看法的孰是孰非，迄未定論。因此，到目前爲止，吾人尙需多做消費型態的比較研究，如此對消費行爲的瞭解才能更徹底。

有關消費者行爲的研究，必須注意研究方法與步驟，方能得到正確的結論。通常對消費行爲的研究，必須考慮購買決策與行爲的關係。行銷部門在銷售產品時，必須考慮的變數包括：分銷機構、購買方式、產品屬性、決策過程、行銷技術、科技發展、生態因素、經濟因素、社會組織、政治組織、個人性格、生命週期、購買者性別、健康狀況、文化關係、文化變遷、種族關係、法律習俗、一般價值觀、總體文化等等。

其次，要慎選搜集資料的方法。一般而言，行爲研究的結果，必須與其他行爲比較，才具有意義。因此，廠商必須知道哪些研究別人已做過？結果如何？否則重複別人的研究，必是不經濟的。至於比較特定的消費者行爲方面，可以採用自然觀察法，來比較各種購買行爲間的差異。此外，也可以利用調查或測驗來蒐集資料。當然，也可參照別人已觀察過的個案來比較分析，以收補充之效。

最後，研究設計必須確當。其步驟有：一、首先參閱有關行爲的文獻，以獲得並熟悉某些概念，並重新找出問題來。二、選擇一些方法，分類並比較觀察到的現象。三、以現象的比較爲基礎，利用設計的方法導出可能的推論或假說。四、根據個人蒐集來的資料以及自然觀察法所得到的現象等，來驗證推論或假設的正確性。以上這些步驟是典型的研究程序。

總之，消費者行為是人類行為的一環，吾人必須將之視為一個整體，而不能將之分割為幾個部分。同時，消費者行為是相當複雜的，消費者產生購買行為的因素極多，而不只是單一因素作用的結果。這些因素包括：態度、溝通、人格、社會階層、與文化等。因此，吾人在探討消費行為時，必須從各項因素來作全面分析。

第四節 商業心理學的展望

誠如前面所言，影響消費行為的因素甚多而複雜，因此對商業行為的研究必須就全面性的觀點著手。是故，商業心理學可視為一個整體行銷的系統，其目的乃在滿足消費者的最大需求。準此，商業心理學的未來發展，必須注意其整體系統，此包括許多特性，如整體性、全面性、開放性、客觀性、創新性、經濟性等等。

一、整體性

商業心理學的未來發展必須注意其整體性。所謂整體性，是指科學研究要注意各個系統的整合。商業心理學研究方法要運用心理學、社會學、文化人類學、社會心理學以及行銷學的部分原理，作科際整合的研究。還有商業心理學的研究內容，必須重視商業的個人行為、團體行為、社會行為與文化行為的各項要素，然後加以整合，以期獲得完整的知識。凡此都是商業心理學未來尚待加強的。

二、全面性

商業心理學絕非片面的知識，而是全面性知識的追求，這也是其未來尚待發展的趨勢。所謂全面性，就是吾人在研究商業行為的任何問題，必須從影響該特定問題的全面性觀點來觀察，才能獲致正確的成果與結論。吾人探討商業行為知識，若只從某個角度來看問題，則必發生「知偏不知全，見樹不見林」的弊病。因此，由全面性觀點探討商業心理知識，也是未來必須重視的方向。

三、開放性

一般而言，社會系統就是一種開放性的系統。消費行為的研究，也是屬於開放性系統的研究。所謂開放性系統，是指商業心理學研究必須與外界發生交互作用的關係。吾人不能關起門來探討商業心理學本身的問題，而必須運用其他科學與商業心理學相互為用，相輔相成。蓋商業行為本是發生於社會環境之中，而與整個宇宙的自然現象、心理現象等產生相互的影響。因此，商業心理學未來的發展方向，仍然必須藉助其他學科與現象，以協助其獲致完整的結果。

四、客觀性

雖然商業心理學的研究有其自身的研究領域與範圍，惟不能流於主觀。吾人必須運用正確而客觀的科學方法，對商業行為現象加以瞭解、解釋與預測，並進而加以分析、比較，以求得到正確的原理原則，提供日後進一步研究的基礎。通常客觀知識的建立，必須交互運用歸納法與演繹法，才能獲致一定的準則。

五、創新性

科學知識是不斷地求進步與發展的，唯有不斷地創新，才能使科學研究精益求精，有助於人類行為眞象的探討，從而幫助人類瞭解自己，滿足自己的需求。商業心理學研究必須具有創新性，才能使其內容更為充實而精進。創新是研究發展的原動力，惟有不斷地創新，不斷地研究發展，人類社會才能更進步。因此，創新性的要求，乃是商業心學研究的未來趨勢之一。

六、經濟性

如果科學研究所花費的成本，遠大於所獲得的代價，顯然是不經濟的。因此，商業心理學研究，必須要求其合乎經濟性的原則。所謂經濟性，是指商業行為研究必須使其投入為最少，而產出為最大。吾人研究商業心理學，無非要求能達到經濟的效果，使得利潤所得為最高。因此，經濟性乃為今後商業心理學研究的目標之一。

基於上述特性，商業心理學的未來走向，包括：商業理論的系統化、商業組織的彈性化、商業管理的專業化、商業行為的人性化、消費行為的大眾化、消費群體的動態化、社會階層的具體化、商業市場的國際化。

一、消費理論的系統化

所謂系統化，是指把商業行為研究看作是一個整合系統，由許多分支系統的知識與原則所構成。同時，注意商業行為研究的內在環境與外在環境的影響。商業行為的研究必須運用心理學、社會學、文化人類學、社會心理學以及行銷學等的原理、原則，發展出自己一套固定的範疇；並且引用相關的知識，作系統的整理，以求修正過去不恰當的理論。至少商業理論的建立，應是權變的（contingency）、整合的（integration），以求能適應內、外在環境的變化。總之，商業理論的系統化乃是未來研究商業心理學必須努力的方向。

二、商業組織的彈性化

由於未來的市場是多變化的，且是紛雜的。因此，商業行銷機構的組織必須具備相當的彈性，不能固定於已有習慣，而喪失先機。商業機構必須改變過去官衙式的結構型態，成立一些專案組織，考慮到自由形式或權變設計的結構。組織結構設計必須考慮當地地理與人文因素，融合當地文化，衡量當地情勢，運用當地人才來做促銷的工作。且領導方式的運用，必須符合國情民俗。惟有商業機構的組織具有彈性，才能使商品的推銷工作順利開展，這是行銷發展未來的方向之一。

三、商業管理的專業化

未來商業心理學的趨勢之一，乃爲從事商業工作人員的專業化，所謂專業即爲一項職業，是以某一門學問或科學理論的瞭解，來從事某項工作。一般而言，專業的必要條件，是知識合格的執業、對社會的責任、自我的控制，以及社會的認可。這些條件都必須經過相當的訓練。商業人員惟有經過相當的訓練，才能提供良好的產品與服務，達成商品促銷的目的。當然，要使商業管理眞正地發展爲一項專業，還有一段漫長的道路；然而，這正顯示出未來商業管理專業化的必要性。

四、消費行為的大衆化

商品的推銷不能僅侷限於少數人，而必須針對大眾的需要。因此，消費的大眾化是未來行銷走向之一。今後企業家必須生產能滿足社會大眾需要的產品，這才是最經濟實惠的。惟有產品的消費能夠大眾化，企業才有利潤可言。因此，商業行銷必須廣泛地蒐集有關大眾消費的產品資料，以提供廠商擬訂生產計畫的依據，此則有賴商業心理學者的努力。

五、商業行為的人性化

未來商業心理學的趨勢之一，必須更爲強化人性的因素。誠如本書第二章到第七章所言，個人的動機與情緒、知覺、經驗、人格和態度等，都會影響消費行爲。因此，如何爭取消費者的好感，以影響其購買決策，產生購買行爲，乃是商業人員最重要的課題之一。商業人員必須進一步研究人性，以求瞭解人性，從而促進商品的人性化，以吸引購買者的注意力，激發其購買動機，產生購買行爲。此外，此種人性化觀念也可運用於商業人員的管理上。

六、消費群體的動態化

群體常是影響購買決策與行爲的主體，尤其是各個人所處的次文化群體更具有決定性的影響。因此，研究次文化群體有助於商品的推銷工作。然而群體關係是多變的、動態的，絕不是單一的、靜止的。商業心理學的研究者，就必須更進一步去探討群體的動態因素，從而瞭解它對消費行爲的影響。誠如本書第十章所言，參考群體、家庭等都影響個人購買的決策過程。至於如何善用這些群體的影響力，乃爲今後商業心理學必須再做更進一步探討的地方。

七、社會階層的具體化

社會階層的決定因素甚多，諸如：身份、地位、職業、所得水準、教育程度……等。然而今日這些因素都是錯綜複雜的，以致社會階層的概念已逐漸模糊。商業心理學的研究者必須體認此種情況的變化，從而擬訂較佳的行銷策略。今日社會階層雖然已不如往昔嚴格，而有明顯的界線與標準；然而因社會階層所引起的不同消費習慣與購買動機，仍然存在。廠商如果擬作市場區隔，必須將這些標準具體化。因此，如何研擬社會階層對購買決策的影響，也是未來商業心理學尚待努力的方向。

八、商業市場的國際化

本書第十二章已討論市場國際化必須注意各國的文化因素，然而由於近來交通便捷，大眾傳播系統的發達，已縮短國際間的距離。因此，市場的國際化乃是未來發展的趨勢之一。站在經濟的觀點而言，過分的市場區隔乃是不合經濟原則的；何況人類基本需求是一樣的，雖然滿足需求方式各有不同；然而世界流行的風潮是相當快速的。某一地區或國家有了新產品或新款式的商品，在一瞬間即遍佈其他各地。是故，商業市場的國際化乃成爲必要的。此也是未來必然發展的趨勢。

總之，商業心理學未來的展望，乃為在研究途徑上更能強調科際整合，在研究內容方面能重視全面性觀點，研究方法能更為客觀，研究態度上更為開放，研究精神要具有創新性，研究技術上要求合乎經濟性的原則。某未來的目標是希望能為企業家求取最大利潤，為消費省得到最大的滿足感。同時，由於市場的發展而能走向國際化，促進國際的和平與合作。

討論問題

1.當前企業面臨著哪些挑戰？廠商應如何因應？

2.今日市場已走向國際化，廠商應如何建立國際市場？並採取哪些措施？

3.何謂現代化？現代化社會具有哪些特徵？試說明之。

4.今日消費者具有哪些行爲特性？廠商應如何進行消費者行爲 的研究？

5.商業心理學未來發展的趨勢爲何？有何展望？試申論之。

個案研究

一成不變的行銷

正泰是一家歷史悠久而設備完善的公司，銷售多種不同類型的消費品。該公司創辦已有七十年的歷史，起先是以「逐戶推銷」的方式經營，由於經營得法，業務蒸蒸日上。

近年來，銷貨量卻是一年不如一年，業績正逐漸衰退。為此，各級主管均感受到相當大的壓力，他們向總經理陳述他們的恐懼與不安。惟總經理是個保守的人，仍秉持他一貫的經營作風，不願輕易改變他的態度。

然而，今日由於社會風氣不良，社會問題日益嚴重，搶劫、勒索事件層出不窮，使得用戶對推銷員存有戒心。加以，現代家庭多擁有汽車，已得到購物之便利；而同類商品競爭激烈，人們很快就可比較貨品的優劣。至此，該公司乃面臨著嚴重的考驗。

個案問題

1.你認為該公司應如何面對今日急遽變化的社會，以採取適當的行銷方式？

2.該公司是否應改變它的行銷方式？如何改變？

3.你是否可為該公司試擬一套行銷計畫？如何擬定？

商業心理學

商學叢書 31

著　　者／林欽榮
出 版 者／揚智文化事業股份有限公司
發 行 人／葉忠賢
總 編 輯／閻富萍
登 記 證／局版北市業字第 1117 號
地　　址／台北縣深坑鄉北深路 3 段 260 號 8 樓
電　　話／（02）2664-7780
傳　　真／（02）2664-7633
印　　刷／鼎易印刷事業股份有限公司
初版三刷／2007 年 10 月
定　　價／新台幣 450 元
ISBN ／957-818-421-2
E–mail ／book3@ycrc.com.tw
網　　址／http://www.ycrc.com.tw

國家圖書館出版品預行編目資料

商業心理學／ 林欽榮著. -- 初版. --臺北市
：揚智文化, 2002[民 91]
面； 公分.

ISBN 957-818-421-2（平裝）

1.商業心理學

490.14 91011977